高等职业教育系列教材

嵌入式 Linux 开发实践教程 第 2 版

▨ 平震宇　匡亮　◉ 主编

▨ 沈冠林　荀大勇　◉ 副主编

▨ 季云峰　邓慧斌　徐佳　高云　李涛　◉ 参　编

机械工业出版社

CHINA MACHINE PRESS

本书为"十三五"江苏省高等学校重点教材，是国家精品在线开放课程"嵌入式 Linux 应用与开发实践"的配套教材，结合人工智能新技术介绍了嵌入式 Linux 应用系统开发的全过程。立足"教、学、做"一体化特色，设计三位一体的教材。从"教什么，怎么教""学什么，怎么学""做什么，怎么做"三个问题出发，与企业共同开发了大量的真实案例，精心设计了实践性强且技术前沿的综合实践项目，每个项目都配套了丰富的教学资源。有效整合教材内容与教学资源，打造了立体化、自主学习式的新形态一体化教材。按照知识结构，本书内容可以分为以下几个方面：嵌入式系统开发基础，Linux 操作系统基础，嵌入式开发环境搭建与嵌入式编程基础，嵌入式系统 BootLoader、内核、文件系统移植，树莓派与英伟达 Jetson Nano 的 Python 项目开发，以及嵌入式 GUI 应用开发与移植。

　　本书可作为高职院校计算机类、电子信息类、通信类各专业的教材，也可作为嵌入式 Linux 开发人员的参考书。

　　本书配有微课视频，扫描二维码即可观看。另外，本书配有电子课件，需要的教师可登录机械工业出版社教育服务网（www.cmpedu.com）免费注册后下载，或联系编辑索取（微信：13261377872，电话：010-88379739）。

图书在版编目（CIP）数据

嵌入式 Linux 开发实践教程 / 平震宇，匡亮主编.
2 版. --北京 ： 机械工业出版社，2024.8.--（高等职业教育系列教材）. -- ISBN 978-7-111-76328-4

Ⅰ. TP316.85

中国国家版本馆 CIP 数据核字第 2024YH4602 号

机械工业出版社（北京市百万庄大街 22 号　邮政编码 100037）
策划编辑：李培培　　　　　　责任编辑：李培培　管　娜
责任校对：肖　琳　刘雅娜　　责任印制：常天培
固安县铭成印刷有限公司印刷
2024 年 10 月第 2 版第 1 次印刷
184mm×260mm・15.75 印张・410 千字
标准书号：ISBN 978-7-111-76328-4
定价：69.00 元

电话服务　　　　　　　　　网络服务

客服电话：010-88361066　　机　工　官　网：www.cmpbook.com

　　　　　010-88379833　　机　工　官　博：weibo.com/cmp1952

　　　　　010-68326294　　金　　书　　网：www.golden-book.com

封底无防伪标均为盗版　机工教育服务网：www.cmpedu.com

Preface

前　言

党的二十大报告提出，"构建新一代信息技术、人工智能、生物技术、新能源、新材料、高端装备、绿色环保等一批新的增长引擎"。随着新一代信息技术、人工智能技术的快速发展，嵌入式系统市场正在快速增长，嵌入式开发在各个行业中得到广泛应用，包括汽车、医疗、航空航天、工业自动化、智能家居等领域。嵌入式开发领域的职位涵盖了从系统架构到应用系统开发等多个层面，根据市场研究公司的预测，嵌入式系统市场将以每年约 6% 的速度增长，到 2025 年市场规模将达到 600 亿美元，为嵌入式开发人员提供了更多的就业机会。

2016 年，江苏信息职业技术学院的"嵌入式 Linux 应用与开发实践"课程入选江苏省在线开放课程，2017 年 9 月在中国大学 MOOC 平台上完成第一次授课，2019 年被教育部认定为国家精品在线开放课程，2022 年入选职业教育国家在线精品课程。2021 年，课程团队开始改版与课程配套的"新形态、立体化"教材，积极推进课程资源开发建设、交互应用与开放共享，创新线上线下混合式教学模式。

本书根据编者团队多年从事嵌入式产品及设计的实践与教学经验编写，共 9 个项目，主要内容包括：认识嵌入式系统开发，体验 Linux 系统，配置嵌入式开发常用服务，使用嵌入式 Linux 常用开发工具，构建嵌入式 Linux 开发环境，嵌入式 Linux C 开发，移植 BootLoader、内核、文件系统，嵌入式 Python 开发，嵌入式 GUI 应用开发与移植。

在内容的选取上，结合企业对人才的能力需求，以"必需、够用"为度，舍弃繁杂的理论分析，突出基础理论知识和实际操作技能。选取符合教学目标的项目任务，教材编写过程中以项目和多个任务为主体设计教学内容，而不是按照传统教材顺序编写。按照学生学习的一般规律，结合大量实例讲解操作步骤，能够使学生快速入门，真正掌握嵌入式系统的开发。本教材的特色归结为以下 4 点。

1. 围绕培养学生的职业技能这条主线设计教材的结构、内容与形式，并及时将新知识、新工艺、新技术和新案例引入教材。将企业项目转化为教学项目，按照"实用性、主动性、拓展性"原则遴选岗位典型项目，结合教学目标、"1+X"技能证书和技能竞赛标准、教学规律以及项目任务完成步骤来构建教材内容。

2. 教材编写团队结合专业特色，确立思政目标、在知识传授中呈现思政元素，扎实推进党的二十大精神进教材，使学生在学习过程中潜移默化受到思政教育，帮助塑造学生的价值观和人生观，弘扬中华优秀传统文化、践行社会主义核心价值观，传递正能量，培养学生精益求精的工匠精神，追求卓越的创新精神。

3．教材建设与课程建设同步进行，持续优化教材配套数字资源，本教材配有丰富的教学资源，包括微课视频、项目实践操作视频、项目源代码、电子课件、习题答案等。课程于 2019 年被教育部认定为国家精品在线开放课程，团队成员对照国家在线开放课程建设标准完成建设，课程已在中国大学 MOOC 运行 14 个学期。

4．本教材选用了 Mini2440、树莓派、英伟达 Jetson Nano 等主流嵌入式开发板，并搭建了符合职业教学规律和特色的"嵌入式虚拟仿真平台"，基于嵌入式虚拟仿真环境开发了丰富的实践项目。

本书可作为高职院校计算机类、自动化类、通信类、电子信息类等专业的教材。本书是"嵌入式 Linux 应用与开发实践"在线开放课程的配套教材，读者可以通过中国大学 MOOC 网站加入在线开放课程的学习。

本书由平震宇、匡亮任主编，沈冠林、荀大勇任副主编，参与编写的还有季云峰、邓慧斌、徐佳、高云、李涛。编写过程中得到了新大陆、新思联工程师的大力协助，他们提供了大量实用资料，在此表示感谢!

本书编写过程中，江苏信息职业技术学院物联网工程学院的老师给予了大力支持和指导，在此表示感谢。由于编者水平有限，书中难免有疏漏与不妥之处，敬请读者批评指正。

编　者

目 录 Contents

前言

Contents 目录

项目 6 嵌入式 Linux C 开发··············127

项目 7 移植 BootLoader、内核、文件系统··············158

项目 1　认识嵌入式系统开发

项目描述

在万物互联时代，嵌入式系统得到了广泛应用，已渗透到人们生活的方方面面，小到穿戴设备、可视电话、智能家电，大到汽车电子、医疗器械、航空航天、智慧城市等，都离不开嵌入式系统。嵌入式指的是把软件直接烧录在硬件里，而不是安装在外部存储介质上。随着人工智能时代的发展，嵌入式必将迎来又一次技术革新的浪潮。人工智能越是想要表达智能水平，就越要依靠嵌入式技术，嵌入式技术将朝着自动化控制和人机交互方向发展。嵌入式因其体积小、可靠性高、功能性强、灵活方便等诸多优点，将对各行各业的技术改造、产品迭代等起到极其重要的推动作用。

据权威部门统计，我国嵌入式人才缺口为每年 50 万左右，很多知名企业对嵌入式人才都有大量需求，供不应求的现状导致嵌入式人才的薪资水涨船高。

项目目标

知识目标

1. 了解嵌入式系统的概念
2. 了解嵌入式系统的构成与特点
3. 了解嵌入式处理器
4. 了解嵌入式操作系统
5. 嵌入式系统设计的学习线路

技能目标

1. 在虚拟机软件 VirtualBox 上安装 Linux
2. 树莓派嵌入式系统的安装

素质目标

1. 善于独立思考和解决问题，具有科技报国的家国情怀和使命担当
2. 具有钻研精神和创新精神
3. 具有精益求精的大国工匠精神
4. 具有良好的服务意识和团队协作意识

任务 1.1　认识嵌入式系统

嵌入式系统（Embedded System）与人们的日常生活紧密相关，例如：手机、掌上电脑、机电系统、有线电视机顶盒等都属于嵌入式系统。与计算机相比，嵌入式系统的形式变化多样；具有体积小、可灵活适应各种设备需求等特点。嵌入式系统是一种为特定设备服务

认识嵌入式系统

的，软件硬件可裁剪的计算机系统。嵌入式系统开发是对于除了计算机之外的所有电子设备上操作系统的开发，一般由嵌入式微处理器、外围硬件设备、嵌入式操作系统以及用户的应用程序四部分组成。

1.1.1　什么是嵌入式系统

目前，嵌入式系统已经渗透到人们生活的每一个角落：工业控制、服务行业、消费电子、教育等。所有带有数字接口的设备，如手表、微波炉、录像机、汽车等，都使用嵌入式系统，有些嵌入式系统还包含操作系统，但大多数嵌入式系统都是由单个程序来实现整个控制逻辑。

正是由于嵌入式系统的应用范围如此之大，使得"嵌入式系统"的概念更加难以定义。举个简单的例子：一台数码相机是否可以叫作嵌入式系统呢？答案是肯定的，它本质上就是一个复杂的嵌入式系统，其实不光是数码相机，人们日常生活中经常用到的手机、汽车、平板电脑等都是嵌入式系统。

国内普遍认同的嵌入式系统定义为"以应用为中心，以计算机技术为基础，软硬件可裁剪，且适应应用系统对功能、可靠性、成本、体积、功耗严格要求的专用计算机系统"。嵌入式系统是指用于执行独立功能的专用计算机系统，包括微处理器、定时器、微控制器、存储器、传感器等一系列芯片与器件，并与嵌入在存储器中的操作系统、控制应用软件，共同实现诸如实时控制、监视、管理、移动计算、数据处理等各种自动化处理任务。

嵌入式系统是面向产品、面向用户、面向应用的。它必须结合实际的应用场景才能有其优势，是一个技术密集、集成度高、需要不断创新的集成系统。嵌入式系统结合了计算机技术、半导体技术、微电子技术，以及各个行业的具体专业应用知识。

嵌入式系统具有非常广阔的应用前景，其应用领域包括以下几方面。

（1）手机领域

以手机为代表的移动设备是近年来发展最为迅猛的嵌入式行业。一方面，手机得到了大规模普及，另一方面，手机的功能得到了飞速发展。手机的应用会愈加丰富，除了最基本的通话功能外，还包括数码相机、游戏机、导航等功能，已经成为一个功能强大，集通话、短信、网络接入、影视娱乐为一体的综合性个人手持终端设备。

（2）消费类电子产品

消费类电子产品主要包括电子玩具、电子字典、记事簿、游戏机、照相机、投影仪、空调机、冰箱、洗衣机等。消费类电子产品的销量以每年 10%左右的速度增长。这类产品真正体现嵌入式特点的是在系统设计上经常要考虑性价比的折中，如何设计出让消费者觉得划算的产品是比较重要的。

（3）汽车电子领域

随着汽车产业的飞速发展，汽车电子近年来也有了较快的发展。在车辆导航、流量控制、信息监测与汽车服务方面，嵌入式系统技术已经获得了广泛应用，内嵌 GPS 模块、GSM 模块的移动定位终端已经在各种运输行业成功使用。汽车电子领域的另外一个发展趋势是与汽车本身的机械零件相结合，从而实现故障诊断定位等功能。

（4）工业控制

工业控制包括机电控制、工业机器人控制、过程控制、DDC 控制、DCS 控制智能传感器以及传统工业改造等，在工业控制中，嵌入式微控制器位于控制第一线，是工业自动化的关键部件之一。

（5）军工和航天

军工和航天领域是不为大众所知的领域，在这个领域里面，无论是硬件还是操作系统、编译器，通常并不是市场上可以见到的通用设备，它们大多数都是专用的。许多最先进的技术、最前沿的成果，都会用在这个领域。

（6）嵌入式人工智能

随着人工智能技术的发展，深度学习、智能驾驶、智能家居、AI 机器人等嵌入式人工智能成为热点。嵌入式人工智能就是设备无须联网通过云端数据中心进行大规模计算，只在本地计算就能够实现人工智能，在不联网的情况下就可以完成实时环境感知、人机交互、决策控制等任务。

1.1.2　嵌入式系统的构成与特点

嵌入式系统与传统计算机一样，是一种由硬件和软件组成的计算机系统。硬件包括嵌入式微控制器和微处理器，以及一些外围元器件和外部设备。软件包括嵌入式操作系统和应用软件。嵌入式系统主要包括硬件层、中间层、系统软件层以及应用软件层，如图 1-1 所示。

图 1-1　嵌入式系统组成

1. 硬件层

硬件层主要包含了嵌入式系统中必要的硬件设备：嵌入式微处理器、存储器（SDRAM、ROM 等）、设备 I/O 接口等。嵌入式微处理器是嵌入式系统硬件层的核心，主要负责对信息的运算处理，相当于通用计算机中的中央处理器。存储器则用来存储数据和代码。

嵌入式系统的存储器一般包括 Cache、主存和辅助存储器。

2. 中间层

中间层为硬件层与系统软件层之间的部分，有时也称为硬件抽象层（Hardware Abstract Layer，HAL）或者板级支持包（Board Support Package，BSP）。对于上层的软件（比如操作系统），中间层提供了操作和控制硬件的方法和规则。而对于底层的硬件，中间层主要负责相关硬件设备的驱动等。中间层将系统上层软件与底层硬件分离开来，使系统的底层驱动程序与硬件无关，上层软件开发人员无须关心底层硬件的具体情况，根据中间层提供的接口即可进行开发。中间层主要包含以下操作：底层硬件初始化、硬件设备配置以及相关的设备驱动。

3．系统软件层

嵌入式系统软件部分即嵌入式操作系统，它是软硬件的接口，负责管理系统的所有软件和硬件资源。操作系统还可以通过驱动程序与外部设备打交道。最上层的是应用软件，应用软件利用操作系统提供的功能开发出针对某个需求的程序，供用户使用。用户最终是和应用软件打交道，例如在手机上编写一条短信，用户看到的是短信编写软件的界面，而看不到里面的操作系统以及嵌入式处理器等硬件。

系统软件层由实时操作系统（Real Time Operating System，RTOS）、文件系统、图形用户界面（Graphic User Interface，GUI）、任务管理模块组成。

4．应用软件层

应用软件层则是开发设计人员在系统软件层的基础上，根据需要实现的功能，结合系统的硬件环境所开发的软件。它是嵌入式系统开发过程中最重要的环节之一。

1.1.3　嵌入式系统设计的学习线路

嵌入式系统开发工程师可分为四类：嵌入式硬件开发工程师、嵌入式驱动开发工程师、嵌入式系统开发工程师、嵌入式软件开发工程师。

1．嵌入式硬件开发工程师

嵌入式硬件开发工程师要求熟悉电路等知识，非常熟悉各种常用元器件，掌握模拟电路和数字电路设计的开发，熟悉硬件开发模式和设计模式，熟悉各种芯片及外围设备，熟悉 8 位、16 位、32 位处理器嵌入式硬件平台开发。有的要求有 FPGA 的开发经验，精通常用的硬件设计工具。

2．嵌入式驱动开发工程师

硬件驱动既可以由硬件开发工程师完成，也可以由软件开发工程师完成。嵌入式驱动开发工程师需要掌握目标平台的硬件和系统特性，掌握操作系统、系统结构、计算机组成原理、数据结构相关知识，熟悉嵌入式 ARM/MIPS/PowerPC 架构。

嵌入式驱动开发工程师还要具有单片机、某种或多种 32 位嵌入式处理器的移植开发能力，熟悉 BootLoader 过程，具有扎实的硬件知识，理解硬件原理图，能独立完成相关硬件驱动调试，能够根据芯片手册编写软件驱动程序。如果涉及网络设备，还要掌握相关的网络协议原理。

3．嵌入式系统开发工程师

嵌入式系统开发工程师需要熟悉操作系统原理，比如内存管理、线程调度、文件系统等，要精通处理器体系结构、指令集、寻址方式、调试、汇编和混合编程等方面的知识，熟悉操作系统启动流程，熟悉 Linux 配置文件的修改，掌握内核裁减、内核移植、交叉编译、内核调试、启动程序 BootLoader 编写、根文件系统制作和集成部署 Linux 系统等整个流程。

4．嵌入式软件开发工程师

嵌入式软件开发工程师需要熟悉系统的 API，精通 C 语言的高级编程知识，包括函数与程序结构、指针、数组、常用算法、库函数的使用、数据结构等；掌握面向对象编程的基本思想，以及 C++语言的基础内容；精通嵌入式 Linux 开发环境搭建及嵌入式 Linux 下的程序设计，包括系统编程、文件 I/O、多进程和多线程、网络编程、GUI 图形界面编程；熟悉物联网与人工智能应用项目编程，如 Qt、Python、GTK、MiniGUI 等；掌握各种应用层的网络协议使用，以及常用人工智能相关库的使用等。

嵌入式系统无疑是当前最热门、最有发展前途的 IT 应用领域之一，但同时也是最难掌握的技术之一。嵌入式系统具有知识点多、涉及范围广等特点，因此在开始学习之前首先应该明确学习路线。

很多同学在嵌入式学习道路上最终选择放弃，很多时候是因为进入了以下 3 种嵌入式学习的误区。

➢ 误区 1　今天学学这，明天学学那。

有些同学 Linux 命令还不会几个就去修改 Linux 内核了，结果可想而知，导致挫折感很强。学习应该由浅入深、循序渐进，基础需要打扎实，不要好高骛远，这样你才会有一个很好的体验。

➢ 误区 2　参考书买了很多，都不知道看哪本。

参考书是用来参考的，没有必要从头到尾系统地看，当你遇到问题的时候可以通过网络查找相关内容。

➢ 误区 3　只看书不动手。

只看书不动手等于没学。正确的学习过程应该是先看书，然后动手做，在做的过程中遇到问题后再查阅资料。学习嵌入式开发应该理论与实践相结合，既要掌握必要的理论知识，又要通过大量的实验与项目开发来加深对知识的理解与掌握。

目前嵌入式的主要开发环境是 Linux，对于嵌入式开发人员来说，需要掌握 Linux 的基本服务和 Linux 的设计理念、思想，这对于嵌入式开发人员的长期发展是极其重要的。

第一步需要了解 Linux 系统，区分各种版本的 Linux 系统，以便于拓宽自己的 Linux 视野。熟悉 Linux 常用命令的操作与系统设置，掌握基本的 Shell 应用等。

嵌入式 Linux 应用开发和系统开发是嵌入式 Linux 中最重要的一部分，也是企业人才需求最广的一部分。主要目标是精通嵌入式 Linux 下的程序设计，熟练掌握嵌入式 Linux 的开发环境、系统编程以及网络编程，熟悉 C++、Qt 编程并且深刻体会整个嵌入式 Linux 项目的开发流程，提升 Linux 应用开发的能力。

嵌入式系统通常是一个资源受限的系统，因此直接在嵌入式系统的硬件平台上编写软件比较困难，需要交叉开发环境的支持。交叉开发环境是指编译、链接和调试嵌入式应用软件的环境，它与运行嵌入式应用软件的环境有所不同，通常采用宿主机 / 目标机模式。因此需要掌握嵌入式 Linux 环境搭建，掌握开发常用服务配置。

在 Linux 下从事 C 语言的开发，你会觉得更为自然顺畅，因为 C 语言是因 UNIX 的出现而诞生的，Linux 内核几乎完全是由 C 语言编写完成的。因此学好 C 语言编程，对学习 Linux 系统编程至关重要。

Python 是一种解释性语言，语法易懂，容易上手，目前各种人工智能相关的库十分丰富，所以被广泛运用到嵌入式应用系统开发。2019 年，风河公司宣布旗下 VxWorks 平台支持 Python 语言开发，并且风河公司认为 "Python 使得嵌入式编程提升到了一个新的高度"。

嵌入式开发包含两个级别，一个是嵌入式内核驱动级别，另外一个是嵌入式应用层级别。真正的嵌入式高手或者企业中的核心开发人员，一定是嵌入式底层的内核驱动开发工程师。内核移植与驱动开发要借助外设硬件电路原理图和芯片手册，根据手册内容编写对应的驱动、合理剪裁内核、制作文件系统，并移植到硬件开发板上。这类工程师的成长比较缓慢，因此嵌入式内核驱动级别的开发者薪酬更高。

任务 1.2 认识嵌入式处理器

认识嵌入式处理器

嵌入式系统的核心模块就是各种类型的嵌入式处理器。目前几乎每个半导体制造商都生产嵌入式处理器，越来越多的公司拥有自己的处理器设计部门。嵌入式微处理器的体系结构经历了从 CISC 到 RISC 和 Compact RISC 的转变，位数由 4 位、8 位、16 位、32 位到 64 位，寻址空间一般为 64KB～16MB，处理速度为 0.1～2000MIPS，常用的封装为 8～144 个引脚。嵌入式处理器可以分为嵌入式微控制器（Embedded MicroController Unit，EMCU）、嵌入式微处理器（Embedded MicroProcessor Unit，EMPU）、嵌入式数字信号处理器（Embedded Digital Signal Processor，EDSP）和嵌入式片上系统（Embedded System On Chip，ESOC）四类。

1．嵌入式微控制器（EMCU）

嵌入式微控制器又称单片机，也就是在一块芯片中集成了整个计算机系统。嵌入式微控制器一般以某种微处理器内核作为核心，芯片内部集成 ROM/EPROM、EEPROM、Flash、RAM、总线、总线逻辑、定时/计数器、WatchDog、I/O 口、脉宽调制输出、A/D 和 D/A 等各种必要功能和外设。微控制器由于比微处理器体积小，功耗和成本低，可靠性高，因而是目前嵌入式系统工业的主流。比较具有代表性的通用系列有 8051、P51XA、MCS-251、MCS-96/196/296、MC68HC05/11/12/16 和 C166/167 等。

2．嵌入式微处理器（EMPU）

嵌入式微处理器是由通用计算机中的 CPU 演变而来的。它的特征是具有 32 位以上的处理器，具有较高的性能，当然，其价格也相应较高。在实际嵌入式应用中，只保留和应用紧密相关的功能硬件，去除其他的冗余功能部分，这样就以最低的功耗和资源实现嵌入式应用的特殊要求。和工业控制计算机相比，嵌入式微处理器具有体积小、重量轻、成本低、可靠性高的优点。

3．嵌入式数字信号处理器（EDSP）

嵌入式数字信号处理器对系统结构和指令进行了特殊设计，使其适合于执行 DSP 算法，编译效率较高，指令执行速度也快。EDSP 应用正从在通用单片机中以普通指令实现 DSP 功能，发展到采用嵌入式数字信号处理器。嵌入式数字信号处理器的长处在于能够进行向量运算、指针线性寻址等运算量较大的数据处理。比较有代表性的产品是 Motorola 的 DSP56000 系列、Texas Instruments 的 TMS320 系列，以及 Philips 公司基于可重置嵌入式 DSP 结构制造的低成本、低功耗的 REAL DSP 处理器。

4．嵌入式片上系统（SOC）

嵌入式片上系统追求产品系统最大包容的集成器件。SOC 最大的特点是成功实现了软硬件无缝结合，直接在处理器片内嵌入操作系统的代码模块，在一个硅片上实现一个更为复杂的系统。SOC 可以分为通用和专用两类。通用类包括 Infineon（Siemens）的 TriCore、Motorola 的 M-Core、某些 ARM 系列器件等。而专用的 SOC 专用于某个或者某类系统中，不为一般用户所知。比如 Philips 的 Smart XA，它将 XA 单片机内核和支持超过 2048 位复杂 RSA 算法的 CCU 单元制作在一块硅片上，形成一个可以加载 Java 或 C 语言的专用的片上系统。

1.2.1　嵌入式微处理器的体系结构

嵌入式微处理器与通用 CPU 最大的不同在于嵌入式微处理器大多工作在为特定用户群所专门设计的系统中，它将通用 CPU 许多由板卡完成的任务集成在芯片内部，从而有利于嵌入式系统在设计时趋于小型化，同时还具有很高的效率和可靠性。

嵌入式微处理器的体系结构可以采用冯·诺依曼体系或哈佛体系结构；指令系统可以选用精简指令集计算机（Reduced Instruction Set Computer，RISC）和复杂指令集计算机（Complex Instruction Set Computer，CISC）。RISC 计算机在通道中只包含最有用的指令，确保数据通道快速执行每一条指令，从而提高了执行效率并使 CPU 硬件结构设计变得更为简单。

嵌入式微处理器有各种不同的体系，即使在同一体系中也可能具有不同的时钟频率和数据总线宽度，或集成了不同的外设和接口。据不完全统计，嵌入式微处理器已经超过 1000 多种，体系结构有 30 多个系列，目前主要有 ARM、MIPS、PowerPC、68K 等系列。

1. ARM

ARM（Advanced RISC Machines）公司是全球领先的 16/32 位 RISC 微处理器知识产权设计供应商。ARM 架构是当今世界上应用最广的 RISC 处理器架构之一，凭借其开放架构授权的商业模式，以低功耗为特点，是嵌入式和移动处理器领域绝对的霸主。除了 CPU，ARM 还会提供 Mali GPU、符合 AMBA 协议的总线设计、一些常见外设 IP，包括配套软件等一整套 SOC 解决方案。

ARM 公司的商业模式为 IP 授权，即通过知识产权授权的方式，收取一次性技术授权费用和版税提成。但 ARM 公司只专注于设计 CPU/GPU 等 IP 的设计，代工或生产则由被授权的客户自行解决。ARM 公司通过转让高性能、低成本、低功耗的 RISC 微处理器、外围和系统芯片设计技术给合作伙伴，使他们能用这些技术来生产各具特色的芯片。ARM 微处理器技术广泛应用于移动通信、手持设备、多媒体和嵌入式解决方案等领域，已成为 RISC 的标准。

ARM 微处理器目前包括以下几个系列：ARM7 系列、ARM9 系列、ARM9E 系列、ARM10E 系列、ARM11 系列、Cortex 系列、SecurCore 系列、OptimoDE Data Engines、Xcale。每一个系列提供一套相对独特的性能来满足不同应用领域的需求。其中，ARM7、ARM9、ARM9E 和 ARM10E 为 4 个通用处理器系列。各个厂商基于 ARM 体系结构的处理器，除了具有 ARM 体系结构的共同特点以外，都有各自的特点和应用领域。

本书选用了三星公司的 S3C2440 处理器。S3C2440 基于 ARM920T 核心，0.13μm 的 CMOS 标准宏单元和存储器单元。其低功耗、简单、精致且全静态的设计特别适合于对成本和功率敏感型的应用。S3C2440A 为手持设备和普通应用提供了低功耗和高性能的小型芯片微控制器的解决方案。

2. MIPS

MIPS（Microprocessor without Interlocked Pipeline Stages）是一种处理器内核标准，MIPS 架构于 20 世纪 80 年代早期在斯坦福大学诞生，是基于简洁的加载/存储 RISC 技术的架构。ARM 架构基于混合的 RISC/CISC 架构，其设计复杂，且实现高级别性能的能力有限。

自 1985 年第一块 MIPS 处理器（R2000）问世以来，MIPS 架构始终在不断完善。指令集架构（Instruction Set Architecture，ISA）在经过几次修订后得到扩展，其性能也相应提高。目前版本包括 32 位和 64 位的 MIPS32 和 MIPS64 架构。除了基于 MIPS32 开发一系列 32 位处理器内核之外，MIPS 还对 MIPS32 和 MIPS64 架构进行授权。这些架构的授权用户包括 Broadcom、Cavium Networks、LSI Logic、NetLogic Microsystems、Renesas Electronics、Sony、Toshiba、中国科学院计算技术研究所（中科院计算所）和北京君正等，这些基于 MIPS 的产品合计年出货量超过 6 亿件。

2000 年，MIPS 公司发布了针对 MIPS 32 4Kc 处理器的新版本以及未来 64 位 MIPS 64 20Kc 处理器内核。MIPS 技术公司既开发 MIPS 处理器结构，又自己生产基于 MIPS 的 32 位/64 位芯片。为了使用户更加方便地应用 MIPS 处理器，MIPS 公司推出了一套集成的开发工具，称为 MIPS IDF（Integrated Development Framework），特别适用于嵌入式系统的开发。

3. PowerPC

PowerPC 是一种 RISC 架构的 CPU，其基本的设计源自 IBM 的 POWER（Performance Optimized With Enhanced RISC）架构。PowerPC 处理器有非常强的嵌入式表现，因为它具有优异的性能、较低的能量损耗以及较低的散热量。PowerPC 架构的特点是可伸缩性好，方便灵活。PowerPC 处理器品种很多，既有通用的处理器，又有嵌入式控制器和内核，应用范围从高端的工作站、服务器到桌面计算机系统，从消费类电子产品到大型通信设备等各个方面，非常广泛。

Motorola的基于 PowerPC 体系结构的嵌入式处理器芯片有 MPC505/821/850/860/8240/8245/8260/8560 等近几十种产品，其中 MPC860 是 Power QUICC 系列的典型产品，MPC8260 是 Power QUICC Ⅱ系列的典型产品，MPC8560 是 Power QUICC Ⅲ系列的典型产品。

4. 68K

68K 是美国摩托罗拉公司出品的 68000 处理器的俗称，也是一种处理器架构。Motorola 68000（简称 68K）是出现得比较早的一款嵌入式处理器，68K 采用的是 CISC 结构，与现在的 PC 指令集保持了二进制兼容。CISC 是个人计算机 CPU 常用的，Intel、AMD 和 VIA 都采用了 CISC 指令集，只有 Apple 计算机中的 PowerPC 使用了 RISC 架构。最初使用 CISC 指令集是有道理的，因为 CISC 指令数量少，执行效率高，而且当时的 CPU 时钟频率不同，没有牵涉现在的超标量和超流水线的问题。RISC 是精简指令集，每条指令长度都一样，有利于简化译码结构，减少处理器的晶体管数量，这对于嵌入式处理器来说是很重要的。

1.2.2　ARM 微处理器的特点及应用领域

1991 年 ARM 公司成立于英国剑桥，主要出售芯片设计技术的授权。ARM 微处理器有着多达十几种的内核结构，芯片生产厂家也有 70 多家，并且由于 ARM 公司的 chipless 生产模式，将来获得授权的芯片生产厂家会越来越多。ARM 公司自己不制造芯片，只将芯片的设计方案授权给其他公司，由它们来生产。ARM 公司将其技术授权给世界上许多著名的半导体、软件和 OEM 厂商，每个厂商得到的都是一套独一无二的 ARM 相关技术及服务。进入 21 世纪之后，由于手机制造行业的快速发展，出货量呈现爆炸式增长，ARM 处理器占领了全球手机市场。

目前采用 ARM 技术知识产权的微处理器，即通常所说的 ARM 微处理器，已遍及工业控制、消费类电子产品、通信系统、网络系统和无线系统等各类产品市场，基于 ARM 技术的微处理器应用约占据了 32 位 RISC 微处理器 75％以上的市场份额，ARM 技术正在逐步渗透到人们生活的各个方面。ARM 提供高性能、廉价、耗能低的 RISC 处理器以及相关软件和技术，技术具有性能高、成本低和能耗省的特点，适用于多个领域，如嵌入控制、消费/教育类多媒体、DSP 和移动式应用等。下面来简单介绍一下各种处理器的特点及应用领域。

1. ARM9 系列微处理器

ARM9 系列微处理器为微控制器、DSP 和 Java 应用提供单处理器解决方案，从而减小芯片面积，降低复杂性和功耗，并加快产品上市速度。

ARM9 系列微处理器包含 ARM920T、ARM922T 和 ARM940T 三种类型，以适用于不同的应用场合。

ARM9 系列微处理器被广泛用于智能手机、PDA、机顶盒、PMP、电子玩具、数码相机、数码摄像机等产品解决方案，可为要求苛刻、成本敏感的嵌入式应用提供可靠的高性能和灵活性。丰富的 DSP 扩展使 SOC 设计不再需要单独的 DSP。

2. ARM9E 系列微处理器

ARM9E 系列微处理器使用单一的处理器内核提供了微控制器、DSP、Java 应用系统的解决方案，极大地减少了芯片的面积和系统的复杂程度。ARM9E 系列微处理器提供了增强的 DSP 处理能力，很适合于那些需要同时使用 DSP 和微控制器的应用场合。

ARM9E 系列微处理器主要应用于下一代无线设备、数字消费品、成像设备、工业控制、存储设备和网络设备等领域。

ARM9E 系列微处理器包含 ARM926EJ-S、ARM946E-S 和 ARM966E-S 三种类型，以适用于不同的应用场合。

3. ARM10E 系列微处理器

ARM10E 系列微处理器具有高性能、低功耗的特点，由于采用了新的体系结构，与同等的 ARM9 系列微处理器相比较，在同样的时钟频率下，性能提高了近 50％，同时，ARM10E 系列微处理器采用了两种先进的节能方式，使其功耗极低。

ARM10E 系列微处理器主要应用于下一代无线设备、数字消费品、成像设备、工业控制、通信和信息系统等领域。

ARM10E 系列微处理器包含 ARM1020E、ARM1022E 和 ARM1026EJ-S 三种类型，以适用于不同的应用场合。

4. ARM11 系列微处理器

ARM11 系列微处理器是 ARM 公司近年推出的新一代 RISC 处理器，它是 ARM 新指令架构——ARMv6 的第一代设计实现。该系列主要有 ARM1136J、ARM1156T2 和 RM1176JZ 三个内核型号，分别针对不同应用领域。ARM11 系列处理器是为了有效地提供高性能处理能力而设计的。在这里需要强调的是，ARM 公司并不是不能设计出运行在更高频率的处理器，而是在处理器能提供超高性能的同时，还要保证功耗、面积的有效性。ARM11 系列微处理器优秀的流水线设计是这些功能的重要保证。

5. Cortex 系列微处理器

Cortex 系列微处理器包括了 ARMv7 架构的所有系列，含有面向复杂操作系统、实时的和微控制器应用的多种处理器。在命名方式上，基于 ARMv7 架构的 ARM 处理器冠以 Cortex 的代号，基于 v7A 的称为 Cortex-A 系列（A：Application），基于 v7R 的称为 Cortex-R 系列（R：Real-time），基于 v7M 的称为 Cortex-M（M：Microcontroller）。

ARM Cortex-A 系列是针对日益增长的消费娱乐和无线产品设计的，支持 Linux、Windows CE 操作系统。ARM Cortex-R 系列针对需要运行实时操作系统的应用系统，包括汽车电子、网络和影像系统。ARM Cortex-M 系列则是为那些对开发费用非常敏感同时对性能要求不断增加的嵌入式应用所设计的。Cortex 系列内核型号见表 1-1。

表 1-1　Cortex 系列内核型号

年份	微控制器	实时	应用（32 位）	应用（64 位）
2010	Cortex-M4(F)		Cortex-A15	
2011		Cortex-R4 Cortex-R5 Cortex-R7	Cortex-A7	
2012	Cortex-M0+			Cortex-A53 Cortex-A57
2013			Cortex-A12	
2014	Cortex-M7(F)		Cortex-A17	
2015				Cortex-A35 Cortex-A72
2016	Cortex-M23 Cortex-M33(F)	Cortex-R8 Cortex-R52	Cortex-A32	Cortex-A73
2017				Cortex-A55 Cortex-A75
2018	Cortex-M35P			Cortex-A76
2019				Cortex-A77
2020				Cortex-A78 Cortex-X1
2021				Cortex-X2 Cortex-A710 Cortex-A510

6. SecurCore 系列微处理器

SecurCore 系列微处理器专为安全需要而设计，提供了完善的 32 位 RISC 技术的安全解决方案，因此，SecurCore 系列微处理器除了具有 ARM 体系结构的低功耗、高性能的特点外，还具有其独特的优势，即提供了对安全解决方案的支持。

SecurCore 系列微处理器主要应用于一些对安全性要求较高的应用产品及应用系统，如电子商务、电子政务、电子银行、网络和认证等领域。

SecurCore 系列微处理器包含 SecurCore SC100、SecurCore SC110、SecurCore SC200 和 SecurCore SC210 四种类型，以适用于不同的应用场合。

7. XScale 处理器

Intel 公司在 2002 年 2 月份正式推出基于 StrongARM 的下一代架构——XScale。XScale 处理器是基于 ARMv5TE 体系结构的解决方案，是一款全性能、高性价比、低功耗的处理器。它支持 16 位的 Thumb 指令集和 DSP 指令集，已使用在数字移动电话、个人数字助理和网络产品等场合。

Intel 公司已推出 PXA25x、PXA26x 和 PXA27x 三代 XScale 架构的嵌入式处理器。

任务 1.3　认识嵌入式操作系统

每一个嵌入式系统至少有一个嵌入式微处理器，运行在这些嵌入式微处理器中的软件就称为嵌入式软件，也称为固件。初期，这些软件都不是很复杂。随着嵌入式微处理器和微控制器从 8 位发展到 16位、32 位、64 位，整个嵌入式系统也变得越来越庞大和复杂，这就需要有一个操作系统对微处理器进行管理和提供应用编程接口。于是，实时多任务内核在 20 世纪 70 年代末应运而生。进入 20 世纪 80 年代，嵌入式系统应用开始变得更加复杂，仅仅有实时多任务内核的嵌入式操作系统已无法满足以通信设备为代表的嵌入式开发需求。最初的实时多任务内核开始发展成一个包括网络、文件、开发和调试环境的完整的实时多任务操作系统。到了 20 世纪 90 年代，嵌入式微处理器技术已经成熟，除了传统的 x86 处理器，以 ARM7/9 为代表的嵌入式处理器开始流行起来，以 Linux 为代表的通用操作系统也进入了嵌入式系统应用这个领域，一些针对资源受限硬件的 Linux 发行版本开始出现，也就是我们所说的嵌入式 Linux。进入 2000 年以后，Android 开始被广泛地应用在具有人机界面的嵌入式设备中。近来，物联网操作系统又以崭新的面貌进入了人们的视野。

认识嵌入式操作系统

所有可用于嵌入式系统的操作系统都可以称为嵌入式操作系统（Embedded Operating System 或者 Embedded OS，中文简称为嵌入式 OS）。既然它是一个操作系统，那么它就必须具备操作系统的功能——任务（进程）、通信、调度和内存管理等内核功能，还需要具备内核之外的文件、网络、设备等服务能力。为了适应技术发展，嵌入式操作系统还应具备多核、虚拟化和安全的机制，以及完善的开发环境和生态系统。嵌入式 OS 必须能支持嵌入式系统特殊性的需求，如实时性、可靠性、可裁剪和固化（嵌入）等特点。

从 20 世纪 80 年代开始，出现了各种各样的商业用嵌入式操作系统。这些操作系统大部分都是为专有系统而开发的，从而形成了目前多种形式的商用嵌入式操作系统百家争鸣的局面。嵌入式操作系统的数量呈井喷式增长，最鼎盛的时候有数百种之多，经过 30 多年的市场发展和淘汰，如今依然有数十种。但是，真正在市场上具有影响力并有一定的客户数量和成功的应用产品的嵌入式操作系统并不多，常见的有：eCos、μC/OS-II、μC/OS-III、VxWorks、pSOS、Nucleus、ThreadX、RTEMS、QNX、INTEGRITY、OSE、C Executive、CMX、SMX、emOS、Chrous、VRTX、RTX、FreeRTOS、LynxOS、ITRON、RT-thread，以及 Linux 家族的各种版本，比如 μCLinux、Android 和 Meego 等，还有微软家族的 Windows CE、Windows Embedded、Windows Mobile 等。

随着嵌入式系统的功能越来越复杂，硬件所提供的条件越来越好，选择嵌入式操作系统也就势在必行。首先，应用开发者的精力通常都集中在自己的应用领域，而没有时间和精力去全面掌握操作系统，所以需要嵌入式操作系统提供服务。其次，嵌入式系统的最大特点就是个性突出，每个具体的嵌入式系统都有自己独特的地方，当其有某种特殊需要时，如果操作系统能给予支持，则往往会有事半功倍的效果。

将嵌入式操作系统引入到嵌入式系统中，能够对嵌入式系统的开发产生极大的推动作用。在没有操作系统的嵌入式系统下，每当要进行进一步的开发和功能的扩展时，都会造成巨大的劳动力消耗。而嵌入式操作系统则可以通过提供给用户的各种 API，来对嵌入式系统进行有效管理。

1.3.1 嵌入式 Linux 主要产品及特点

Linux 是一个与生俱来的网络操作系统，成熟而且稳定。Linux 是源代码开放软件，不存在黑箱技术，任何人都可以修改它或者用它开发自己的产品。Linux 系统是可以定制的，系统内核目前已经可以做得很小。一个带有中文系统及图形化界面的核心程序也可以做到不足 1MB，而且同样稳定。Linux 作为一种可裁减的软件平台系统，是发展嵌入设备产品的绝佳资源，遍布全球的众多 Linux 爱好者又能给予 Linux 开发者强大的技术支持。

嵌入式 Linux 的一大特点是与硬件芯片（如 SOC 等）的紧密结合。它不是一个纯软件的 Linux 系统，而比一般操作系统更加接近于硬件。嵌入式 Linux 的进一步发展，逐步具备了嵌入式 RTOS 的一切特征：实时性及与嵌入式处理器的紧密结合。它的另一大特点是代码的开放性。代码的开放性是与后 PC 时代的智能设备的多样性相适应的。代码的开放性主要体现在源代码可获得上，Linux 代码开发就像是"集市式"开发，即可任意选择并按自己的意愿整合出新的产品。

1. RT-Linux

RT-Linux（Real-Time Linux）是 Linux 中的一种实时操作系统，它是由美国墨西哥理工学院开发的硬实时嵌入式 Linux 操作系统。它采用双内核结构，在底层使用一个硬实时内核，Linux 作为内核的空闲任务，当有实时任务时，通过硬实时内核调度任务，没有其他任务时，运行普通 Linux。RT-Linux 开发者并没有针对实时操作系统的特性而重写 Linux 的内核，因为这样做的工作量非常大，而且保证兼容性也非常困难。将 Linux 的内核代码做一些修改，将 Linux 本身的任务以及 Linux 内核本身作为一个优先级很低的任务，而实时任务作为优先级最高的任务。即在实时任务存在的情况下运行实时任务，否则才运行 Linux 本身的任务。

RT-Linux 已经成功地广泛应用于航天飞机的空间数据采集、科学仪器测控和电影特技图像处理等领域，在电信、工业自动化和航空航天等实时领域也有成熟的应用。随着信息技术的飞速发展，实时系统已经渗透到日常生活的各个层面，包括传统的数控领域、军事、制造业和通信业，甚至连潜力巨大的信息家电、媒体广播系统和数字影像设备都对实时性提出了越来越高的要求。

2. μCLinux

μCLinux 是 Lineo 公司的主打产品，是一种优秀的嵌入式 Linux 版本，同时也是开放源码的嵌入式 Linux 的典范之作。它秉承了标准 Linux 的优良特性，经过各方面的小型化改造，形成了一个高度优化的、代码紧凑的嵌入式 Linux。虽然它的体积很小，却仍然保留了 Linux 的大多数优点：稳定、良好的移植性、优秀的网络功能、对各种文件系统完备的支持和标准丰富的 API。它专为嵌入式系统做了许多小型化的工作，目前已支持多款 CPU。其编译后目标文件可控制在几百 KB 数量级，已成功应用于路由器、机顶盒、PDA 等领域，与标准 Linux 在内存管理方面有着本质区别。

3. Embedix

Embedix 是由嵌入式 Linux 行业主要厂商之一 Luneo 推出的，是根据嵌入式应用系统的特点重新设计的 Linux 发行版本。Embedix 提供了超过 25 种的 Linux 系统服务，包括 Web 服务器等。系统需要最小 8MB 内存，3MB ROM 或快速闪存。Embedix 基于 Linux 2.2 内核，并已经成功地移植到了 Intel x86 和 PowerPC 处理器系列上。

1.3.2　VxWorks 及其主要特点

VxWorks 是风河公司（Wind River）推出的一个实时操作系统。公司于 1983 年设计开发的一种嵌入式实时操作系统（RTOS），是嵌入式开发环境的关键组成部分。凭借良好的持续发展能力、高性能的内核以及友好的用户开发环境，其在嵌入式实时操作系统领域占据一席之地。

VxWorks 的开放式结构和对工业标准的支持使开发者只需做少量的工作即可设计有效的适合不同用户要求的实时操作系统。

1．高性能实时微内核

VxWorks 的微内核 Wind 是一个具有较高性能的、标准的嵌入式实时操作系统内核。它支持抢占式的基于优先级的任务调度，支持任务间同步和通信，还支持中断处理、看门狗（WatchDog）定时器和内存管理。其任务切换时间短、中断延迟小、网络流量大的特点使得 VxWorks 的性能得到很大提高，与其他嵌入式系统相比具有很大优势。

2．POSIX 兼容

POSIX（Portable Operating System Interface of UNIX）是工作在 ISO/IEEE 标准下的一系列有关操作系统的软件标准。制定这个标准的目的就是为了在源代码层次上支持应用程序的可移植性。这个标准产生了一系列适用于实时操作系统服务的标准集合 1003.1b（过去是 1003.4）。

3．自由配置能力

VxWorks 提供良好的可配置能力，可配置的组件超过 80 个，用户可以根据自己系统的功能需求通过交叉开发环境方便地进行配置。

4．友好的开发调试环境

VxWorks 提供的开发调试环境便于进行操作和配置，开发系统 Tornado 更是得到了广大嵌入式系统开发人员的欢迎。

5．广泛的运行环境支持

VxWorks 支持几乎所有现代市场上的嵌入式 CPU，包括 x86 系列、MIPS、LoongISA、PowerPC、Freescale ColdFire、Intel i960、SPARC、SH-4、ARM、StrongARM 以及 xSCale CPU。大多数的 VxWorks API 是专用的。VxWorks 提供的板级支持包（BSP）支持多种硬件板，包括硬件初始化、中断设置、定时器和内存映射等例程。

1.3.3　μC/OS-II 及其主要特点

μC/OS-II 由 Micrium 公司提供，是一个可移植、可固化、可裁剪的占先式多任务实时内核，它适用于多种微处理器，微控制器和数字处理芯片，已经移植到 100 种以上的微处理器应用中。该系统源代码开放、整洁、一致，系统透明，很容易就能把操作系统移植到各个不同的硬件平台上。μC/OS-II 的主要特点如下。

1．可移植性强

μC/OS-II 绝大部分源码是用 ANSI C 写的，可移植性较强。而与微处理器硬件相关的那部分是用汇编语言写的，已经压缩到最低限度，使 μC/OS-II 便于移植到其他微处理器上。

2．可固化

μC/OS-II 是为嵌入式应用而设计的，只要开发者有固化手段（C 编译、连接、下载和固化），μC/OS-II 即可嵌入到开发者的产品中，成为产品的一部分。

3．可裁剪

通过条件编译可以只使用 μC/OS-II 中应用程序需要的那些系统服务程序，以减少产品中的 μC/OS-II 所需的存储器空间（RAM 和 ROM）。

4．占先式

μC/OS-II 完全是占先式的实时内核，这意味着 μC/OS-II 总是运行就绪条件下优先级最高的任务。大多数商业内核也是占先式的，μC/OS-II 在性能上和它们类似。

5．实时多任务

μC/OS-II 不支持时间片轮转调度法。该调度法适用于调度优先级平等的任务。

6．可确定性

μC/OS-II 的全部函数调用与服务的执行时间都具有可确定性。

任务 1.4　安装 Linux 开发环境

学习嵌入式 Linux 系统开发，首先要学会搭建 Linux 系统环境。下面将从初学者的视角出发，一步步讲解如何正确安装 Linux 系统。

基于硬件的快速发展以及操作系统核心功能的增加，可以将 Linux 安装在安装的虚拟机软件上，常见的虚拟机软件有 VMware Workstation（简称 VMware）、VirtualBox、Microsoft Virtual PC 等，本节以 VirtualBox 为例来讲解 Linux 的安装。

1.4.1　在虚拟机软件 VirtualBox 上安装 Linux

VMware Workstation 与 VirtualBox 都是非常优秀的桌面虚拟计算机软件，为用户提供可在单一的桌面上同时运行不同的操作系统和进行开发、测试、部署新的应用程序的最佳解决方案。VirtualBox 是由德国 Innotek 公司开发，由 Sun Microsystems 公司出品的软件，使用 Qt 编写，在 Sun 公司被 Oracle 公司收购后正式更名成 Oracle VM VirtualBox。VirtualBox 是较强的免费虚拟机软件，它不仅具有丰富的特色，而且性能也很优异。它简单易用，可虚拟的系统包括 Windows、Mac OS X、Linux、OpenBSD、Solaris、IBM OS2、Android 等。使用者可以在 VirtualBox 上安装并且运行上述操作系统。下面介绍安装过程。

在官网（www.virtualbox.org）下载安装文件，双击 VirtualBox-7.0.6-155176-Win.exe 安装文件，进入如图 1-2 所示的安装提示界面。

图 1-2　安装提示界面

单击"下一步"按钮继续安装，进入如图 1-3 所示的选择安装路径界面。选择安装路径后，单击"下一步"按钮，进入默认创建图标和快捷方式界面。单击"下一步"按钮，出现网络中断提示界面。单击"是"按钮，出现如图 1-4 所示的准备安装提示界面。

图 1-3　选择安装路径界面

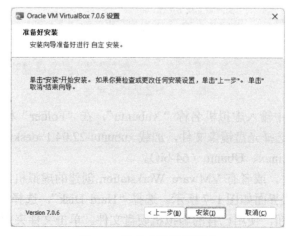

图 1-4　准备安装提示界面

单击"安装"按钮，出现安装进度界面。安装过程中会出现相容性提示界面。单击"仍然继续"按钮，出现安装完成界面。单击"完成"按钮后，桌面显示 VirtualBox 软件图标，至此 VirtualBox 虚拟机平台软件安装完毕。图 1-5 所示为 VirtualBox 主界面。

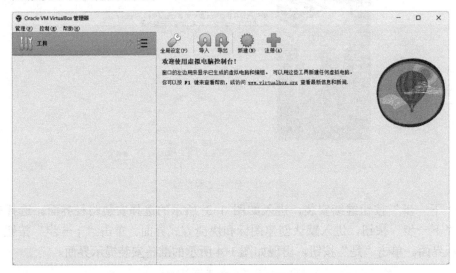

图 1-5　VirtualBox 主界面

下面讲解在 VirtualBox 上安装 Xubuntu 开发环境。Xubuntu 是基于 Ubuntu 的一个 Linux 发行版。与 Ubuntu 不同的是，Xubuntu 采用轻量级的 Xfce 桌面环境，并面向低端机器做了优化。在官网（xubuntu.org）下载安装镜像文件。

打开 VirtualBox 软件，单击"新建"按钮，出现如图 1-6 所示的新建虚拟机向导。

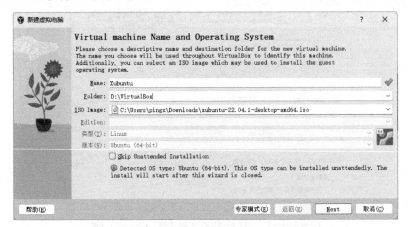

图 1-6　新建虚拟机向导

在"Name"文本框中输入虚拟机名称"Xubuntu"，在"Folder"栏中选择保存虚拟机的目录。在"ISO Image"处选择光盘镜像文件，加载 xubuntu-22.04.1-desktop-amd64.iso 镜像文件，类型和版本处分别选择 Linux、Ubuntu（64-bit）。

如果已有虚拟机文件，或者有 VMware Workstation 创建的虚拟机，可以单击"专家模式"按钮进行配置。专家模式界面如图 1-7 所示。选择"Hard Disk"，选择"Use an Existing Virtual Hard Disk File"单选按钮，使用已有的虚拟机硬盘文件。单击文件夹图标，选择已有虚拟机硬盘文件，如图 1-8 所示。

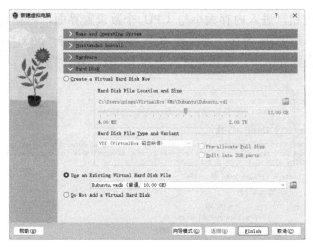

图 1-7　专家模式界面

图 1-8　选择已有虚拟机硬盘文件

选择光盘镜像文件后，单击"Next"按钮，出现账户创建与主机名设置界面，如图 1-9 所示。这里将账号和密码都设置为 xubuntu，单击"Next"按钮。

图 1-9　账户创建与主机名设置界面

再单击"Next"按钮，进入内存大小与 CPU 个数设置界面，内存通常选择本机内存的一半，例如，如果计算机是 8GB 内存，则选择 4GB 即可。再单击"Next"按钮，在如图 1-10 所示的虚拟硬盘大小的设置界面中，选择硬盘大小为 25GB，单击"Next"按钮，即完成虚拟机初始设置。

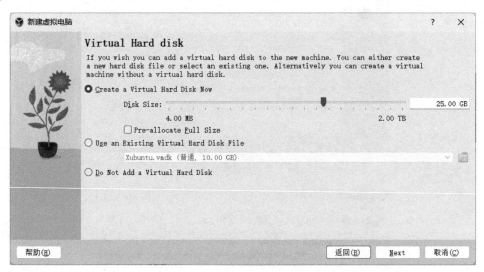

图 1-10 虚拟硬盘大小的设置界面

单击 VirtualBox 的"启动"图标，启动 Xubuntu 的安装，如图 1-11 所示。
安装完毕，虚拟机自动重启后即可进入 Xubuntu 系统，如图 1-12 所示。

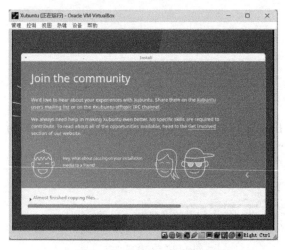

图 1-11 Xubuntu 的安装界面

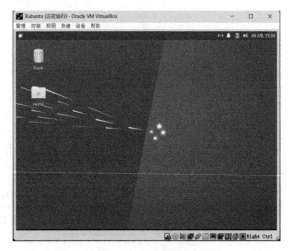

图 1-12 Xubuntu 界面

1.4.2 树莓派嵌入式系统的安装

树莓派（Raspberry Pi）是一款基于 Linux 系统的嵌入式开发板，以 SD 卡为硬盘，提供 USB 接口和以太网接口，可连接键盘、鼠标和网线，同时拥有视频信号输出接口和 HDMI（高清晰度多媒体）接口，还提供 40 个用于硬件扩展开发的 GPIO 接口。

树莓派嵌入式系统的安装

树莓派已经衍生了几代产品。Raspberry Pi 3 Model B 于 2016 年 2 月发布，配备 1.2GHz 64-bit 博通 BCM2837 处理器，新增了 802.11n Wi-Fi、蓝牙功能和 USB 启动功能。Raspberry Pi 4 Model B（简称 Raspberry Pi 4B）于 2019 年 6 月底发布，处理器升级为 1.5GHz 的博通 BCM2711（四核 Cortex-A72），增大了板载内存容量，为 1G/2G/4G，蓝牙升级为 5.0，拥有 2 个 USB 2.0 接口，2 个 USB 3.0 接口，电源也采用了较新的 USB-C 接口，如图 1-13 所示。

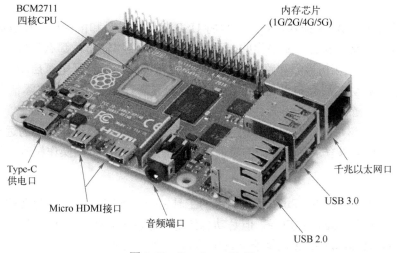

图 1-13　Raspberry Pi 4B

准备一张 16GB 以上的 SD 卡及读卡器，最好是高速卡，因为卡的速度直接影响树莓派的运行速度。下载树莓派系统镜像文件（shumeipai.nxez.com/download），这里有很多种适用于树莓派的操作系统镜像，可以选择 Raspberry Pi OS 或者 Raspberry Pi OS 64 位。Raspberry Pi OS 64 位能够更好地利用 64 位处理器所带来的优势（较新版本的树莓派已采用 64 位处理器），可以支持 4GB 以上的内存（树莓派 4B 最高配备 8GB 内存），以及在处理多媒体内容时能够有更佳的表现。然后下载 Windows 下安装镜像的工具 win32diskimager。

将卡放入读卡器，连接计算机，单击运行 win32diskimager。如图 1-14 所示，单击"文件夹"按钮后，选择树莓派的镜像文件 2022-09-22-raspios-bullseye-arm64.img。"设备"选择 SD 卡选择所在的盘符。

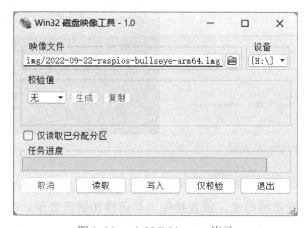

图 1-14　win32diskimager 烧录

单击"写入"按钮，完成烧录。烧录成功后，系统可能会因为无法识别分区而提示格式化分区，此时不要进行格式化。安装过程可能有些慢，安装速度与 SD 卡的速度相关。安装完成之后，会发现 SD 卡所显示的容量低于预期。这是因为在 Windows 系统中只能显示出 FAT 格式的 boot 分区，只有几十兆字节，更大的分区是 Linux 分区，Windows 系统是无法看到的，这并不影响树莓派系统的工作。

也可以下载树莓派镜像软件 Raspberry Pi Imager 的安装包，使用树莓派镜像工具烧录系统镜像文件。

将安装好系统的 SD 卡插入树莓派，再将 USB 接口的键盘和鼠标接上树莓派，用 HDMI 线连接树莓派和电视或显示器。如果你的显示器是 VGA 接口输出，那么还需要一根 HDMI 转 VGA 线缆。用网线连接树莓派和路由器。最后接上电源线，并打开电源启动树莓派系统。

桌面版本在启动之后会自动进入初始化设置向导。在引导下根据实际情况配置国家、语言、时区，设置好登录密码、Wi-Fi。

装有 Linux 的树莓派和普通计算机一样，所有操作都可以通过计算机的远程登录完成。通过 PuTTY 或 VNC 可以登录到树莓派的桌面环境，而通过 SSH 可以操作树莓派的命令行。

1. 使用 PuTTY 远程登录树莓派

在各种远程登录工具中，PuTTY 是出色的工具之一。PuTTY 是一个免费的、Windows 平台下的 Telnet、SSH 和 rlogin 客户端，但是功能丝毫不逊色于商业的 Telnet 类工具。Bitvise SSH Client、SSH Secure Shell Client 也是非常常用的 SSH 登录工具。

启动远程登录软件 PuTTY，然后在 "Host Name（or IP address)" 文本框中输入之前查找到的树莓派的 IP 地址 "192.168.3.159"，单击 "Open" 按钮，如图 1-15 所示。输入用户名和密码，树莓派官方镜像默认的用户名是 pi，密码是 raspberry。如果读者在之前使用树莓派 Imager 烧录镜像时设置了账号、密码，则输入正确的账号、密码，按〈Enter〉键即可远程登录到树莓派，如图 1-16 所示。

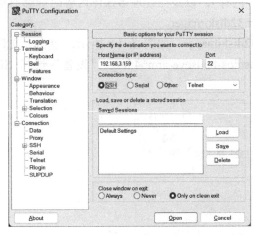
图 1-15　PuTTY 登录界面

图 1-16　PuTTY 终端

2. 使用 VNC 远程登录树莓派图形界面

使用 PuTTY 远程登录树莓派，或直接使用显示器和键盘登录。在终端输入 "sudo raspi-config" 进行树莓派的设置，如图 1-17 所示。按顺序依次进行操作：Interfacing Options →VNC →Yes。之后系统会提示是否要安装 VNC 服务，输入 y 之后按〈Enter〉键，等待系统自动下载安装完成它即可启动 VNC 服务了。

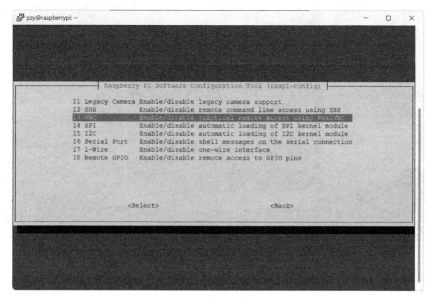

图 1-17 树莓派配置界面

重启树莓派系统后，打开 VNC Viewer 软件，如图 1-18 所示。选择"File"→"New connection"命令，新建一个 VNC 窗口，并在"VNC Server"文本框中输入树莓派的 IP 地址 "192.168.3.159"，在"Name"文本框中输入树莓派的用户名，最后单击"OK"按钮。

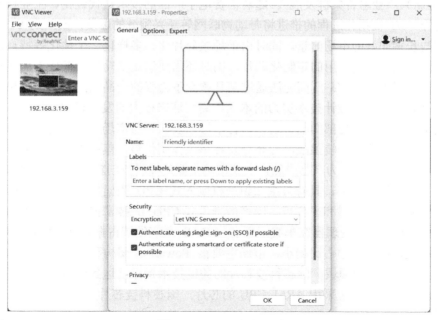

图 1-18 VNC 登录界面

如果是首次登录，需要进行一些初始化的设置，如设置语言、更改密码、更新系统等，登录后树莓派的图形界面如图 1-19 所示。如果要修改树莓派的分辨率，可以在终端运行"sudo raspi-config"进入设置界面进行操作。

图 1-19 登录后树莓派的图形界面

拓展阅读

二十大报告指出，"集聚力量进行原创性引领性科技攻关，坚决打赢关键核心技术攻坚战""推动战略性新兴产业融合集群发展"。随着消费电子产品的技术迭代优化、工业自动化与智能化程度的提升、5G 商用化进程的推进将带动物联网等新兴领域的爆发，嵌入式 CPU 具有广阔的市场空间与长期向好的市场前景。同时由于场景碎片化、多样化、个性化等特点，芯片厂商需要针对不同的场景使用专用的定制化芯片，同时还需要满足低功耗、低成本的要求。在此情形下，国际主流嵌入式 CPU 厂商无法通过某几款竞争力强的产品满足丰富的目标场景需求，而具备较强微架构定制化设计技术实力的本土厂商将迎来极大的发展机遇。国产 CPU 发展受阻，外部面临打压封锁，内部面临市场化培育不够以及研发与市场未形成正循环等严峻挑战。针对当前国产芯片面临的严峻挑战，应充分发挥举国体制优势，集中力量攻坚克难，统筹规划重点布局，加强市场实践助力产品成熟，汇聚市场资源反哺科技创新，进而实现弯道超车。

国内能兼容主流指令集、具有自主知识产权嵌入式 CPU 微架构设计能力的研发单位除国芯科技外，主要为龙芯中科和平头哥。国产的嵌入式 CPU IP 技术占据了一定市场地位；在汽车电子领域，ARM 架构处理器在车载娱乐和 ADAS 系统领域占据全球 75%的市场份额，但在车身和发动机控制领域中占比尚小，市场主要被 PowerPC 架构和 TriCore 架构占据；在汽车 T-BOX 安全单元应用领域，国芯科技芯片的关键技术指标已达到国内外一流厂商高水平芯片的同等技术水平。相对于采用 ARM CPU 的芯片，国芯科技芯片采用的 CS0 CPU 具有更高的自主可控性。

为推动和支持芯片产业发展，国家陆续发布一系列产业扶持政策，通过重大工程的应用拉动，带动了国产 CPU 的快速发展。华为海思、紫光展锐、翱捷科技、联发科、龙芯、兆芯、飞腾、申威等一大批公司的产品已逐步实现了由"不可用"到"可用"到"全面超越"的快速发展，国产生态呈现从孱弱封闭到繁荣开放的发展态势。

实操练习

如果需要安装 Linux 系统，但是又不想换掉 Windows 系统，除了使用 VirtualBox 安装 Linux 系统外，还可以使用 VMware Workstation 或者 Windows+Linux 双系统。安装双系统之前，必须先安装 Windows。下面请尝试安装 Windows 11+Ubuntu 20.04 双系统。

1．在 Ubuntu 官网下载 Ubuntu 20.04 镜像文件。

2．下载刻录工具 Rufus，将系统镜像文件刻录至 U 盘。

3．从 Windows 11 的硬盘中，划分出 200GB 的独立空间，用于安装 Ubuntu。如果准备将 Ubuntu 系统安装在一个完整的硬盘上，只需要保证该硬盘的所有空间处于未分配状态就可以。

4．首先设置 U 盘作为启动项，重启计算机，选择进入 Ubuntu 的安装指示界面。不同型号的计算机、主板，设置 U 盘为启动项的方式有些许差异。

5．重启计算机后进入 U 盘启动，选择使用 Ubuntu，会进入一个临时 Ubuntu 系统。

6．进入创建分区，从磁盘列表中选中空闲的 200GB 磁盘，参考表 1-2 的顺序和参数，依次创建 4 个分区。

表 1-2　创建的 4 个分区

新分区	空间大小	分区类型	分区位置	用于	挂载点
根目录	30GB	主	起始	Ext4	/
系统引导	1GB	主	起始	Ext4	/boot
虚拟内存	8GB	逻	起始	交换空间	-
存放数据等	剩余所有	主	起始	Ext4	/home

7．安装完成后重启计算机，进入一个崭新的 Ubuntu 20.04 系统。

习题

1．目前嵌入式系统已经渗透到人们生活的每一个角落，举例说明什么是嵌入式系统。

2．嵌入式微处理器有哪些主流的体系架构？列举每种架构的代表产品。目前我国国产的微处理器有哪些？

3．目前排名前三的嵌入式操作系统是什么？请分析它们的优缺点以及应用场景。

项目 2　　体验 Linux 系统

📚 项目描述

嵌入式系统技术得到飞速发展，嵌入式系统的应用已涉及生产、工作、生活的各个方面。微处理器从 8 位到 16 位、32 位，再到现在的 64 位，常见的嵌入式操作系统有 Linux、μCLinux、Windows CE、PalmOS、Symbian、eCos、μCOS-II、VxWorks。在嵌入式产品研发的软件开发平台的选择上，嵌入式 Linux 以 65%的市场份额遥遥领先于其他嵌入式软件开发平台，Linux 凭借免费与开源的特性在服务器和嵌入式系统市场上成为主流的操作系统之一。嵌入式 Linux 开发是以 Linux 操作系统为基础的，只有熟练使用 Linux 系统之后才能在嵌入式 Linux 开发领域得心应手。如果读者对 Linux 的一些基本概念、常用的命令已经非常熟悉了，可以跳过本单元，也可将本章作为巩固提高 Linux 使用技能的手册。

📝 项目目标

知识目标

1. 掌握Linux 文件系统、系统目录结构
2. 掌握 Shell 常用技巧、系统环境变量
3. 掌握系统权限与用户管理

技能目标

1. 掌握文件和目录的复制、删除、建立、搜索
2. 掌握查看或修改文本文件的内容
3. 掌握改变文件的权限
4. 掌握添加和删除用户
5. 掌握备份与压缩文件
6. 掌握磁盘分区、挂载、查看磁盘的使用情况
7. 掌握进程控制
8. 掌握网络管理
9. 掌握编辑工具 Vi

素质目标

1. 团队合作能力、设计方案的制定、工作协调能力
2. 通过网络获取、筛选、分析、归纳信息的能力
3. 分析问题、解决问题的能力

任务 2.1　Linux 的基本概念

Linux 是一种自由和开放源码的类 UNIX 操作系统。该操作系统的内核由林纳斯·托瓦兹

（Linus Torvalds）在 1991 年 10 月 5 日首次发布，再加上用户空间的应用程序之后，就成了 Linux 操作系统。Linux 也是自由软件和开放源代码软件发展中最著名的例子。只要遵循 GNU 通用公共许可证（GPL），任何个人和机构都可以自由地使用 Linux 的所有底层源代码，也可以自由地修改和再发布。

如今的 Linux 已经有超过 250 种发行版本，主流的 Linux 发行版包括 Debian（及其派生版本 Ubuntu、Linux Mint）、Fedora 和 openSUSE 等。Linux 最初是作为支持英特尔 x86 架构的个人计算机的一个自由操作系统。目前 Linux 已经被移植到更多的计算机硬件平台，如 PowerPC、ARM、XScale 等。

Linux 可以运行在服务器和其他大型平台之上，如大型计算机和超级计算机。世界上 500 个最快的超级计算机已 100%运行 Linux 发行版或其变种。Linux 也广泛应用在嵌入式系统上，如手机、平板电脑、路由器、电视和电子游戏机等。在移动设备上广泛使用的 Android 操作系统就是创建在 Linux 内核之上。下面介绍 Linux 中一些非常重要的概念。

2.1.1　文件系统

Linux 的基本思想有两点：第一，一切都是文件；第二，每个文件都有确定的用途。在 Linux 系统中一切都是文件，包括命令、硬件和软件设备、操作系统、进程等对于操作系统内核而言，都被视为拥有各自特性或类型的文件。

文件系统与系统目录结构

内核是 Linux 的核心，文件是用户与操作系统交互所采用的主要工具。文件系统是对一个存储设备上的数据和元数据进行组织的机制，这种机制有利于用户和操作系统的交互，如果 Linux 没有文件系统，用户和操作系统的交互也就断开了。文件系统不仅包含文件中的数据而且包含文件系统的结构，所有 Linux 用户和程序看到的文件、目录、软连接及文件保护信息等都存储在其中。在 Linux 系统中每个分区都有一个文件系统。Linux 的重要特征之一就是支持多种文件系统，不同的操作系统选择了不同的文件系统，同一种操作系统也可能支持多种文件系统。

微软公司的 Windows 就选择了 FAT32 和 NTFS 两种格式，在 Linux 操作系统里有 Ext2、Ext3、Ext4（The Fourth Extended Filesystem，第四代扩展文件系统，缩写为 Ext4）、Linux Swap 和 VFAT 四种格式。Linux 最早的文件系统是 MINIX，但是专门为 Linux 设计的文件系统——Ext2 被设计出来并添加到 Linux 中，这对 Linux 产生了重大影响。常用的文件系统有以下几种。

1．Ext2 和 Ext3

Ext2 于 1993 年 1 月加入 Linux 核心支持之中。Ext2 的经典实现为 Linux 内核中的 Ext2fs 文件系统驱动，最大可支持 2TB 的文件系统，至 Linux 核心 2.6 版时，扩展到可支持 32TB。Ext2 文件系统功能强大、易扩充、性能上进行了全面优化，也是所有 Linux 发布和安装的标准文件系统类型。Ext3 文件系统是直接从 Ext2 文件系统发展而来的，目前 Ext3 文件系统已经非常稳定可靠。它完全兼容 Ext2 文件系统。用户可以平滑地过渡到一个日志功能健全的文件系统中来。Ext3 主要有以下 4 个优点：可用性强、数据完整性高、速度快以及易于转化。Ext3 采用了日志式的管理机制，它使文件系统具有很强的快速恢复能力。

2．Ext4

Ext4 是 Ext3 文件系统的后继版本，由 Ext3 的开发团队实现，并引入到 Linux 2.6.19 内核中。Ext4 使用 48 位的内部寻址，理论上可以在文件系统上分配高达 16TiB 大小的文件，其中文件系统大小最高可达 1 000 000TiB。Ext4 在将存储块写入磁盘之前对存储块的分配方式进行了大量改进，这可以显著提高读写性能。它还引入了多项性能增强功能，例如延迟块分配和速度大幅加快的文件系统检查例程。Ext4 还支持日记校验和，并可提供以纳秒度量的时间戳，因而更加可靠。Ext4 完全反向兼容于 Ext2 和 Ext3。

3．Swap 文件系统

Swap 分区，即交换分区，是在系统的物理内存不够用的时候，把硬盘内存中的一部分空间释放出来，以供当前运行的程序使用。那些被释放的空间可能来自一些很长时间没有什么操作的程序，这些被释放的空间被临时保存到 Swap 分区中，等到那些程序要运行时，再从 Swap 分区中恢复保存的数据到内存中。通常情况下，Swap 分区的空间应大于或等于物理内存的大小，最小不应小于 64MB，通常，Swap 分区的空间大小应是物理内存的 2～2.5 倍。Linux 有两种形式的交换空间：交换分区和交换文件。交换分区就是一个独立的硬盘，没有文件或内容。交换文件是文件系统中的一个特殊文件，独立于系统和数据文件之外。对于桌面系统和服务器，由于内存都在 8GB 以上、120GB 固态硬盘（SSD）价格也很低，交换空间的作用被大大削弱，可以多建几个交换文件以提升交换性能。

4．VFAT 文件系统

如果希望存储设备（例如 U 盘）不需要重新创建文件系统就能同时在 Windows 或 Linux 系统下使用，那么这时在 U 盘上创建 VFAT 类型的文件系统就能满足需求。Linux 中把 DOS 中采用的 FAT 文件系统（包括 FAT12、FAT16 和 FAT32）都称为 VFAT 文件系统。

2.1.2　系统目录结构

Linux 的文件系统采用阶层式的树状目录结构，最上层是根目录"/"，然后在根目录下再建立其他的目录。目录提供了管理文件的一个方便而有效的途径。Windows 也采用树形结构，但是在 Windows 中这样的树形结构的根是磁盘分区的盘符，有几个分区就有几个树形结构，它们之间的关系是并列的。但是在 Linux 中，无论操作系统管理几个磁盘分区，这样的目录树只有一个。文件系统结构图如图 2-1 所示。

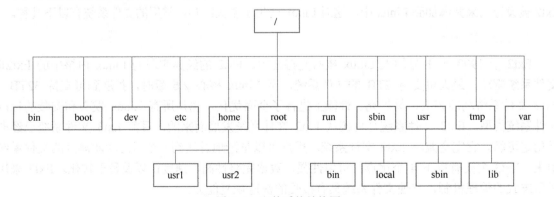

图 2-1　文件系统结构图

目录也是一种文件，是具有目录属性的文件。当系统建立一个目录时，还会在这个目录下创建两个目录文件，"."代表本目录，".."代表该目录的父目录。

在 Linux 安装时系统会建立一些默认的目录，而每个目录都有特殊的功能。表 2-1 列出了 Linux 下一些主要目录的功能介绍。

表 2-1 主要目录及其功能

目录	功能
/	根目录
/bin	bin 是 Binaries（二进制文件）的缩写，这个目录存放着最经常使用的命令。比如 ls、cp、mkdir 等命令
/boot	Linux 的内核及引导系统程序所需要的文件，即启动 Linux 时使用的一些核心文件，包括一些连接文件以及镜像文件
/dev	dev 是 Device（设备）的缩写，该目录下存放的是 Linux 的外部设备，在 Linux 中访问设备的方式和访问文件的方式是相同的
/etc	存放系统管理所需要的所有配置文件和子目录
/home	用户的主目录，每个用户都有一个自己的目录，一般该目录名是以用户的账号命名的，如图 2-1 中的 usr1、usr2
/root	系统管理员，也称作超级权限者的用户主目录
/run	一个临时文件系统，存储系统启动以来的信息。当系统重启时，这个目录下的文件应该被删掉或清除。如果你的系统上有/var/run 目录，应该让它指向 run
/sbin	和 bin 类似，是一些可执行文件，不过不是所有用户都需要的，一般是系统管理需要用到的
/usr	USR（UNIX Shared Resources，UNIX 共享资源），用户的很多应用程序和文件都放在这个目录下，类似于 Windows 下的 Program Files 目录
/proc	操作系统运行时，进程（正在运行中的程序）信息及内核信息（比如 CPU、硬盘分区、内存信息等）存放在这里。/proc 目录伪装的文件系统 proc 的挂载目录，proc 并不是真正的文件系统，它的定义可以参见 /etc/fstab
/tmp	系统的临时文件，一般在系统重启时不会被保存
/var	var（variable，变量），这个目录中存放着在不断扩充着的东西，我们习惯将那些经常被修改的目录放在这个目录下，包括各种日志文件

2.1.3 Shell 中常用的技巧

Shell 是 Linux 中的一个命令解析器，将用户命令解析为操作系统所能理解的指令，完成用户与内核之间的交互。

Shell 中常用的技巧

Linux 系统提供多种不同的 Shell 以供选择，常用的有 Bourne Shell（简称 sh）、C-Shell（简称 csh）、Korn Shell（简称 ksh）和 Bourne Again Shell（简称 Bash）。Ubuntu Linux 系统中用户默认的 Shell 是 Bash，嵌入式系统中常用 BusyBox。

当普通用户登录时，系统将执行指定的 Shell 程序，正是 Shell 进程提供了命令行提示符。根据习惯，普通用户的提示符以$结尾，而超级用户用#。在 Shell 使用过程中有如下常用的技巧。

1. 自动补齐

输入命令的前一个或者几个字母，按下〈Tab〉键，就会自动补全命令。如果有多个可能的选择，再按一次〈Tab〉键就会列举出来。这称为命令行自动补齐（automatic command line completion）。碰到长文件名时就显得特别方便。假设要安装一个名为"boomsha-4.6.4.5-i586.rpm"的 RPM 包，输入"rpm -i boom"并按〈Tab〉键，如果目录下没有其他文件能够匹配，那 Shell 就会自动帮忙补齐。

范例：

如何用 cd 最快地从当前所在的 home 目录跳到/usr/src/redhat/目录。

```
cd /u<TAB>sr<TAB>r<TAB>
```

2．命令行的历史记录

通过按向上方向键，可以向后遍历近来在该控制台下输入的命令。与〈Shift〉键连用，可以遍历以往在该控制台中的输出，还可以编辑旧的命令，然后再运行。按〈Ctrl+R〉组合键后，Shell 就进入"reverse-i(ncremental)-search"（向后增量搜索）模式。选择相应命令后再按〈Enter〉键，上面的命令将再次执行。而如果按了向右、向左方向键或〈Esc〉键，上面的命令将回到普通的命令行，这样就可以进行适当编辑。

3．编辑命令行

通过光标和功能键（〈Home〉〈End〉等键），可以浏览并编辑命令行。如果需要，还可以用键盘的快捷方式来完成一般的编辑：

- ➢ 〈Ctrl+K〉：删除从光标到行尾的部分。
- ➢ 〈Ctrl+U〉：删除从光标到行首的部分。
- ➢ 〈Alt+D〉：删除从光标到当前单词结尾的部分。
- ➢ 〈Ctrl+W〉：删除从光标到当前单词开头的部分。
- ➢ 〈Ctrl+A〉：将光标移到行首。
- ➢ 〈Ctrl+E〉：将光标移到行尾。
- ➢ 〈Alt+A〉：将光标移到当前单词头部。
- ➢ 〈Alt+E〉：将光标移到当前单词尾部。
- ➢ 〈Ctrl+Y〉：插入最近删除的单词。
- ➢ 〈!+$〉：重复前一个命令最后的参数。

4．命令的排列

Shell 允许在不同的命令之间放上特殊的排列字符。下面介绍最常用的两种。

1）先执行 command1，不管 command1 是否出错，接下来执行 command2。

```
command1 ; command2
```

范例：

先在屏幕上列出目录中的所有内容，然后列出所有目录及其子目录所占磁盘大小。

```
#   ls -a ; du -hs
```

2）只有当 command1 正确运行完毕后，才执行 command2。

```
command1 && command2
```

范例：

先在屏幕上列出目录中的所有内容，然后列出所有目录及其子目录所占磁盘大小。

```
#   ls -a.bogusdir && du -hs
```

将返回"ls: bogusdir: No such file or directory"，而 du 根本没有运行（这是因为没有 bogusdir 目录）。如果将符号换成了"；"，du 将被执行。

5．命令的任务调度

当在终端运行一个命令或开启一个程序时，终端要等到命令或程序运行完毕后，才能再次被使用，这称为命令或程序在前台（foreground）运行。如果想在终端下运行另一个命令，则需要再打开一个新的终端。除此之外还有一个办法，被称为任务调度或后台（background）运行。当运用任务的调度或将命令置于后台，终端立即就可以接收新的输入。为实现这样的目的，只需在命令后面添加一个&。

范例：

将图片查看器 gqview 放到后台去执行，使用命令 jobs 查看程序。

```
#    gqview &
#    jobs
[1]+ Running gqview &
```

6. 输出重定向

在 Linux 中，>、>>、<、|几个符号具有特殊意义，通常被称为重定向符。>为输出重定向符，可以将命令的输出结果保存到文件中，>>和>的作用类似，不同的是，>为新建或者重写一个文件，而>>为在文件的尾部追加内容。<的作用是将一个文件的内容作为一个命令的输入进行处理。

范例：

将文件 testmail 作为信件的内容，主题为 hello world，发给收信人。

```
#       Mail -s "hello world" pingzhenyu@163.com < testmail
```

|的作用是将一个命令的输出作为另一个命令的输入进行处理。

范例：

列出系统当前全部进程中名字含有 wget 的项。

```
#       ps -aux | grep wget
```

2.1.4　环境变量

Linux 是一个多用户的操作系统。每个用户登录系统后，都会有一个专用的运行环境。通常，每个用户默认的环境都是相同的，这个默认环境是一组环境变量的定义。用户可以对自己的运行环境进行定制，其方法就是修改相应的系统环境变量。

环境变量

1. Bash 配置文件

环境变量是和 Shell 紧密相关的，用户登录系统后就启动了一个 Shell。对于 Linux 来说一般是 Bash，用户也可以重新设定或切换到其他的 Shell。Bash 有两个基本的系统级配置文件：/etc/bashrc 和/etc/profile。这些配置文件包含两组不同的变量：Shell 变量和环境变量。Shell 变量是局部的，而环境变量是全局的。环境变量是通过 Shell 命令来设置的，设置好的环境变量又可以被所有当前用户运行的程序所使用。

在 home 目录下运行 命令。

```
#    ls .bash*
```

将看到这些文件：

```
.bash_history：记录了以前输入的命令
.bash_logout：当退出 Shell 时，要执行的命令
.bash_profile：当登入 Shell 时，要执行的命令
.bashrc：每次打开新的 Shell 时，要执行的命令
```

以上文件是每一位用户的设置，系统级的设置存储在/etc/profile、/etc/bashrc 及目录 /etc/profile.d 下的文件中。

.bash_profile 只在会话开始时被读取一次，而.bashrc 在每次打开新的终端时都要被读取。需要将定义的变量（如 PATH），放在.bash_profile 中，而 aliases（别名）和函数之类，则放在.bashrc 文件中。但由于.bash_profile 经常被设置成先读取.bashrc 的内容，也可以将所有配置都放进.bashrc。当系统级与用户级的设置发生冲突时，将采用用户的设置。

按变量的生存周期来划分，Linux 变量可分为两类：一类是永久的，需要修改配置文件，变量永久生效；另一类是临时的，使用 export 命令行声明即可，变量在关闭 Shell 时失效。

环境变量常用变量如下：

- PATH：决定了 Shell 将到哪些目录中寻找命令或程序。
- HOME：当前用户的主目录。
- HISTSIZE：历史记录数。
- LOGNAME：当前用户的登录名。
- HOSTNAME：指主机的名称。
- SHELL：当前用户的 Shell 类型。
- LANG：语言相关的环境变量，多语言可以修改此环境变量。
- MAIL：当前用户的邮件存放目录。

其中 PATH 变量格式为：

```
PATH=$PATH:<PATH 1>:<PATH 2>:<PATH 3>:------:<PATH N>
```

可以加上指定的路径，中间用冒号隔开。环境变量更改后，在用户下次登录时生效。如果想立刻生效，则可执行下面的语句：source .bash_profile。

2. 环境变量设置实例

1）使用命令 echo 显示环境变量。

```
#   echo $HOME
/home/kevin
```

2）设置一个新的环境变量。

```
#   export MYNAME="my name is kevin"
#   echo $ MYNAME
my name is Kevin
```

3）修改已存在的环境变量。

```
#   MYNAME="change name to jack"
#   echo $MYNAME
change name to jack
```

4）使用 env 命令显示所有的环境变量。

```
#    env
HOSTNAME=localhost.localdomain
SHELL=/bin/bash
TERM=xterm
HISTSIZE=1000
SSH_CLIENT=192.168.136.151 1740 22
QTDIR=/usr/lib/qt-3.1
SSH_TTY=/dev/pts/0
```

5）使用 set 命令显示所有本地定义的 Shell 变量。

```
#    set
BASH=/bin/bash
BASH_ENV=/root/.bashrc
……
```

6）使用 unset 命令来清除环境变量。

```
#    export TEMP_KEVIN=" kevin"     #增加一个环境变量 TEMP_KEVIN
#    env | grep TEMP_KEVIN          #查看环境变量 TEMP_KEVIN 是否生效（存在即生效）
TEMP_KEVIN=kevin                    #证明环境变量 TEMP_KEVIN 已经存在
#    unset TEMP_KEVIN               #删除环境变量 TEMP_KEVIN
#    env | grep TEMP_KEVIN          #查看环境变量 TEMP_KEVIN 是否被删除，没有输出显
                                    #示，证明 TEMP_KEVIN 被清除了
```

任务 2.2　管理 Linux 文件与用户

2.2.1　文件与目录管理

文件管理涉及文件和目录的复制、删除、建立、搜索等方面。常用的命令有 pwd、ls、cd、cp、mv、touch、mkdir、rm、ln、find 等。

1. pwd

功能说明：显示工作目录，执行 pwd 指令可立刻得知当前所在的工作目录的绝对路径名称。

语法格式：pwd [OPTION]...

范例：

显示当前目录路径。

执行 cd 命令切换当前工作目录到/home/tst。

```
#    cd /home/tst
```

执行 pwd 命令，查看当前所在目录路径。

```
#    pwd
/home/tst
```

2．ls

文件与目录管理 ls

功能说明：显示指定工作目录下的内容（列出当前工作目录所包含的文件及子目录）。

语法格式：ls [OPTION]... [FILE]...

范例：

1）列出当前工作目录下所有名称以 s 开头的文件，最新的文件排最后。

```
#    ls -ltr s*
-rw-r--r-- 1 root root   2083 12 月  5  2011 sysctl.conf
-r--r----- 1 root root    723  1 月 31  2012 sudoers
-rw-r--r-- 1 root root  19281  2 月 14  2012 services
...
```

若当前工作目录下文件和目录很多，又不记得刚刚修改过的某个文件或目录的名称时，使用这个命令可以在显示目录内容的底部快速找到想要的文件或者目录。

2）列出/bin 目录下所有目录及文件的详细信息。

```
#    ls -lR /bin
/bin:
总用量 8640
-rwxr-xr-x 1 root root  920788  3 月 29  2013 bash
-rwxr-xr-x 1 root root   30216 12 月 15  2011 bunzip2
-rwxr-xr-x 1 root root 1647864 11 月 17  2012 busybox
...
```

3．cd

功能说明：切换当前工作目录。其中 dirName 可以是绝对路径或相对路径。若目录名称省略，则变换至用户主目录。

语法格式：cd [dirName]

范例：

1）当前所在的目录是任意一个非登录主目录（如/usr/local），希望快速回到登录主目录。

```
#    cd
或者
#    cd ~
```

~表示为 home 目录，. 表示当前所在的目录，..表示当前目录位置的上一层目录。

2）假设想转换到当前目录的上两层，可采用相对路径../..。

```
#    cd ../..
```

4．cp

文件与目录管理 cp

功能说明：复制文件或目录。

语法格式：cp [OPTION]... SOURCE... DIRECTORY

范例：

1）将当前目录中的所有内容备份到/backup 目录下，并保持源文件的符号链接。

由于要备份当前目录中的所有内容，当前目录下可能包含目录，所以使用-r 选项，备份子目录下的所有内容。同时要求保持源文件的链接，所以使用-a 选项。

```
#   cp -iar . /backup
```

2）备份当前目录下的文件 abc，到目录/backup/study 目录中。

```
#   cp -i abc /backup/study
```

3）将/etc 目录下的所有文件及子目录复制到目录 dir1 中。

```
#   cp -r /etc dir1
```

5．mv

功能说明：移动或更名现有的文件或目录。

语法格式：mv [OPTION]... SOURCE... DIRECTORY

范例：

1）把当前目录下的 abc1 移动到/home 目录下，并重新命名为 abc1-new。

要实现移动和重命名文件，需要以绝对路径名指出目标文件，目标文件名的父目录为移动目的地，绝对路径中最后的文件名为文件的新名称。

```
#   mv -i abc1 /home/abc1-new
#   ls /home/abc1-new
```

2）移动整个目录下的文件到指定的目标目录。

假设当前目录下有一个 work 目录，移动该目录（包括子目录的内容）到/backup。

```
#   ls work
#   mv -i work /backup
#   ls /backup
```

6．touch

功能说明：新建文件或更新文件更改时间。

语法格式：touch [OPTION]... FILE...

范例：

当前目录下，有一个文件 work，利用该文件的时间属性设置文件 work1 的创建时间属性，然后用 ls 命令观察是否执行成功。

```
#   touch -r work work1
#   ls -all work
#   ls -all work1
```

7．mkdir

功能说明：建立目录。

语法格式：mkdir [OPTION]... DIRECTORY...

范例：

1）在当前的工作目录下创建一个名为 test 的新目录。

```
#   mkdir test
```

2）在已创建的/root/test 目录中新建一个使用 rwxr-xr-x 权限的名为 test1 的新目录。

```
#   mkdir -m 755 /root/test/test1
```

8．rm

功能说明：删除文件和目录。

语法格式：rm [OPTION]... [FILE]...

范例：

1）在安装系统后，删除/root 下产生的安装日志文件（install.log、install.sys.log）。

```
#   rm install*
```

对于系统询问是否删除某个文件，确认删除，输入"y"即可；否则输入除"y"以外的任何字符即可。为了提高删除效率，对于确定不需要的文件，可以用-f 选项强制删除。借助 ls 命令用来查看是否成功删除文件，可以看出系统默认是开启-i 选项的。

2）强制删除当前目录下非空目录 test（假设存在）下的所有文件。利用 rm 命令删除目录，删除目录必须用-r 选项。

```
#   rm -rf test
```

9．ln

文件与目录管理 ln

功能说明：链接文件或目录。

语法格式：ln [OPTION]... TARGET... DIRECTORY

Linux 具有为一个文件起多个名字的功能，我们称其为链接。被链接的文件可以存放在相同的目录下，而不用在硬盘上为同样的数据重复备份。链接分为两种：硬链接（hard link）与软链接（symbolic link）。硬链接的意思是一个文件可以有多个名称，而软链接则是产生一个特殊的文件，该文件的内容是指向另一个文件的位置。硬链接存在于同一个文件系统中，而软链接却可以跨越不同的文件系统。

范例：

1）在当前目录下分别创建/bin/ls 的软链接与硬链接，并查看其大小。

```
#   ln -s /bin/ls sls
#   ln  /bin/ls hls
#   ls -all /bin/ls sls hls
-rwxr-xr-x 2 root root 104508 11 月 20  2012 /bin/ls
-rwxr-xr-x 2 root root 104508 11 月 20  2012 hls
lrwxrwxrwx 1 root root      7 12 月 25 10:32 sls -> /bin/ls
```

从执行结果可以看出硬链接的文件和源文件的大小一样，而软链接的文件非常小，这是因为软链接是一个单独的文件。

2）创建到目录/bin 的软链接。

```
#   ln -s /bin sbin
#   ls -all sbin
lrwxrwxrwx 1 root root 4 12 月 25 10:55 sbin -> /bin
```

10．find

功能说明：查找文件或目录。

语法格式：find [OPTION] [starting-point...] [expression]

范例：

1）根据文件名查找文件。

```
#    find /etc -name ftp*
/etc/alternatives/ftp.1.gz
/etc/alternatives/ftp
```

2）根据文件的大小查找文件。

若用户不清楚文件名，可以利用-size<n>指定文件的大小：

```
#    find ./ -size  1000c
```

其中 c 表示要查找的文件的大小是以字节为单位的。

```
#    find ./ -size  +1000c
```

查找大于 1000 字节的文件。

```
#    find ./ -size  +1000c -and -2000c
```

查找介于 1000 字节和 2000 字节之间的文件。

对于比较大的文件，为了便于用户在命令行输入，文件大小的度量单位可以采用 k 或 b，甚至 M 或 G。

2.2.2 内容管理

内容管理指查看或修改文本文件的内容，与 Vi、Emacs 文本编辑软件不同，这些命令只是完成一些很常用的功能。这类命令有 cat、grep、diff、patch 等。

1．cat

功能说明：建立文件，查看文件的内容。

语法格式：cat [OPTION]... [FILE]...

实例：

1）利用 cat 创建一个新文件 file1。

内容管理 cat

```
#    cat > file1
```

用户可以从标准输入为该文件录入内容，按组合键〈Ctrl+C〉退出。

2）查看系统中文件系统的情况。

文件/etc/fstab 记录系统中文件系统的信息，Linux 在启动时，通过读取该文件来决定挂载哪些文件系统。

```
#    cat /etc/fstab
```

2．grep

Linux 系统中的 grep 命令是一种强大的文本搜索工具，它能使用正则表达式搜索文本，并把匹配的行打印出来。grep 的全称是 Global Regular Expression Print，表示全局正则表达式打印，它的使用权限是所有用户。

内容管理 grep

功能说明：文本搜索。

语法格式：grep [OPTIONS] PATTERN [FILE...]

范例：

1）用 grep 命令过滤 ls -l 的显示内容。

使用 ls -l 命令显示文件是以多个字段显示的，第一个字段显示该文件的类型和访问权限。如果只显示当前目录下的目录文件，则需要将显示结果进行过滤，只显示以 d 开头的行。反之，则显示非 d 字母开头的行。

grep 一般用于将指定的目标文件过滤显示。现在需要将 ls -l 的显示结果过滤，因此需要借助管道命令（|）。如果只显示当前目录下的子目录，则命令如下。

```
#   ls -l | grep ^d
```

显示当前目录下除子目录以外的文件。

```
#   ls -l | grep ^<^d>
```

2）用 grep 命令显示指定进程的信息。

ps -ef 显示所有进程的信息，可以使用 more 命令分屏显示输出结果。如果用户只关心其中的某个进程或某些进程，则可借助 grep 对输出结果进行过滤。只显示 sshd 进程的情况的命令如下。

```
#   ps -ef | grep sshd
```

3）显示除根用户外其他登录本机的用户。

用 grep 命令对 who 的输出结果进行过滤。

```
#   who | grep -v root
```

3．diff

功能说明：比较文件的差异。

语法格式：diff [OPTION]... FILES

范例：

1）比较两个目录下的 test.c 文件，后一个文件是修改过的，现在需要找出两个文件的差别。

```
#   diff  test.c tst/test.c
```

请修改 test.c 文件任意内容，查看输出结果。

2）以统一格式显示两个 C 语言代码的比较结果。

该格式通常用于升级文件中，它和补丁文件的结构类似。在命令提示符下输入：

```
#   diff -u test.c tst/test.c
```

补丁头：以---/+++开头的两行，用来表示要打补丁的文件；其中---开头的表示旧文件，+++开头的表示新文件。一个补丁文件中可能包含多个---/+++开头的节，每一个节用来打一个补丁。

块：补丁中需要修改的地方。通常以@@开始，块的第一列+号表示这一行是需要增加的，-号表示这一行是需要删除的。

4．patch

功能说明：修补文件。

语法格式：patch [options] [originalfile [patchfile]]

范例：

1）使用 diff 创建单个文件的补丁文件。

在命令提示符下输入：

```
#    diff -uN test.c tst/test.c>test.patch
```

test.patch 文件记录了 tst/test.c 文件与原有 test.c 文件的差异。

2）为单个文件升级。

为单个文件升级有两种方法，一种是根据补丁文件升级，另一种是在命令行直接指明要修补的文件和文件补丁。在命令提示符下输入：

```
#    patch -p0 test.c test.patch        //源文件与补丁文件在当前目录下
#    patch -p0 <test.patch              //patch 读取补丁文件的内容，自动搜索文件
```

2.2.3　权限管理

Linux 对文件系统采取了严格的权限管理机制，用户必须正确设置文件权限才能对文件执行各种操作。

每个文件有相当多的属性与权限，其中最重要的一个概念就是文件拥有者。对于文件来说，能访问它的用户有三种：文件拥有者（owner）、文件所属的用户组（group）以及用户组外的其他用户（others）。

权限管理

1．文件拥有者

Linux 是多用户多任务的系统，常常是几个人同时在使用同一台主机，为了考虑每个人的隐私权以及每个人喜好的工作环境，文件拥有者的角色就显得相当重要。

假如把个人隐私文件放在 home 目录下，希望其他人不能访问这些文件，就需要把该文件设定为只有文件拥有者才能查看与修改这个文件的内容，其他人则无法访问该文件。

任何一个要使用系统资源的用户，都必须首先向系统管理员申请一个账号，然后以这个账号的身份进入系统。Linux 创建一个文件时，该文件的拥有者就是创建该文件的用户，超级账号（root）可以修改任何文件的拥有者。

2．文件所属的用户组

假设在 Linux 服务器里面有两个小组，第一个项目组为 projectA，里面的成员有 class1、class2、class3；第二个项目组为 projectB，里面的成员有 class4、class5、class6。每组的组员之间要能够互相修改对方的数据，但是其他组的组员则不能看到本组的文件内容。通过设置用户组，就能阻止非自己团队的用户访问文件内容。

3．用户组外的其他用户

用户管理–
useradd

除了用户组和文件拥有者之外的其他访问者统称为其他用户（others）。

除了这三种账号以外，还有超级用户账号 root。Linux 在用户账号管理方面与 Windows 有所不同，分为超级用户、系统用户和普通用户。root 是系统中唯一的超级用户，拥有所有权限，比如启动和停止一个进程删除或增加用户、启用或者禁用硬件设备。由于 root 用户的权限

强大，为了防止误操作造成系统崩溃等严重后果，通常不以 root 用户登录系统。

Linux 系统中所有系统账号与一般账号的相关信息都记录在/etc/passwd 文件内。密码则是记录在/etc/shadow 文件中。Linux 所有的组名都记录在/etc/group 内。

为保证文件和系统的安全，Linux 采用比较复杂的文件权限管理机制。权限是指用户对文件和目录的访问权限，包括读权限、写权限和执行权限。

使用 ls 命令可以列出文件的权限。

```
#   ls - al
-rw-r--r-- 1   root    root   2083 12月 5 2011 sysctl.conf
[   1 ][ 2 ][ 3 ][ 4 ][  5 ][   6    ][    7       ]
[ 权限 ][链接][拥有者][群组][文件大小][  修改日期  ][    文件名      ]
```

第 1 组代表这个文件的类型与权限，这一组共有 10 个字符。

```
-          rw-          r--          r--
文件类型   文件拥有者访问权限   同组用户访问权限   其他用户访问权限
```

第一个字符代表文件类型：

➢ [d]表示目录。
➢ [-]表示文件。
➢ [l]表示链接文件。
➢ [b]表示装置文件里面的可供储存的接口设备。
➢ [c]表示装置文件里面的串行端口设备。

在接下来的字符中，以 3 个为一组，且均为[rwx]三个参数的组合。第一组为文件拥有者的权限，第二组为同组用户的权限，第三组为其他用户的权限。

[r]代表可读（read）、[w]代表可写（write）、[x]代表可执行（execute）。需要注意的是，这三个权限的位置不会改变，如果没有权限，则出现 [-]。

第 2 组表示有多少个文件名连接到此节点（i-node）。
第 3 组表示这个文件（或目录）的拥有者账号。
第 4 组表示这个文件的所属群组。
第 5 组为这个文件大小，默认单位为 Byte。
第 6 组为这个文件的创建日期或者最近的修改日期。
第 7 组为这个文件的文件名。

1．chmod

功能说明：修改文件权限。
语法格式：chmod [OPTION]... MODE[，MODE]... FILE...
范例：
修改 abc 文件权限。

```
#   chmod u+x, g+w abc          #设置自己可以执行，组员可以写入的权限
#   chmod u=rwx, g=rw, o=r abc
#   chmod 764 abc
#   chmod a+x abc               # 对文件 abc 的 u, g, o 都设置可执行权限
#   chmod -c ugo+r, ugo+w, ugo+x abc
```

2. chown

功能说明：改变文件的拥有者。

语法格式：chown [OPTION]... [OWNER][:[GROUP]] FILE...

范例：

改变文件的属主用户。假设当前目录下有一个文件 abc，属主为 root，将属主改变为 ddf。

```
#   ls abc
#   chown -v ddf abc
#   ls abc
```

3. useradd

功能说明：建立用户账号。

语法格式：useradd [options] LOGIN

范例：

创建一个账户为"testuser"的用户。

```
#   useradd testuser
```

查找/etc/passwd 文件中有关 testuser 用户的信息。

```
#   cat /etc/passwd | grep testuser
```

4. passwd

功能说明：更改用户密码。

语法格式：passwd [options] [LOGIN]

范例：

1）设置当前用户的密码。

```
#   passwd
```

系统会先提示输入当前密码，再提示输入新密码和确认密码，如果两次输入均无误，则密码设置成功。如果密码过于简单，系统会提示出错并返回。

2）设置指定用户的密码（此功能仅适用于超级用户）。

```
#   passwd testuser
```

系统无须验证指定用户的当前密码而直接提示输入新密码，然后输入确认密码。输入无误则密码设置成功。

任务 2.3 管理 Linux 系统

2.3.1 压缩与备份

压缩与备份

Linux 支持的压缩命令非常多，且不同的命令所用的压缩技术并不相同，当然，彼此之间可能就无法互通压缩/解压缩文件。Linux 常见的压缩命令就是 gzip 与 bzip2。tar 可以将多个文件打包成为一个文件，tar 本身不具备压缩功能，而 GNU 可以将 tar 与压缩的功能结合在一起，如此一来为使用者提供更方便并且更强大的压缩与打包功能。

常见的压缩文件扩展名如下：

```
.Z           compress 程序压缩的文件
*.gz         gzip 程序压缩的文件
*.bz2        bzip2 程序压缩的文件
*.tar        tar 程序打包的数据，并没有压缩过
*.tar.gz     先 tar 程序打包的文件，再其中并且经过 gzip 的压缩
*.tar.bz2    先 tar 程序打包的文件，再其中并且经过 bzip2 的压缩
```

1．gzip/gunzip

功能说明：压缩文件。

语法格式：gzip [-acdfhklLnNrtvV19] [--rsyncable] [-S suffix] [name ...　]

参数选项见表 2-2。

表 2-2　gzip 命令常用选项

参数	说明
-d	解开压缩文件
-t	测试压缩文件是否正确无误
-v	显示指令执行过程
-l	列出压缩文件的相关信息
-c	把压缩后的文件输出到标准输出设备，不去更改原始文件
-q	不显示警告信息
-h	在线帮助

范例：

1）假设当前目录下有 a.txt、b.txt、c.com 三个文件，把当前目录下的每个文件压缩成.gz 文件。

在命令提示符下输入：

```
#   gzip *
```

2）将每个压缩文件解压，并显示各个文件的压缩比。

压缩文件可以使用 gunzip，也可以使用 gzip -d，两者在功能上相同。

```
#   gzip -dv *
#   gunzip -v *
```

3）压缩目录。

假设当前命令下有目录 test，可以直接将目录下的所有文件进行压缩。

```
#   gzip -r test
```

2．tar

功能说明：归档多个文件或目录到单个归档文件中，归档文件可使用 gzip 等软件压缩。

语法格式：tar [options] [pathname ...]

参数选项见表 2-3。

表 2-3　tar 命令常用选项

参数	说明
-c	建立新的备份文件
-t	列出备份文件的内容
-u	仅置换较备份文件内的文件更新的文件
-s	还原文件的顺序和备份文件内的存放顺序相同
-x	从备份文件中还原文件

范例：

1）把/etc 目录及其子目录归档到一个归档文件，归档文件名为 etcbackup.tar。

因为要创建归档文件，所以用-c 选项。-v 选项用于显示每个文件的详细处理过程。以 etcbackup.tar 作为归档文件的名字，则需要-f 选项。

```
#   tar -cvf etcbackup.tar /etc
```

2）将 xxx.tar.gz 文件解压缩，并在标准输出设备上显示处理过程。

```
#   tar -xzvf xxx.tar.gz
```

2.3.2　磁盘管理

Linux 的磁盘管理直接关系到整个系统的性能问题。Linux 磁盘管理常用的命令为 mount、df、du 和 fdisk。

在开发过程中会需要管理自己的磁盘，当计算机添加一个新的磁盘后，首先需要对其进行分区。一个磁盘可以被分割成多个分区

磁盘管理

（partition）。在 Windows 系统中，会将一块磁盘分割为 C:、D:、E:，这个 C、D、E 就是分区。Linux 使用 fdisk 命令进行分区。

Linux 下的分区需要挂载到目录后才能使用，挂载（mount）是指由操作系统使一个存储设备（如硬盘、CD-ROM）上的文件和目录可供用户通过文件系统访问的一个过程。挂载的意义就是把磁盘分区的内容放在某个目录下面。Linux 把分区与某个目录对应，以后再对这个目录进行操作就是对这个分区进行操作。

下面给虚拟机新增一个磁盘，需要做以下工作：

1）对磁盘进行分区。

2）对该分区进行格式化（format），以创建系统可用的文件系统（filesystem）。

3）若想要仔细一点，则可对刚刚创建好的文件系统进行检验。

4）创建挂载点，将分区挂载上来。

计算机常见的硬盘接口有两种，分别是 IDE 与 SATA，目前的主流是 SATA 接口。

虽然 Linux 的标准文件系统是 Ext2 以及添加了日志功能的 Ext3，但 Linux 支持的文件系统类型有：Ext、Ext2、Ext3、Ext4、HPFS、ISO 9660、JFS、MINIX、MS-DOS、NCPFS、NFS、NTFS、proc、ReiserFS、SMB、sysv、UMSDOS、VFAT、XFS、xiafs。通常情况下，proc 文件系统被挂载在/proc 目录下，可以在/proc/filesystems 文件中找到当前内核支持的文件系

统类型。如果需要使用一个当前所不支持的文件系统类型，需要插入相应的内核模块或重新编译内核。如需要使用某个文件系统，必须先挂载（mount）它。

1．fdisk

功能说明：磁盘分区。

语法格式：fdisk [options] device

在安装操作系统的过程中已经对系统硬盘进行了分区，但如果新添加了一块硬盘，想要正常使用就需要使用分区命令 fdisk 和 parted。其中，fdisk 命令较为常用，但不支持大于 2TB 的分区，如果需要支持大于 2TB 的分区，则需要使用 parted 命令。

计算机中存放信息的主要存储设备是磁盘，磁盘不能直接使用，必须对磁盘进行分割，分割成的一块一块的磁盘区域（即磁盘分区）。在传统的磁盘管理中，将一个磁盘分为两大类分区：主分区和扩展分区。

主分区是包含启动操作系统所必需的文件和数据的磁盘分区，要在磁盘上安装操作系统，则该磁盘必须有一个主分区，主分区的数量可以是 1～3 个；扩展分区也就是除主分区外的分区，但它不能直接使用，必须再将它划分为若干个逻辑分区才可使用，扩展分区数量可以有 0 或 1 个；而逻辑分区则在数量上没有什么限制。

对于 Windows 用户来说，有几个分区就有几个驱动器，并且每个分区都会获得一个字母标识符，然后就可以用这个字母来指定在这个分区上的文件和目录，它们的文件结构都是独立的。而 Linux 无论有几个分区，它都归于一个根目录，一个独立且唯一的文件结构。

通过 fdisk -l 查看机器所挂硬盘个数及分区情况。

```
#   fdisk -l
//以下是表示第一块硬盘 hda
Disk /dev/hda: 80.0 GB, 80026361856 bytes
255 heads, 63 sectors/track, 9729 cylinders
Units = cylinders of 16065 * 512 = 8225280 bytes
Device Boot Start End Blocks Id System
/dev/hda1 * 1 765 6144831 7 HPFS/NTFS          //主分区
/dev/hda2 766 2805 16386300 c W95 FAT32 (LBA)  //主分区
/dev/hda3 2806 9729 55617030 5 Extended        //扩展分区
/dev/hda5 2806 3825 8193118+ 83 Linux          //逻辑分区
/dev/hda6 3826 5100 10241406 83 Linux          //逻辑分区
/dev/hda7 5101 5198 787153+ 82 Linux swap / Solaris  //逻辑分区
/dev/hda8 5199 6657 11719386 83 Linux          //逻辑分区
/dev/hda9 6658 7751 8787523+ 83 Linux          //逻辑分区
/dev/hda10 7752 9729 15888253+ 83 Linux        //逻辑分区
//以下是表示第二块硬盘 sda
Disk /dev/sda: 1035 MB, 1035730944 bytes
256 heads, 63 sectors/track, 125 cylinders
Units = cylinders of 16128 * 512 = 8257536 bytes
Device Boot Start End Blocks Id System
/dev/sda1 1 25 201568+ c W95 FAT32 (LBA)       //主分区
/dev/sda2 26 125 806400 5 Extended             //扩展分区
/dev/sda5 26 50 201568+ 83 Linux
/dev/sda6 51 76 200781 83 Linux
```

使用 fdisk -1 查看分区信息，能够看到系统的两块硬盘（/dev/hda 和 /dev/sda）的信息。/dev/hda 硬盘的总大小是 80GB，共有 9729 个柱面，每个柱面由 255 个磁头读/写数据，每个磁头管理 63 个扇区。每个柱面的大小是 8225280 Byte，每个扇区的大小是 512Byte。

信息的下半部分是分区的信息，共 7 列，含义如下。

➢ Device：分区的设备文件名。

➢ Boot：是否为启动引导分区，在这里/dev/hda1 为启动引导分区。

➢ Start：起始柱面，代表分区从哪里开始。

➢ End：终止柱面，代表分区到哪里结束。

➢ Blocks：分区的大小，单位是 KB。

➢ Id：分区内文件系统的 ID。

➢ System：分区内安装的系统是什么。

下面要以/dev/sda 设备为例，来讲解如何用 fdisk 来进行添加、删除分区等操作。本例中将添加两个 200MB 的主分区，其他为扩展分区，在扩展分区中添加两个 200MB 大小的逻辑分区。

在 fdisk 交互界面中输入 m 可以得到帮助，帮助里列出了 fdisk 可以识别的交互命令。

```
#     fdisk /dev/sda
      Command (m for help):m      //输入 m 可以得到帮助，列出了 fdisk 的交互命令
      Command action
      a toggle a bootable flag                   //设置可引导标记
      b edit bsd disklabel                       //编辑 bsd 磁盘标签
      c toggle the dos compatibility flag        //设置 DOS 操作系统兼容标记
      d delete a partition                       //删除一个分区
      l list known partition types              //显示已知的文件系统类型
      m print this menu                          //显示帮助菜单
      n add a new partition                      //添加一个分区
      o create a new empty DOS partition table   //建立空白 DOS 分区表
      p print the partition table                //列出分区表
      q quit without saving changes              //不保存退出
      s create a new empty Sun disklabel         //新建空白 SUN 磁盘标签
      t change a partition's system id           //改变分区类型
      u change display/entry units               //改变显示记录单位
      v verify the partition table               //验证分区表
      w write table to disk and exit             //把分区表写入硬盘并退出
      x Extra functionality (experts only)       //扩展应用，专家功能
```

在硬盘/dev/sda 上建立 2 个主分区（sda1、sda2）、1 个扩展分区（sda3）、2 个逻辑分区（sda5、sda6）。主分区和扩展分区的磁盘号为 1～4，也就是说，最多有 4 个主分区或者扩展分区，逻辑分区开始的磁盘号为 5，因此没有 sda4。

```
Command (m for help): p     //列出分区表
  Disk /dev/sda: 1035 MB, 1035730944 bytes
  256 heads, 63 sectors/track, 125 cylinders
  Units = cylinders of 16128 * 512 = 8257536 bytes
  Device Boot Start End Blocks Id System
```

```
Command (m for help): n          //添加分区
Partition type
p primary (1 primary, 0 extended,3 free)
e extended (container for logioal partitions)
select (default P) :P
Partition number (1-4): 1     //添加主分区 1
First cylinder (1-125, default 1):     //直接按〈Enter〉键，主分区 1 的起始位
                                         置；默认为 1，保持默认值即可；
Using default value 1
Last cylinder or +size or +sizeM or +sizeK (1-125, default 125): +200M
//指定分区大小，用+200M 来指定大小为 200MB
Command (m for help): n          //添加新分区
Command action
e Extended
p primary partition (1-4)
p       //添加主分区
Partition number (1-4): 2     //添加主分区 2
First cylinder (26-125, default 26):
Using default value 26
Last cylinder or +size or +sizeM or +sizeK (26-125, default 125): +200M
//指定分区大小，用+200M 来指定大小为 200MB
Command (m for help): n
Command action
e Extended
p primary partition (1-4)
e    //添加扩展分区
Partition number (1-4): 3      //指定为 3，因为已经有两个主分区了，这个也算主分
                                区，从 3 开始
First cylinder (51-125, default 51):  //直接按〈Enter〉键
Using default value 51
Last cylinder or +size or +sizeM or +sizeK (51-125, default 125):
//直接按〈Enter〉键，把其余的所有空间都给扩展分区
Using default value 125
Command (m for help): p
Disk /dev/sda: 1035 MB, 1035730944 bytes
256 heads, 63 sectors/track, 125 cylinders
Units = cylinders of 16128 * 512 = 8257536 bytes
Device Boot Start End Blocks Id System
/dev/sda1 1 25 201568+ 83 Linux
/dev/sda2 26 50 201600 83 Linux
/dev/sda3 51 125 604800 5 Extended
Command (m for help): n
Command action
l logical (5 or over)
p primary partition (1-4)
l //添加逻辑分区；
First cylinder (51-125, default 51):
```

```
Using default value 51
//添加一个大小为 200MB 的分区
Last cylinder or +size or +sizeM or +sizeK (51-125, default 125): +200M
Command (m for help): n
Command action
l logical (5 or over)
p primary partition (1-4)
l    //添加一个逻辑分区
First cylinder (76-125, default 76):
Using default value 76
//添加一个大小为 200MB 的分区
Last cylinder or +size or +sizeM or +sizeK (76-125, default 125): +200M
Command (m for help): p //列出分区表
Disk /dev/sda: 1035 MB, 1035730944 bytes
256 heads, 63 sectors/track, 125 cylinders
Units = cylinders of 16128 * 512 = 8257536 bytes
Device Boot Start End Blocks Id System
/dev/sda1 1 25 201568+ 83 Linux
/dev/sda2 26 50 201600 83 Linux
/dev/sda3 51 125 604800 5 Extended
/dev/sda5 51 75 201568+ 83 Linux
/dev/sda6 76 100 201568+ 83 Linux
```

根据前面所说，通过 t 指令来改变分区类型，最后不要忘记按〈w〉键保存并退出；

2. mkfs

功能说明：磁盘格式化。

语法格式：mkfs [options] [-t type] [fs-options] device [size]

范例：

对分区进行格式化。用 mkfs.bfs、mkfs.Ext2、mkfs.jfs、mkfs.msdos、mkfs.vfat、mkfs.cramfs 等命令来格式化分区，比如想格式化 sda6 为 Ext3 文件系统。

```
#   mkfs.Ext3 /dev/sda6
```

3. mount

功能说明：挂载文件系统。

语法格式：mount [-fnrsvw] [-t fstype] [-o options] device dir

范例：

1）加载 sda6 到当前系统来存取文件。

在执行 mount 命令之前，首先新建一个挂载目录/mnt/sda6。

```
#   mkdir /mnt/sda6
#   mount /dev/sda6 /mnt/sda6
#   df -lh
Filesystem 容量 已用 可用 已用% 挂载点
  /dev/hda8 11G 8.4G 2.0G 81% /
  /dev/shm 236M 0 236M 0% /dev/shm
```

```
/dev/hda10 16G 6.9G 8.3G 46% /mnt/hda10
/dev/sda6 191M 5.6M 176M 4% /mnt/sda6
```

2）挂载移动磁盘。

USB 接口的移动磁盘被识别为 SCSI 设备。在插入移动磁盘之前，用 fdisk -l 查看系统的磁盘和磁盘分区情况。接好移动磁盘后，再用 fdisk -l 查看系统的磁盘和磁盘分区情况。对比两次查看磁盘分区情况的结果，应该可以发现多了一个 SCSI 磁盘/dev/sdb 和它的三个磁盘分区/dev/sdb1、/dev/sdb2、/dev/sdb5。

```
#    mkdir -p /mnt/usbhd1
#    mkdir -p /mnt/usbhd2
#    mount -t ntfs /dev/sdb1 /mnt/usbhd1
#    mount -t vfat /dev/sdb5 /mnt/usbhd2
```

4．du

功能说明：查看磁盘空间的使用情况。

语法格式：**du [OPTION]... [FILE]...**

范例：

1）以易读方式显示 test 文件夹内所有文件大小。

```
#    du -ah test /
```

2）显示 test1、test2 目录占用磁盘空间的大小，并统计总和。

```
#    du -hc test1 / test2
```

2.3.3 进程控制

如果整个系统资源快要被使用光，是否能够找出最消耗系统的那个程序，然后删除该程序，让系统恢复正常？如果某个程序存在严重的内存泄漏问题，又该如何找出该程序，然后将其移除呢？一个嵌入式 Linux 系统开发人员，必须要熟悉进程的管理流程，当系统发生问题时才能快速解决。

进程控制

Linux 是一个多用户、多任务、支持多线程和多 CPU 的操作系统。进程就是正在运行的程序（running program），通俗一点讲，就是编写的代码正在运行的过程。代码是静止的，但当代码开始被 CPU 执行时，这段代码就叫作进程了。

如何产生一个进程呢？计算机仅认识二进制文件，当要让计算机工作时，当然就需要启动一个二进制文件。在 Linux 下运行一个程序后，系统会将相关的权限、二进制程序代码与数据等加载到内存，并给这个单元分配一个进程号（PID）。

多用户是指多个用户可以在同一时间使用计算机系统。多任务是指 Linux 可以同时执行几个任务，在还未执行完一个任务时又执行另一个任务。

1．ps

功能说明：查看系统中进程的状态。

语法格式：**ps [options]**

参数选项见表 2-4。

表 2-4 ps 命令常用选项

参数	说明
-A	列出所有的行程
-w	显示加宽以显示较多的信息
-u	显示使用者的名称和起始时间
-f	详细显示程序执行的路径
-c	只显示进程的名称

ps 命令将显示哪些进程正在运行、哪些进程被挂起、进程已运行了多久、进程正在使用的资源、进程的相对优先级，以及进程号（PID）。所有这些信息对用户都很有用，对于系统管理员来说更为重要。

范例：

1）用 ps 命令查看系统当前的进程。

```
#   ps -aux
USER       PID %CPU %MEM    VSZ    RSS TTY      STAT START   TIME COMMAND
root         1  2.4  0.2   3756   2108 ?        Ss   09:21   0:02 /sbin/init
root         2  0.0  0.0      0      0 ?        S    09:21   0:00 [kthreadd]
root         3  0.0  0.0      0      0 ?        S    09:21   0:00 [ksoftirqd/0]
root         4  0.0  0.0      0      0 ?        S    09:21   0:00 [kworker/0:0]
root         5  0.0  0.0      0      0 ?        S<   09:21   0:00 [kworker/0:0H]
root         6  0.2  0.0      0      0 ?        S    09:21   0:00 [kworker/u:0]
root         7  0.0  0.0      0      0 ?        S<   09:21   0:00 [kworker/u:0H]
root         8  0.0  0.0      0      0 ?        S    09:21   0:00 [migration/0]
root         9  0.0  0.0      0      0 ?        S    09:21   0:00 [rcu_bh]
root        10  1.8  0.0      0      0 ?        S    09:21   0:01 [rcu_sched]
root        11  0.2  0.0      0      0 ?        S    09:21   0:00 [watchdog/0]
root        12  0.0  0.0      0      0 ?        S<   09:21   0:00 [cpuset]
```

USER 表示启动进程用户。PID 表示进程标志号。%CPU 表示运行该进程占用 CPU 的时间与该进程总的运行时间的比例。%MEM 表示该进程占用内存和总内存的比例。VSZ 表示占用的虚拟内存大小，以 KB 为单位。RSS 为进程占用的物理内存值，以 KB 为单位。TTY 表示该进程建立时所对应的终端，?表示该进程不占用终端。

STAT 中参数的含义：D，不可中断的睡眠；R，就绪（在可运行队列中）；S，睡眠；T，被跟踪或停止；Z，僵尸进程，进程已终止；X，死进程；W，没有足够的内存分页可分配；<，高优先级的进程；N，低优先级的进程；L，有内存分页分配并锁在内存体内（实时系统或 I/O）。START 为进程开始时间。TIME 为执行的时间。COMMAND 是对应的命令名。

2）ps 常与 grep 组合使用，用于查找特定进程。

```
#   ps -aux | grep smbd
    root       814  0.0  0.4  21400   4880 ?        Ss   09:21   0:00 smbd -F
    root       938  0.0  0.1  21504   1320 ?        S    09:22   0:00 smbd -F
```

2. kill

功能说明：结束进程。

语法格式：kill [options] <pid> [...]

范例：

关闭 smb 服务。

```
        //首先使用 ps 查看 smb 服务的进程号
#   ps -aux | grep smbd
root     814  0.0  0.4  21400  4880 ?        Ss   09:21   0:00 smbd -F
root     938  0.0  0.1  21504  1320 ?        S    09:22   0:00 smbd -F
        //使用 kill 命令结束 smb 服务
#   kill -9 814
```

Linux 下还提供了一个 **killall** 命令，可以直接使用进程名而不是进程号。

3．top

功能说明：显示系统当前的进程状况。

语法格式：top -hv|-bcHiOSs -d secs -n max -u|U user -p pid -o fld -w [cols]

top 命令和 **ps** 命令的基本作用是相同的。但是 **top** 是一个动态显示过程，即可以通过用户按键来不断刷新当前状态。

范例：

显示系统当前的进程状况。

```
    top - 09:38:52 up 17 min,  2 users,  load average: 0.58, 0.21, 0.25
    Tasks: 183 total,   1 running, 181 sleeping,   0 stopped,   1 zombie
    Cpu(s): 23.8%us, 11.4%sy,  0.0%ni, 64.8%id,  0.0%wa,  0.0%hi,  0.0%si,  0.0%st
    Mem:   1026108k total,   630352k used,   395756k free,    32896k buffers
    Swap:  1046524k total,        0k used,  1046524k free,   328056k cached

     PID USER      PR  NI  VIRT  RES  SHR S %CPU %MEM    TIME+  COMMAND
    1096 root      20   0 67400  32m 8760 S 26.1  3.3   0:36.90 Xorg
    2392 root      20   0  150m  16m  11m S  5.6  1.7   0:04.23 gnome-terminal
    2123 root      20   0  134m  13m  10m S  1.0  1.3   0:01.95 metacity
    2203 root      20   0 36724 3164 2584 S  0.7  0.3   0:00.42 ibus-daemon
    2208 root      20   0  152m  21m  12m S  0.7  2.2   0:00.72 python
    2367 root      20   0 62872 4016 3412 S  0.7  0.4   0:00.22 hud-service
      10 root      20   0     0    0    0 S  0.3  0.0   0:01.60 rcu_sched
    1363 root      20   0 25720 3764 3008 S  0.3  0.4   0:02.05 vmtoolsd
    2134 root      20   0  449m  62m  31m S  0.3  6.2   0:03.66 unity-2d-Shell
    2135 root      20   0  142m  25m  19m S  0.3  2.6   0:00.73 unity-2d-panel
    2147 root      20   0  167m  32m  24m S  0.3  3.2   0:05.20 vmtoolsd
    2219 root      20   0  141m  15m  10m S  0.3  1.6   0:00.93 unity-panel-ser
    2588 root      20   0     0    0    0 S  0.3  0.0   0:00.02 kworker/0:2
    2589 root      20   0  2852 1192  888 R  0.3  0.1   0:00.28 top
    2590 root      20   0 12964  464  228 S  0.3  0.0   0:00.06 tpvmlp
       1 root      20   0  3756 2108 1316 S  0.0  0.2   0:02.04 init
       2 root      20   0     0    0    0 S  0.0  0.0   0:00.00 kthreadd
```

显示信息分成几行显示，其含义分别如下：

第 1 行表示的项目依次为当前时间、系统启动时间、当前系统登录用户数目、平均负载。

第 2 行显示的是所有启动的、目前运行的、挂起的和无用的进程。

第 3 行显示的是目前 CPU 的使用情况，包括系统占用的比例、用户使用比例、闲置比例。

第 4 行显示物理内存的使用情况，包括可以使用的总内存、已用内存、空闲内存、缓冲区占用的内存。

第 5 行显示交换分区的使用情况，包括总的内存、已用内存、空闲内存和用于高速缓存的交换分区。

第 6 行显示的项目最多，下面列出了详细解释。

➢ PID：进程号，是非零正整数。

➢ USER：进程所有者的用户名。

➢ PR：进程的优先级别。

➢ NI：进程的优先级别数值。

➢ VIRT：进程占用的虚拟内存值。

➢ RES：进程占用的物理内存值。

➢ SHR：进程使用的共享内存值。

➢ STAT：进程的状态，其中 S 表示休眠，R 表示正在运行，Z 表示僵死状态，N 表示该进程优先值是负数。

➢ %CPU：该进程的 CPU 占用率。

➢ %MEM：该进程占用的物理内存和总内存的百分比。

➢ TIME+：该进程自启动后占用 CPU 的总时间。

➢ COMMAND：进程启动的启动命令名称，如果这一行显示不下，进程会有一个完整的命令行。

在 top 命令使用过程中，还可以使用一些交互命令来完成其他参数的功能。这些命令是通过以下快捷键启动的。

➢ 空格：立刻刷新。

➢ P：根据占用 CPU 的大小进行排序。

➢ T：根据时间、累计时间排序。

➢ q：退出 top 命令。

➢ m：切换显示内存信息。

➢ t：切换显示进程和 CPU 状态信息。

➢ c：切换显示命令名称和完整命令行。

➢ M：根据占用内存的大小进行排序。

➢ W：将当前设置写入～/.toprc 文件中。这是写 top 配置文件的推荐方法。

2.3.4　网络配置

Linux 主机要与网络中的其他主机进行通信，首先要进行网络配置。网络配置包括设置主机名、IP 地址、子网掩码、默认网关、DNS 服务器等参数。Linux 网络配置相关的命令非常多，例如配置主机名、配置网卡、路由以及 DNS 等。下面将学习网络调试与故障排

网络配置

查，通过学习，可以对网络故障做出初步的判断，使用 ping 命令检查网络是否通畅，使用 nslookup 命令判断 DNS 域名服务器是否起作用，使用 netstat 命令查看主机打开的与网络相关的程序以及使用的协议类型。

1. ifconfig

功能说明：配置或显示当前网络接口状态。

语法格式：ifconfig [-v] [-a] [-s] [interface]

网络接口配置文件是/etc/sysconfig/network-scripts/ifcfg-eth0，可以通过手动调整 ifcfg-eth0 文件修改网络地址。

范例：

1）显示本机的第一块网卡 eth0 的状态。

```
#   ifconfig eth0
eth0      Link encap:以太网  硬件地址 00:0c:29:cc:bb:8d
          inet 地址:192.168.1.100  广播:192.168.1.255  掩码:255.255.255.0
          inet6 地址: fe80::20c:29ff:fecc:bb8d/64 Scope:Link
          UP BROADCAST RUNNING MULTICAST  MTU:1500  跃点数:1
          接收数据包:251 错误:0 丢弃:0 过载:0 帧数:0
          发送数据包:358 错误:0 丢弃:0 过载:0 载波:0
          碰撞:0 发送队列长度:1000
          接收字节:76132 (76.1 KB)  发送字节:66192 (66.1 KB)
          中断:19 基本地址:0x2000
```

2）设置 eth0 网络接口，ip 为 192.168.1.108，netmask 为 255.255.255.0，broadcast 为 192.168.1.255。

```
#   ifconfig eth0 192.168.1.108 netmask 255.255.255.0 broadcast 192.168.1.255
```

2. route

功能说明：查看或设置路由。

语法格式：route [-v] [-A family] add [-net|-host] target [netmask Nm] [gw Gw]

范例：

1）显示路由表的全部内容。

```
#   route -n
内核 IP 路由表
目标            网关            子网掩码          标志    跃点      引用 使用 接口
0.0.0.0         192.168.1.1     0.0.0.0           UG      0         0    0    eth0
169.254.0.0     0.0.0.0         255.255.0.0       U       1000      0    0    eth0
192.168.1.0     0.0.0.0         255.255.255.0     U       1         0    0    eth0
```

2）在路由表中添加一条到指定网络的静态路由。

在为路由表添加路由之前，先显示路由表的信息。

```
#   ifconfig
```

为路由表添加一个到网络 192.168.1.0 的静态路由，其中子网掩码为 255.255.255.0，网关为 192.168.1.1，设备接口为 eth0。

```
#   route add -net 192.168.1.0 netmask 255.255.255.0 gw 192.168.1.1 dev eth0
```

静态路由添加完毕后，再次显示路由表的信息。

3．ping

功能说明：查看主机连通性。

语法格式：ping [options ...]　destination

范例：

测试网关的连通性，网关 IP 地址为 192.168.1.1。

```
#   ping 192.168.1.1
PING 192.168.1.1 (192.168.1.1) 56(84) bytes of data.
64 bytes from 192.168.1.1: icmp_req=1 ttl=64 time=1.88 ms
64 bytes from 192.168.1.1: icmp_req=2 ttl=64 time=11.3 ms
```

4．netstat

功能说明：查看网络状态，显示本机网络连接、运行端口和路由表等信息。

语法格式：netstat　[address_family_options]　[--tcp|-t]　[--udp|-u] ...

范例：

1）列出所有端口。

```
#   netstat -a | more
Active Internet connections (servers and established)
Proto Recv-Q Send-Q Local Address           Foreign Address         State
tcp        0      0 *:sunrpc                *:*                     LISTEN
tcp        0      0 *:36371                 *:*                     LISTEN
tcp        0      0 ubuntu:domain           *:*                     LISTEN
tcp        0      0 *:ssh                   *:*                     LISTEN
tcp        0      0 *:44187                 *:*                     LISTEN
tcp        0      0 *:microsoft-ds          *:*                     LISTEN
...
```

2）列出所有 TCP 端口。

```
#   netstat -at
Active Internet connections (servers and established)
Proto Recv-Q Send-Q Local Address           Foreign Address         State
tcp        0      0 *:sunrpc                *:*                     LISTEN
tcp        0      0 *:36371                 *:*                     LISTEN
tcp        0      0 ubuntu:domain           *:*                     LISTEN
tcp        0      0 *:ssh                   *:*                     LISTEN
tcp        0      0 *:44187                 *:*                     LISTEN
tcp        0      0 *:microsoft-ds          *:*                     LISTEN
tcp        0      0 *:nfs                   *:*                     LISTEN
...
```

任务 2.4　编辑工具 Vi

　　Linux 系统中有许多优秀的文本编辑器，例如 Emacs、pico、nano、joe、与 Vi 等。Vi 是加州大学伯克利分校的 Bill Joy 开发的，Vi 是一个全屏文本编辑工具，没有菜单，只有命令。它可以执行输出、删除、查找、替换、块操作等文本编辑操作。Vim 是 Vi 的增强版本，它是程序开发者的一个重要工具。Vim 扩展了很多额外的功能，例如支持正则表达式搜索、多文档编辑、区块复制等。

编辑工具 Vi

　　Vi 有三种工作模式，分别是一般模式、编辑模式与命令模式，如图 2-2 所示。初学者觉得 Vi 不好用，主要原因是没有搞清楚这三种模式。下面分别介绍这三种模式的作用。

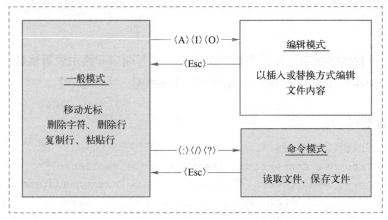

图 2-2　Vi 的三种工作模式

　　一般模式：Vi 在处理文件时，一进入该文件，就进入一般模式了。在这个模式中，可以使用上、下、左、右键来移动光标，可以使用删除字符或删除行来处理文件内容，也可以使用复制行、粘贴行来处理文件内容。

　　编辑模式：在一般模式中可以进行删除、复制、粘贴等操作，却无法进行编辑操作。按下〈A〉、〈I〉、〈O〉等键后才会进入编辑模式。按下上述字母键时，画面的左下方会出现 "INSERT" 或 "REPLACE" 的字样，才可以输入文字到文件中。按下〈Esc〉键退出编辑模式。

　　命令模式：在一般模式中，输入〈:〉、〈/〉或〈?〉就可以将光标移到最下面的那一行。在这个模式中，可以进行搜索数据、读取、存盘、大量删除字符、退出 Vi、显示行号等操作。

2.4.1　Vi 简易使用范例

　　使用 Vi 建立一个文件名为 test.txt 的文件，步骤如下。

1. 进入一般模式

```
#　vi test.txt
```

　　直接输入 "Vi 文件名" 即可进入 Vi。左下角会显示这个文件的当前状态，如果是新建文件，会显示 [New File]；如果是已存在的文件，则会显示当前文件名、行数与字符数，例如：

""/etc/man.config" 145L，4614C"。

2．进入编辑模式，开始编辑文字

在一般模式中，只要按下〈A〉、〈I〉、〈O〉等键，就可以进入 Vi 的编辑模式了。在编辑模式中，可以发现在左下角会出现"--插入--"，意味着可以输入任意字符，如图 2-3 所示。这个时候，键盘上除了〈Esc〉键之外，其他按键都可以视为一般的输入按键，可以进行任何编辑。

图 2-3　进入 Vi 的编辑模式

在一般模式中按下〈:〉进入编辑模式，光标移到最下面的一行，此时输入"wq"即可保存文件并退出，如图 2-4 所示。

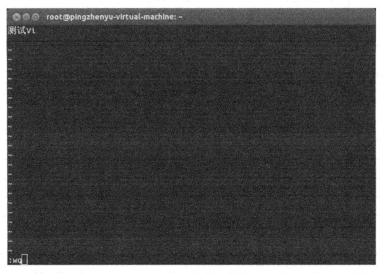

图 2-4　保存文件并退出

2.4.2　Vi 命令说明

Vi 常用命令见表 2-5。

表 2-5 Vi 常用命令

一般模式：移动光标的方法	
h 或 〈←〉	光标向左移动一个字符
j 或 〈↓〉	光标向下移动一个字符
k 或 〈↑〉	光标向上移动一个字符
l 或 〈→〉	光标向右移动一个字符
〈Ctrl+f〉	屏幕向下移动一页，相当于按〈PageDown〉键
〈Ctrl+b〉	屏幕向上移动一页，相当于按〈PageUp〉键
〈Ctrl+d〉	屏幕向下移动半页
〈Ctrl+u〉	屏幕向上移动半页
+	光标移动到非空格符的下一行
–	光标移动到非空格符的上一行
n 〈Space〉	按下数字后再按空格键，光标会向右移动这一行的 n 个字符
0	这是数字 0，光标移动到这一行的最前面字符处
$	光标移动到这一行的最后面字符处
H	光标移动到这个屏幕的最上方那一行
M	光标移动到这个屏幕的中央那一行
L	光标移动到这个屏幕的最下方那一行
G	移动到这个文件的最后一行
nG	n 为数字。移动到这个文件的第 n 行
gg	移动到这个文件的第一行，相当于 1G
n 〈Enter〉	n 为数字。光标向下移动 n 行
一般模式：搜索与替换	
/word	从光标位置开始，向下寻找一个名为 word 的字符串
?word	从光标位置开始，向上寻找一个名为 word 的字符串
n	n 表示重复前一个搜索的动作，向下继续搜索字符串
N	N 与 n 刚好相反，为反向进行前一个搜索操作
:n1, n2s/word1/word2/g	n1 与 n2 为数字。在第 n1 行与第 n2 行之间寻找 word1 这个字符串，并将该字符串替换为 word2
一般模式：删除、复制与粘贴	
x、X	x 为向后删除一个字符，X 为向前删除一个字符
nx	n 为数字，连续向后删除 n 个字符
dd	删除光标所在的一整行
ndd	n 为数字。从光标位置开始，向下删除 n 行
d1G	删除光标所在位置到第一行的所有数据
dG	删除光标所在位置到最后一行的所有数据
d$	删除光标所在位置到该行的最后一个字符
d0	d 的后面是数字 0，删除光标所在处，到该行的最前面一个字符
yy	复制光标所在的那一行（常用）
nyy	n 为数字。向下复制从光标所在位置开始的 n 行
y1G	复制光标所在行到第一行的所有数据
yG	复制光标所在行到最后一行的所有数据
y0	复制光标所在的位置到该行行首的所有数据
y$	复制光标所在的位置到该行行尾的所有数据

（续）

一般模式：删除、复制与粘贴	
p、P	p 为将已复制的数据粘贴到光标所在位置的下一行，P 则为粘贴在光标所在位置的上一行
J	将光标所在行与下一行的数据结合成同一行
c	重复删除多个数据
u	复原前一个操作
〈Ctrl〉+r	重做上一个操作
.	重复前一个动作。如果想重复删除、重复粘贴，按下小数点〈.〉键就可以
编辑模式	
i、I	在当前光标所在处插入输入文字，已存在的文字会向后退。其中，i 为从当前光标所在处插入，I 为在当前所在行的第一个非空格符处开始插入
a、A	a 为从当前光标所在的下一个字符处开始插入，A 为从光标所在行的最后一个字符处开始插入
o、O	o 为在当前光标所在处的下一行处插入新的一行，O 为在当前光标所在处的上一行插入新的一行
r、R	r 会替换光标所在处的字符，R 会替换光标所到之处的字符，直到按下〈Esc〉键为止
Esc	退出编辑模式，回到一般模式中
命令模式	
:w	将编辑的数据写入文件中
:w!	若文件属性为只读，强制写入该文件
:q	退出 Vi
:q!	强制退出且不保存不存储文件
:wq	存储后退出
:w <filename>	将编辑的数据存储成另一个文件（类似另存为新文件）
:r <filename>	在编辑的数据中，读入另一个文件的数据
:n1，n2 w <filename>	将从第 $n1$ 行到第 $n2$ 行的内容存储成 filename 文件
:! command	暂时离开 Vi 到命令模式下执行 command 的显示结果
:set nu	显示行号，设置之后，会在每一行的前缀显示该行的行号
:set nonu	取消行号

在 Vi 中，数字是有特殊意义的，数字通常表示重复做几次的意思，也有可能表示要去哪里的意思。例如，要删除 50 行，则用 50dd。数字加在动作之前，例如要向下移动 20 行，使用"20j"或者"20↓"即可。

2.4.3　Vi 范例

现在测试一下，你是否已经熟悉了 Vi 命令。请按照需求进行命令操作。

1）在/tmp 目录下建立一个名为 vitest 的目录。

2）进入 vitest 目录中。

3）将/etc/manpath.config 复制到本目录中。

4）使用 Vi 打开本目录下的 manpath.config 文件，如图 2-5 所示。

5）在 Vi 中设置行号。

6）移动到第 64 行，向右移动 4 个字符，请问双引号内是什么？

7）移动到第一行，并且向下搜索"X11R6"字符串，请问它在第几行？

8）将第 50～100 行之间的 man 改为 MAN，并且一个一个确认是否需要修改。

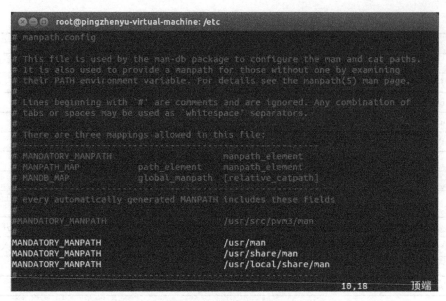

图 2-5　利用 Vi 编辑 manpath.config 文件

9）修改完之后，全部复原。

10）要复制第 51～60 行的内容，并且贴到最后一行之后。

11）删除第 11～30 行之间的 20 行。

12）将这个文件另存成一个 man.test.config 文件。

13）到第 29 行，并且删除第 1～15 个字符。

14）存储后退出。

拓展阅读

如何才能成为一名优秀的程序员？每个程序员都想成为一名优秀的程序员，参考以下 7 条，看看自己是否达到了一名优秀程序员的标准。这些特征大多需要在日常的编程工作中不断积累和总结而获得。

1. 对编程有激情

优秀的程序员热爱编程，喜欢钻研代码中的问题，当遇到问题无法解决时，会茶不思、饭不想，刻苦钻研。

2. 喜欢帮助他人，善于沟通

优秀的程序员能够站在对方的立场上想问题，能理解他人的需求，总能用最大耐心来帮助他人解决问题。

3. 君子善假于物

优秀的程序员知道如何更高效地完成任务，如何更有效地解决问题。当遇到问题时，不钻牛角尖，善于利用外部工具解决问题。

4. 务实而又灵活

优秀的程序员愿意遵守制度，他知道项目开发是一个团队的工作，有集体，就要有纪律。但同时优秀的程序员并不墨守成规，生搬教条，他们会根据环境的变化、形势的发展来不断调整自己的策略，更好地完成工作。

5. 不仅关心技术方面的知识，同时关注非技术方面的知识

优秀的程序员会去主动学习各种相关知识，对各种知识都有一种开放的心态，并不只局限在跟项目相关的知识。

6. 懂得放弃

项目开发的一个误区是想做一个大而全、万能的软件。优秀的程序员知道如何取舍，当临近提交日期、人手不够、需求不清时，他们会果断地判断出哪些功能应该延后，哪些功能应该力保上线。

7. 有主人翁意识

优秀的程序员会把自己当成企业的主人，他们知道企业的利益和自己息息相关。

实操练习

1. 练习安装、使用 Linux 虚拟机。
2. 练习同时使用多个控制台登录 Linux。
3. 练习使用 date、shutdown、exit、halt、reboot 等命令。
1) 使用 date 命令修正系统时间，改为当前日期时间。
2) 使用 shutdown 命令发出警告信息，查看其他控制台上的用户是否收到信息。
3) 通过互联网查找是否还有其他的关机命令。
4. 练习操作 shell 中的特殊按键。
在做以下练习之前，用 root 登录到虚拟控制台 1（下面简称 vc1），运行命令：useradd mike、passwd mike，添加 mike 用户。然后用新增加的 mike 用户分别登录虚拟控制台 2 和 3。
在虚拟控制台 3 下用 mike 用户登录成功后，使用 su 命令切换到 root 用户。
5. 练习所学习的基础命令，完成以下问题：
1) logname 和 whoami 的区别，举例说明。
2) 从 vc1 向 vc3 用 write 命令发信息，写出这条完整的命令。
3) 假设当前路径为/home/mike，需要变换到绝对路径/etc/default 目录下，则该命令用相对路径怎么写？
6. 用 tar 命令实现如下备份和恢复：
1) 对/home 目录进行压缩备份，备份文件名为 home.tar.gz。
2) 对/home 目录进行压缩备份（采用 bzip2 压缩），备份文件名为 home.tar.bz2，比较两种工具的压缩能力。
3) 在/home 目录下建立文件 a，在/home 目录下建立目录 test，在/home/test 目录下建立文

件 b，用 Vi 编辑任意内容。

4）对/home 目录进行增量备份，备份变化的文件，备份文件名为 home.20110919.tar。

5）删除目录/home，会出现什么情况？利用上述备份恢复所有文件。

习题

1．Ext4 的全称是什么？请说明它的优缺点。

2．Shell 的作用是什么？主流的 Shell 有哪些？Ubuntu 默认的 Shell 是什么？

3．Vi 有三种工作模式，分别是什么？如何切换工作模式？

项目 3　配置嵌入式开发常用服务

项目描述

嵌入式 Linux 开发往往都面临一个问题，就是在 Windows 操作系统上查看编辑代码比较方便，因为有像 VS Code 等相关的工具，但是嵌入式的编译却需要在宿主机上进行，这样就会带来很多不便，开发效率也比较低。Linux 有提供服务，例如 NFS、Samba、SSH、FTP 等。NFS 的功能类似于 Windows 的共享文件夹，NFS 用于两台 Linux 机器之间共享文件，开发板应用程序需要访问宿主机上的共享文件就使用 NFS 服务。如果需要 Windows 与 UNIX 这两个不同的平台相互共享文件，可以使用 Samba 服务，它综合了 FTP 和 NFS 的优点，既实现了跨平台的传输，又满足了修改数据的需要。TFTP 服务器是工作于宿主机上的软件，可以提供目标机文件系统映像文件的下载，避免了频繁的 U 盘复制。SSH 协议提供两个服务器功能，第一个功能类似 Telnet 远程联机使用 Shell 的服务器，第二个功能类似 FTP 服务的 sftp-server。下面将介绍如何安装与配置 NFS、Samba、SSH、FTP 服务。

项目目标

知识目标
1. 掌握 NFS 服务相关知识
2. 掌握 Samba 服务相关知识
3. 掌握 FTP 服务相关知识
4. 掌握 SSH 服务相关知识

技能目标
1. NFS 服务的配置与使用
2. Samba 服务的配置与使用
3. FTP 服务的配置与使用
4. SSH 服务的配置与使用

素质目标
1. 培养工匠精神、创新思维、团队合作精神，以及自学能力。
2. 培养学生规范的操作习惯和良好的职业行为习惯。

任务 3.1　配置 NFS 服务

NFS（Network File System，网络文件系统）是一种基于网络的文件系统。NFS 的第一个版本是 Sun Microsystems 公司开发的。它可以将远端服务器文件系统的目录挂载到本地文件系统的目录上，允许用户或者应用程序像访问本地文件系统的目录结构一样，访问远端服务器文件系统的目录结构，而无须理会远端服务器文件系统和本地文件系统的具体类型，非常方便地实现了目录和文件在不同机器上进行共享。

　　NFS 作为一个文件系统，它几乎具备了一个传统桌面文件系统最基本的结构特征和访问特征，不同之处在于它的数据存储于远端服务器上，而不是本地设备上。NFS 需要将本地操作转换为网络操作，并在远端服务器上实现，最后返回操作的结果。因此，NFS 更像是远端服务器文件系统在本地的一个文件系统代理，用户或者应用程序通过访问文件系统代理来访问真实的文件系统。

　　NFS 的工作原理是基于客户端-服务器架构（如图 3-1 所示）。服务器实施共享文件系统，以及客户端所连接的存储。客户端实施用户接口来共享文件系统，并加载到本地文件空间当中。NFS 系统体系结构，如图 3-2 所示。

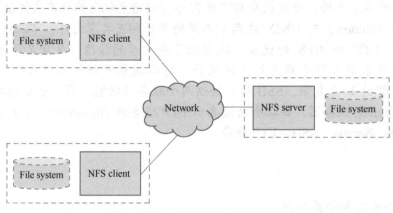

图 3-1　NFS 的客户端-服务器架构

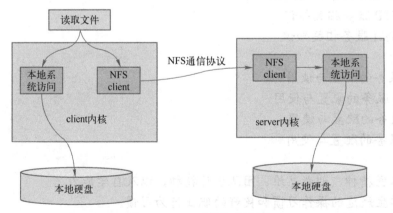

图 3-2　NFS 系统体系结构

　　为了实现平台无关性，NFS 基于 OSI 底层实现。基于会话层的远程过程调用（Remote Procedure Call，RPC）和基于表示层的外部数据表示（eXternal Data Representation，XDR）为 NFS 提供所需的网络连接及解释基于这些连接发送的数据格式，它们使 NFS 可正常工作于不同平台。RPC 运行于 OSI 模型的会话层，它提供一组过程，使远程计算机系统可像调用本地过程一样调用这些过程。使用 RPC，本地计算机或应用程序可调用位于远程计算机上的服务。RPC 提供一组过程库，高层应用可以调用这些库而无须了解远程系统的底层细节。因为 RPC 的抽象使得 NFS 与平台无关。XDR 负责在不同的计算机系统间转换 RPC 数据，XDR 设计了一种标准的数据表示，使得所有计算机均可理解。

　　NFS 文件系统可使用硬加载和软加载两种方式加载。当 NFS 服务器资源不可用时，硬加载资源将导致不断尝试 RFC 调用。一旦服务器响应，RPC 调用成功且进入下一个执行过程。如果服务器或网络问题持续，硬加载将引起持续等待状态，使 NFS 客户端应用挂起。使用软加载资源时，RPC 调用失败将导致 NFS 客户应用同时失败，最终使数据不可用。此种方法不可用于可写的文件系统或读取关键数据及可执行程序。硬加载的可靠性高，适用于加载可写资源或访问关键的文件和程序。如果资源被硬加载，一旦服务器崩溃或网络连接异常，程序（或用户）访问将被挂起，这将导致不可预见的结果。默认情况下，NFS 资源均采用硬加载。

3.1.1　安装 NFS 服务

 安装 NFS 服务

　　检测是否安装 NFS，启动 NFS 服务时需要 nfs-utils 和 portmap 这两个软件包。Ubuntu 上默认是没有安装 NFS 服务器的，首先要安装 NFS 服务程序。

```
#   dpkg -l |grep -i "nfs"
ii  liblockfile1                                           1.09-3
NFS-safe locking library
ii  libnfsidmap2                                           0.25-1ubuntu2
NFS idmapping library
ii  nfs-common                                             1:1.2.5-3ubuntu3.1
NFS support files common to client and server
ii  nfs-kernel-server                                      1:1.2.5-3ubuntu3.1
support for NFS kernel server
```

安装 NFS 服务器：

```
#   sudo apt-get install nfs-kernel-server
```

安装 nfs-kernel-server 时，apt 会自动安装 nfs-common 和 portmap。如果目标系统作为 NFS 的客户端，需要安装 NFS 客户端程序。如果是 Ubuntu 系统，则需要安装 nfs-common。

```
#   sudo apt-get install nfs-common
```

3.1.2　启动与停止 NFS 服务

　　由于启动 NFS 服务需要 portmap 的协助，因此启动 NFS 服务之前必须先启动 portmap 服务。可以使用/etc/init.d/nfs-kernel-server start/stop/restart 启动、停止和重启 NFS 服务，使用 etc/init.d/portmap start/stop/restart 启动、停止和重启 portmap 服务。如果有客户端要在使用 NFS 服务器时要求关机，应先把 portmap 和 NFS 两个服务给关闭，否则要等待很久才能关机。

　　方法如下：

```
#   /etc/init.d/nfs-kernel-server start
 * Exporting directories for NFS kernel daemon...            [ OK ]
 * Starting NFS kernel daemon                                [ OK ]
```

启动 NFS 服务器后，可以使用 ps 命令查看进程。

```
#  ps -aux | grep -i "nfs"
root    3074 0.0 0.0    0   0 ?        S  10:12  0:00 [nfsd]
```

3.1.3 配置 NFS 服务

NFS 服务的配置方法相对比较简单，只需在 NFS 的主配置文件 /etc/exports 中进行设置，然后启动 NFS 服务即可。在 exports 文件中可以定义 NFS 系统的输出目录（即共享目录）、访问权限和允许访问的主机等参数，格式如下。

配置 NFS 服务

[共享目录] [主机名 1 或 IP1(参数 1，参数 2)] [主机名 2 或 IP2(参数 3，参数 4)]

例如，输出目录/nfs/public 可供子网 192.168.0.0/24 中的所有客户机进行读写操作，而其他网络中的客户机只能读取该目录的内容，可以按如下设置：

```
/nfs/public 192.168.0.0/24(rw, async)  *(ro)
```

➢ /nfs/public：共享目录名。

➢ 192.168.0.0/24：表示所有主机。

➢ （ro）：设置选项。

exports 文件中的"配置选项"字段放置在括号对"( )"中，多个选项间用逗号分隔。

➢ sync：设置 NFS 服务器同步写磁盘，这样不会轻易丢失数据，建议所有的 NFS 共享目录都使用该选项。

➢ ro：设置输出的共享目录只读，与 rw 不能共同使用。

➢ rw：设置输出的共享目录可读写，与 ro 不能共同使用。

exports 文件中的"客户端主机地址"字段可以使用多种形式表示主机地址。

➢ 192.168.152.13：指定 IP 地址的主机。

➢ nfsclient.test.com：指定域名的主机。

➢ 192.168.1.0/24：指定网段中的所有主机。

➢ *.test.com：指定域中的所有主机。

➢ *：所有主机。

etc/exports 文件指定了哪个文件系统应该输出，该文件每行指定一个输出的文件系统、哪些机器可以访问该文件系统以及访问权限。

共享目录是 NFS 客户端可以访问的目录，主机名或 IP 地址是要访问共享目录的主机名或 IP 地址。当主机名或 IP 地址为空时，代表共享给任意客户机提供服务。参数是可选的，当不指定参数时，NFS 将使用默认选项。默认的共享选项是 sync、ro、root_squash、no_delay。

NFS 共享的常用参数见表 3-1。

表 3-1　NFS 共享常用参数

参数	描述
ro	只读访问
rw	读写访问
sync	将所有数据在请求时写入共享
async	NFS 在写入数据前可以响应请求

（续）

参数	描述
secure	NFS 通过 1024 以下的安全 TCP/IP 端口发送
insecure	NFS 通过 1024 以上的端口发送
wdelay	如果多个用户要写入 NFS 目录，则归组写入
hide	在 NFS 共享目录中不共享其子目录
subtree_check	如果共享/usr/bin 之类的子目录，强制 NFS 检查父目录的权限
all_squash	共享文件的 UID 和 GID 映射匿名用户 anonymous，适合公用目录
root_squash	root 用户的所有请求映射成如 anonymous 用户一样的权限
anonuid=xxx	指定 NFS 服务器/etc/passwd 文件中匿名用户的 UID

3.1.4　NFS 服务配置实例

下面通过一个配置实例来提供快速设置 NFS 服务器的参考，在嵌入式开发中通常使用 NFS 挂载根文件系统，这样对根文件系统进行修改后不用每次都下载到 NandFlash 中，可以把制作的根文件系统放到主机中的 NFS 输出目录中，在正式成为产品以后再烧写到开发板中，这样可以方便很多，也可以把编译好的内核放到 NFS 输出目录中，这样也可以引导内核。如果嵌入式开发板文件系统的位置是/home/root_fs，则需要先在开发宿主机设置共享目录，它可以作为开发板的根文件系统通过 NFS 挂接。

1. 设置共享目录

初始 NFS 配置文件是空白的，打开/etc/exports 文件，然后编辑 NFS 服务的配置文件：

```
/opt/root_fs      *(rw, sync, no_root_squash)
```

其中：
➢ /opt/root_fs：表示 NFS 共享目录，它可以作为开发板的根文件系统通过 NFS 挂载。
➢ *：表示所有的客户机都可以挂载到此目录。
➢ rw：表示挂载此目录的客户机对该目录有读写的权限。
➢ no_root_squash：表示允许挂载此目录的客户机享有该主机的 root 身份，建立共享目录。

2. 建立共享目录

在光盘镜像文件的 Linux 目录下面的 rootfs_qtopia_qt4.tar.gz 文件，把它解压到 Linux 的/home 目录下面。

```
# tar xvzf rootfs_qtopia_qt4.tar.gz -C /
```

rootfs_qtopia_qt4 是 mimi2440 的带有图形界面的文件系统。将 rootfs_qtopia_qt4 文件内容复制到/opt/root_fs 文件夹中。

3. 重启 NFS 服务

```
# service nfs restart
```

由于修改了 NFS 配置文件，需要重启服务。

4. 验证 NFS 服务

使用 mount 命令挂载 NFS 文件系统，验证 NFS 服务是否配置正确。

```
#    mount -t nfs localhost: /opt/root_fs/ mnt/
```

此时/opt/root_fs 目录里面的内容和/mnt 目录里面一样，对上面两个目录中的任何一个进行操作，另外一个也会有对应的变化（注意：root 目录和 root_nfs 目录都是需要自己建立的，建立目录的命令为 mkdir ×××，×××就是所要建立的目录）。

任务 3.2　配置 Samba 服务

Samba（SMB）是一个网络服务器，用于 Linux 和 Windows 系统共享文件。Samba 既可以用于 Windows 和 Linux 系统之间的共享文件，也可以用于 Linux 和 Linux 系统之间的共享文件。Linux 和 Linux 系统之间共享文件更多的是使用上节介绍的网络文件系统 NFS。

Microsoft 就使用 NetBIOS 实现了一个网络文件和打印服务系统，该系统基于 NetBIOS 设定了一套文件共享协议，Microsoft 称之为 SMB（Server Message Block，服务器消息块）协议。Microsoft 将这个协议扩展到 Internet 上，成为 Internet 上计算机之间相互共享数据的一种标准。将 SMB 协议进行整理，重新命名为 CIFS（Common Internet File System，通用互联网文件系统）。为了让 Windows 和 UNIX 计算机相集成，最好的办法即是在 UNIX 中安装支持 SMB/CIFS 协议的软件，这样 Windows 客户就不需要更改设置，就能如同使用 Windows NT 服务器一样使用 UNIX 计算机上的资源了。

Samba 的核心是 SMB 协议。SMB 协议是客户机/服务器型协议，客户机通过该协议可以访问服务器上的共享文件系统、打印机及其他资源。通过"NetBIOS over TCP/IP"使得 Samba 能与局域网络主机分享资源，而 SMB 则使用了 NetBIOS 的应用程序接口（Application Program Interface，API）。另外，它是一个开放性的协议，允许协议扩展使得它变得更大更复杂。

Samba 的主要功能如下：

➢ 提供文件和打印机共享。使同一个网络内的 Windows 用户可以在网络邻居里访问该目录，就跟访问网络邻居里的其他 Windows 机器一样。

➢ 决定每一个目录可以由哪些人访问，具有哪些访问权限。Samba 允许设置一个目录可以让某个人、某些人、组或所有人访问。

➢ 提供 SMB 客户功能。利用 Samba 提供的 smbclint 程序可以从 Linux 下以类似于 FTP 的方式访问 Windows 的资源。

➢ 在 Windows 网络中解析 NetBIOS 的名称。为了能利用局域网资源，同时使自己的资源被别人使用，各主机须定期向局域网广播自己的身份信息。

➢ 提供一个命令行工具，在其上可以有限制地支持 NT 的某些管理功能。

Samba 由一系列的组件构成，主要的组件如下：

➢ smbd：SMB 服务器，给 SMB 客户提供文件和打印服务。

➢ nmbd：NetBIOS 名称服务器，提供 NetBIOS 名称服务和浏览支持，帮助 SMB 客户定位服务器。

➢ smbclient：SMB 客户程序，用来存取 SMB 服务器上的共享资源。

> testprns：测试服务器上打印机访问的程序。
> testparms：测试 Samba 配置文件正确性的工具。
> smb.conf Samba 的配置文件。
> smbstatus：这个工具可以列出当前 SMB 服务器上的连接。
> make_smbcodepage：这个工具用来生成文件系统的代码页。
> smbpasswd：这个工具用来设定用户密码。
> swat：Samba 的 Web 管理工具。

nmbd、smbd 是 Samba 的核心守护进程，在服务器从启动到停止期间持续运行。Smbd 监听 139TCP 端口，nmbd 负责监听 137TCP 端口和 137UDP 端口。Smbd 处理来到的 SMB 数据包，为使用该数据包的资源与 Linux 进行协商，处理文件和打印机共享请求。nmbd 进程使得其他主机可浏览 Linux 服务器，处理 NetBIOS 名称服务请求和网络浏览功能。

3.2.1　安装 Samba 服务

安装 Samba
服务

几乎所有的 Linux 发行版本中都默认自带了 Samba 软件包。Ubuntu 12.04 已经安装了最新版本的 Samba 服务器，无须安装。可使用 dpkg 命令查看安装信息。

```
#  dpkg -l |grep -i "samba"
    ii  libwbclient0                          2:3.6.3-2ubuntu2.6
        Samba winbind client library
    ii  nautilus-share                        0.7.3-1ubuntu2
        Nautilus extension to share folder using Samba
    ii  python-smbc                           1.0.13-0ubuntu1
        Python bindings for Samba clients (libsmbclient)
    ii  samba-common                          2:3.6.3-2ubuntu2.6
        common files used by both the Samba server and client
    ii  samba-common-bin                      2:3.6.3-2ubuntu2.6
        common files used by both the Samba server and client
    root@pingzhenyu-virtual-machine:~#        ii           libwbclient0
2:3.6.3-2ubuntu2.6              Samba winbind client library
```

首先需要卸载系统原有 samba 程序。

```
sudo apt-get remove samba-common
sudo apt-get remove smbclient
sudo apt-get remove samba
```

安装 Samba 服务器：

```
sudo apt-get install samba
```

Samba 服务器安装完毕，会生成配置文件目录/etc/samba 和其他 Samba 可执行命令工具。/etc/init.d/smbd 是 Samba 的启动关闭文件。

3.2.2　启动与停止 Samba 服务

组成 Samba 的有两个服务：SMB 和 NMB，SMB 是 Samba 的核心服务，实现文件的共享，NMB 是负责解析的，NMB 可以把 Linux 系统共享的工作组名称与其 IP 地址对应。

可以通过 service smbd start/stop/restart 或者/etc/init.d/smbd start/stop/restart 来启动、关闭和重启 Samba 服务。方法如下：

```
#   service smbd restart
smbd stop/waiting
smbd start/running, process 5502
```

启动 Samba 服务器后，可以使用 ps 命令查看进程。

```
#   ps aux
root     4890 0.0 0.0 13328 1860 ?        Ss  09:56   0:00 nmbd -D
root     5502 0.0 0.2 21408 4900 ?        Ss  10:13   0:00 smbd -F
```

3.2.3 smb.conf 配置文件

Samba 的配置文件一般就放在/etc/samba 目录中，主配置文件名为 smb.conf。该文件中记录着大量的规则和共享信息，所以是 Samba 服务非常重要的核心配置文件，完成 Samba 服务器搭建的主要配置都在该文件中进行。

Samba 服务器的工作原理是：客户端向 Samba 服务器发起请求，请求访问共享目录，Samba 服务器接收请求，查询 smb.conf 文件，查看共享目录是否存在，以及来访者的访问权限，如果来访者具有相应的权限，则允许客户端访问，最后将访问过程中系统的信息以及采集的用户访问行为信息存放到日志文件中。在 Samba 服务器的主配置文件/etc/Samba/smb.conf 中，所有语句都是由全局设置（Global Settings）和共享定义（Share Definitions）两个部分组成的。全局设置选项是关于 Samba 服务整体运行环境的，针对所有共享资源；共享定义设置共享目录。设置完基本参数后使用 testparm 命令检查语法错误，如看到 "Loaded services file OK" 的提示信息，则表明配置文件加载正常，否则系统会提示出错的地方。

下面简要介绍 smb.conf 配置文件的内容，用 vi /etc/samba/smb.conf 打开该配置文件，可以看到该配置文件有以下内容：

```
================= Share Definitions ==================
[共享名]
comment = Home Directories
说明：描述，也就是说明。可写可不写。
path = /var/spool/samba
说明：指定共享的路径位置。
guest ok = no #
```
说明：是否允许所有人访问目录，yes 为是，no 为否。如果 "security = share"，表示所有人都能登录 Samba 服务器。guset ok 针对的是目录，如果设置 yes，那么任何登录 Samba 服务的人都能访问这个共享目录。
```
read only = yes
```
说明：是否所有人只读，yes 表示所有人只读，no 表示所有人可写。
```
writeable =yes
```
说明：是否所有人可写，yes 表示所有人可写，no 表示所有人可读，read only 和 writeable 这两个参数是冲突的，所以在一个共享目录当中只能出现其中的一个。

```
write list = +staff
```
说明：拥有写权限的用户列表。
```
browseable = no
```
说明：是否浏览可见，是否能在网络邻居看到。这与目录能不能访问没有关系，只代表这个目录能不能在网络邻居里看到。
```
valid users =
```
说明：　指定可以访问共享的用户。

3.2.4　Samba 服务配置实例

1. 配置允许匿名访问的 **Samba** 服务器

Samba 服务
配置实例

1）在 Linux 主机上创建/home/share 目录，设置其为所有用户提供可读写权限的共享。

```
#　mkdir /home/share
```

2）设置 Linux 系统文件访问权限。

```
#　chmod 777  /home/share
```

3）配置 Samba 服务器，允许匿名访问。
在命令行中启动 Vi 编辑器，对 Samba 服务器的配置文件/etc/sabma/smb.conf 进行编辑。

```
#　vi /etc/sabma/smb.conf
```

在[Share Definitions]段进行如下编辑。

```
[share]
comment = Share for upload
path = /home/share
public = yes
writable = yes
printable = no
create mask = 0770
```

4）测试配置文件。

```
#　testparm
```

5）重启 SMB 服务。

```
#　service smb restart
```

假设所访问的 Linux 主机的 IP 地址为 192.168.1.55，在 Windows 的网络邻居输入//192.168.1.55，查看 Samba 共享资源，看是否和要求相符合。

2. 从 **Linux** 中访问 **Windows** 的共享目录

假设所访问的 Windows 主机的 IP 地址为 192.168.1.56，共享目录的共享名称为 winshare。
1）查看 Windows 主机中的共享资源。

```
#　smbclient -L  //192.168.1.56/winshare
Password:(此处直接按〈Enter〉键)
```

2）访问 Windows 主机中的共享资源。

```
//情况一：winshare 允许匿名访问
#   smbclient //192.168.1.56/winshare
#   Password:(此处直接按〈Enter〉键，进入 SMB 操作环境)
//情况二 winshare 只允许部分用户访问，假设为 user1
#   smbclient //192.168.1.56/winshare -U user1
Password:(此处输入用户 user1 的密码后按〈Enter〉键，进入 SMB 操作环境)
smb:\>get filename /root/filename
(从共享文件夹 winshare 中获取 filename 文件到本机/root 目录中)
smb:\>exit        (注：退出共享文件夹的操作环境)
```

3）将其他主机的共享文件夹挂载到本地主机的/mnt/smb 目录中来，把它当作本机目录来使用。

```
#   mkdir /mnt/smb          (创建挂载点)
//情况一：winshare 允许匿名访问
#   smbmount //192.168.1.56/winshare /mnt/smb   (将共享文件夹挂载到本机中)
Password:(此处直接按〈Enter〉键)
//情况二：winshare 只允许部分用户访问，假设为 user1
#   smbmount //192.168.1.56/winshare /mnt/smb -o username=user1
password:(此处输入用户 user1 的密码后按〈Enter〉键)
```

任务 3.3　配置 TFTP 服务

FTP（File Transfer Protocol，文件传输协议）是一个用于简化 IP 网络上系统之间文件传送的协议。FTP 的任务是从一台计算机将文件传送到另一台计算机，它与这两台计算机所处的位置、连接的方式，甚至是是否使用相同的操作系统无关。

FTP 的传输有两种方式：ASCII 传输模式和二进制传输模式。

1．ASCII 传输模式

假定用户正在复制的文件包含简单的 ASCII 码文本，如果在远程机器上运行的不是 UNIX，当文件传输时，FTP 通常会自动地调整文件的内容以便于把文件解释成另外那台计算机存储文本文件的格式。

2．二进制传输模式

如果用户正在传输的文件包含的不是文本文件，它们可能是程序、数据库、字处理文件或者压缩文件。在复制任何非文本文件之前，必须使用 binary 命令告诉 FTP 逐字复制，不要对这些文件进行处理，即二进制传输。在二进制传输中，保存文件的位序，以便原始内容和复制内容是逐位一一对应的。如果在 ASCII 方式下传输二进制文件，即使不需要也会转译。这会使传输稍微变慢，也会损坏数据，使文件变得不能用。在大多数计算机上，ASCII 方式一般假设每一字符的第一有效位无意义，因为 ASCII 字符组合不使用它。如果传输的是二进制文件，那么所有的位都是重要的。

FTP 支持两种模式，一种模式叫作 Standard（也称 PORT，主动方式），另一种模式是 Passive（也称 PASV，被动方式）。下面介绍一下这两种模式的工作原理。

1. Standard 模式

FTP 客户端首先动态地选择一个端口和 FTP 服务器的 TCP 21 端口建立连接，通过这个通道发送命令，客户端需要接收数据的时候在这个通道上发送 PORT 命令。PORT 命令包含了客户端用什么端口接收数据。在传送数据的时候，服务器端通过自己的 TCP 20 端口连接至客户端的指定端口发送数据。FTP 服务器必须和客户端建立一个新的连接用来传送数据。

2. Passive 模式

在建立控制通道的时候和 Standard 模式类似，但建立连接后发送的不是 PORT 命令，而是 PASV 命令。FTP 服务器收到 PASV 命令后，随机打开一个高端端口（端口号大于 1024）并且通知客户端在这个端口上传送数据的请求，客户端连接 FTP 服务器此端口，然后 FTP 服务器将通过这个端口进行数据的传送，这个时候 FTP 服务器不再需要建立一个和客户端之间的新连接。

常用的 FTP 服务器软件有 WU-FTPD、ProFTPD、vsftpd 及 PureFTPd 等，本节将介绍 vsftp 的配置使用方法。vsftp 是一个基于 GPL 发布的类 UNIX 系统上使用的 FTP 服务器软件，它的全称是 Very Secure FTP。从名称可以看出来，编制者的初衷是代码的安全，高速与高稳定性也是 vsftp 的两个重要特点。在速度方面，使用 ASCII 代码的模式下载数据时，vsftp 的速度是 WU-FTP 的两倍；在稳定方面，vsftp 就更加出色，vsftp 在单机（非集群）上支持 4000 个以上的并发用户同时连接，根据 Red Hat 的 FTP 服务器的数据，vsftp 服务器可以支持 15 000 个并发用户。

TFTP（Trivial File Transfer Protocol，简易文件传输协议）是 TCP/IP 协议族中的一个用来在客户机与服务器之间进行简单文件传输的协议，提供不复杂、开销不大的文件传输服务。TFTP 是一个传输文件的简单协议，它基于 UDP 实现，有些 TFTP 是基于其他传输协议完成的。

TFTP 设计的时候是用于小文件传输的，因此它不具备通常的 FTP 的许多功能，它只能从文件服务器上获得或写入文件，不能列出目录，不能进行认证，只能传输 8 位数据。传输中有三种模式：netascii，是 8 位的 ASCII 码形式；octet，是 8 位源数据类型；mail，已经不再支持，它将返回的数据直接返回给用户而不是保存为文件。

TFTP 的应用包括：

➤ 为无盘工作站下载引导文件，下载初始化代码到打印机、集线器和路由器。例如，存在这样的设备，它拥有一个网络连接和小容量的固化了 TFTP、UDP 和 IP 的只读存储器（Read-Only Memory，ROM）。加电后，设备执行 ROM 中的代码，在网络上广播一个 TFTP 请求。网络上的 TFTP 服务器响应请求包含可执行二进制程序的文件，设备收到文件后，将它载入内存，然后开始运行程序。

➤ 路由器的信息设置可以使路由器在指定的 TFTP 服务器上存储设置参数，如果这个路由器瘫痪了，正确的设置信息可以从 TFTP 服务器上下载到一个修复的路由器或者一个替代的路由器，这便为路由器提供了一种容错能力。

在嵌入式开发过程中，宿主机是指执行编译，连接嵌入式开发主机的计算机；目标机是运行嵌入式软件的硬件平台。TFTP 服务器是工作于宿主机上的软件，主要提供对目标机主要映像文件的下载工作。

3.3.1　安装 TFTP 服务

检测是否安装 TFTP 服务，启动 NFS 服务时需要 nfs-utils 和 portmap 这两个软件包。嵌入式 Linux 的 TFTP 开发环境包括两个方面：一是宿主机端的 tftp-server 支持，二是嵌入式目标机的 tftp-client 支持。首先安装 tftp-hpa 和 tftpd-hpa。前者是客户端，后者是服务程序，在终端下输入 apt install tftp-hpa tftpd-hpa 安装两个服务。

```
#   dpkg -l |grep -i "tftp"
ii  tftp-hpa            5.2-1ubuntu1                    HPA's tftp client
ii  tftpd-hpa           5.2-1ubuntu1                    HPA's tftp server
```

如果系统没有安装，则安装 TFTP 服务器。

```
#   apt install tftp-hpa tftpd-hpa
```

3.3.2　启动与停止 TFTP 服务

当配置好 TFTP 的配置文件后，需要重新启动一下服务，每次修改完配置文件后，都需要重新启动一下服务。

```
#   service tftpd-hpa stop
```

启动 NFS 服务器后，可以通过 netstat 查看 TFTP 服务是否开启。

```
#   netstat -a | grep tftp
udp    0    0 *:tftp                *:*
```

3.3.3　配置 TFTP 服务

进入根目录下的 etc 文件夹，查看目录中有没有/etc/default/tftpd-hpa 文件，如果没有，则新建一个。检查其内容是否与下面的一致，若不一致，则修改，内容如下：

```
TFTP_USERNAME="tftp"
TFTP_DIRECTORY="/opt/tftpboot"
TFTP_ADDRESS=":69"
TFTP_OPTIONS="-l -c -s"
RUN_DAEMON="yes"
OPTIONS="-l -c -s /tftpboot"
```

3.3.4　TFTP 服务配置实例

在嵌入式开发中通常使用 FTP 来传输文件，可以在嵌入式开发板上安装 TFTP 服务，在开发宿主机上使用 FTP 客户端登录后传输文件，也可以在开发宿主机上安装 TFTP 服务，在嵌入式开发板上使用 FTP 客户端登录后传输文件。

1. 建立 TFTP 的主工作目录

在 opt 目录下建立 TFTP 的主工作目录 tftpboot。如果需要上传文件至 TFTP 服务器，需要把服务器上的 tftpboot 目录和这个目录下的文件变成可读可写权限。

```
#    mkdir /opt/tftpboot
#    chomd 777 tftpboot
```

2. TFTP 客户端使用

复制一个文件到 TFTP 服务器目录，然后在主机上启动 TFTP 软件，进行简单测试。

```
#    tftp 192.168.1.2
tftp>get <download file>
tftp>put <upload file>
tftp>q
```

TFTP 常用命令如下。

- ➤ connect：连接到远程 TFTP 服务器。
- ➤ mode：文件传输模式。
- ➤ put：上传文件。
- ➤ get：下载文件。
- ➤ quit：退出。
- ➤ verbose：显示详细的处理信息。
- ➤ tarce：显示包路径。
- ➤ status：显示当前状态信息。
- ➤ binary：二进制传输模式。
- ➤ ascii：ASCII 传送模式。
- ➤ rexmt：设置包传输的超时时间。
- ➤ timeout：设置重传的超时时间。
- ➤ help：帮助信息。

任务 3.4　配置 SSH 服务

SSH（Secure SHell，安全外壳）协议是一种在不安全的网络环境中，通过加密和认证机制，实现安全的远程访问以及文件传输等业务的网络安全协议。SSH 协议提供两个服务器功能，第一个功能类似 Telnet 的远程连接服务器，即 SSH，第二个功能类似 FTP 服务的 sftp-server，提供更安全的 FTP 服务。最初，SSH 是由芬兰的一家公司开发的，但是因为受版权和加密算法的限制，现在很多人都转而使用 OpenSSH，它是 SSH 协议的免费开源实现。

从客户端来看，SSH 提供两种级别的安全验证。

第一种级别（基于口令的安全验证）只需账号和口令，就可以登录到远程主机。

第二种级别（基于密钥的安全验证）需要依靠密钥，也就是必须为自己创建一对密钥，并把公钥存放在需要访问的服务器上。

　　SSH 是由客户端和服务端的软件组成的，有两个不兼容的版本分别是：1.×和 2.×。用 SSH 2.×的客户程序是不能连接到 SSH 1.×的服务程序上去的。OpenSSH 2.×同时支持 SSH 1.×和 SSH 2.×。

　　服务端是一个守护进程（daemon），它在后台运行并响应来自客户端的连接请求。服务端一般是 sshd 进程，提供了对远程连接的处理，一般包括公共密钥认证、密钥交换、对称密钥加密和非安全连接。

　　客户端包含 SSH 程序以及 scp（远程复制）、slogin（远程登录）、sftp（安全文件传输）等其他的应用程序。

　　SSH 的工作机制大致是本地的客户端发送一个连接请求到远程的服务端，服务端检查申请的包和 IP 地址再发送密钥给 SSH 的客户端，本地再将密钥发回给服务端，自此连接建立。SSH 1.×和 SSH 2.×在连接协议上有一些差异。

　　一旦建立一个安全传输层连接，客户机就发送一个服务请求。当用户认证完成之后，会发送第二个服务请求。这样就允许新定义的协议可以与上述协议共存。连接协议提供了用途广泛的各种通道，有标准的方法用于建立安全交互式会话外壳和转发专有 TCP/IP 端口和 X11 连接。

3.4.1　安装 SSH 服务

安装 SSH 服务

　　Ubuntu 默认安装了 openssh-client，所以在这里就不安装了，如果系统没有安装，使用 apt-get 安装上即可。可以使用 dpkg 检查是否已经安装了 SSH 服务。

```
#   dpkg -l |grep -i "ssh"
ii   openssh-client                                    1:5.9p1-5ubuntu1.1
secure shell (SSH) client, for secure access to remote machines
ii   openssh-server                                    1:5.9p1-5ubuntu1.1
secure shell (SSH) server, for secure access from remote machines
```

　　如果系统没有安装，则安装 SSH 服务器。

```
#   apt-get install openssh-server
#   apt-get install openssh-client
```

3.4.2　启动与停止 SSH 服务

　　启动、停止、重启 SSH 服务的命令为/etc/init.d/ssh start/stop/restart。

```
#   /etc/init.d/ssh start
Rather than invoking init scripts through /etc/init.d, use the service(8)
utility, e.g. service ssh start

Since the script you are attempting to invoke has been converted to an
Upstart job, you may also use the start(8) utility, e.g. start ssh
ssh start/running, process 2676
```

　　启动 SSH 服务器后，可以使用 netstat 或者 ps 命令确认 SSH 服务是否安装好。

```
#   netstat -a | grep ssh
```

```
tcp        0       0 *:ssh                    *:*                      LISTEN
tcp6       0       0 [::]:ssh                 [::]:*                   LISTEN
#   ps -e | grep sshd
  613 ?          00:00:00 sshd
```

3.4.3 配置 SSH 服务

配置 SSH 服务

SSH 服务安装好以后默认配置完全可以正常工作，SSH 服务的配置文件位于 /etc/ssh/sshd_config。常用的推荐配置如下：

```
Host 别名
HostName IP 地址
Port 端口
DynamicForward ssh 转发的地址
IdentityFile 私钥地址
User 用户名
```

例如：

```
Host Embedded
HostName 13.xxx.xxx.xx
Port 22
DynamicForward 127.0.0.1:6060
IdentityFile ~/.ssh/id_rsa
User centos
```

如果是真正的网络服务器，这样配置 SSH 肯定不安全，本书只讨论如何配置一些简单的选项，需要更深一步研究 SSH 的读者，请参阅相关书籍或者在官网了解 SSH 配置文件的配置选项的功能和说明。

3.4.4 SSH 服务使用实例

在使用 SSH 客户端连接服务端时，需要确认一下 SSH 客户端及其相应的版本号。使用 ssh -V 命令可以得到版本号。

1. 用 SSH 登录到远程主机

当第一次使用 SSH 登录远程主机时，会出现没有找到主机密钥的提示信息。输入"yes"后，系统会将远程主机的密钥加入到主目录的 .ssh/hostkeys 下，如下所示。

```
#   ssh 192.168.137.129
  The  authenticity  of  host  '192.168.137.129  (192.168.137.129)'  can't  be
established.
  ECDSA key fingerprint is 66:e9:20:e5:7d:ff:db:03:f8:fe:1c:9a:52:0a:b2:74.
  Are you sure you want to continue connecting (yes/no)? yes
  Warning:Permanently added '192.168.137.129' (ECDSA) to the list of known hosts.
```

因为远程主机的密钥已经加入到 SSH 客户端的已知主机列表中，当第二次登录远程主机时，只需要输入远程主机的登录密码即可。

```
    #    ssh  192.168.137.129
  The  authenticity  of  host  '192.168.137.129  (192.168.137.129)'  can't  be
established.
  ECDSA key fingerprint is 66:e9:20:e5:7d:ff:db:03:f8:fe:1c:9a:52:0a:b2:74.
  Are you sure you want to continue connecting (yes/no)? yes
  Warning:  Permanently  added  '192.168.137.129'  (ECDSA)  to  the  list  of
known hosts.
    root@192.168.137.129's password:
Welcome to Ubuntu 12.04.3 LTS (GNU/Linux 3.8.0-29-generic i686)

 * Documentation: https://help.ubuntu.com/

Last login: Mon Jun 16 09:46:03 2014 from 192.168.137.1
root@pingzhenyu-virtual-machine:~#
```

由于各种原因，可能在第一次登录远程主机后，该主机的密钥发生改变，将会看到一些警告信息。出现这种情况，可能有两种原因，一种是系统管理员在远程主机上升级或者重新安装了 SSH 服务器。第二种可能是有人在进行一些恶意行为。在输入"yes"之前，最佳选择或许是联系系统管理员来分析为什么会出现主机验证码改变的信息，核对主机验证码是否正确。

2．使用 scp 命令将本地文件复制到远程机器

scp 是 secure copy 的缩写，scp 是 Linux 系统下基于 SSH 登录进行安全的远程文件复制命令。Linux 的 scp 命令可以在 Linux 服务器之间复制文件和目录。scp 在网络上不同的主机之间复制文件，它使用 SSH 安全协议传输数据，具有和 SSH 一样的验证机制，从而安全地远程复制文件。

scp 命令基本格式：

```
scp [-1246BCpqrv] [-c cipher] [-F ssh_config] [-i identity_file]
[-l limit] [-o ssh_option] [-P port] [-S program]
[[[user@]host1:]file1 [...]
[[[user@]host2:]file2
```

1）复制文件。

命令格式：

```
scp local_file remote_username@remote_ip:remote_folder
scp local_file remote_username@remote_ip:remote_file
scp local_file remote_ip:remote_folder
scp local_file remote_ip:remote_file
```

第 1、2 个指定了用户名，命令执行后需要输入用户名和密码，第 1 个仅指定了远程的目录，文件名字不变，第 2 个指定了文件名。

第 3、4 个没有指定用户名，命令执行后需要输入用户名和密码，第 3 个仅指定了远程的目录，文件名字不变，第 4 个指定了文件名。

```
  #  scp /root/root.tar.gz root@192.168.1.106:/root/
The authenticity of host '192.168.1.106 (192.168.1.106)' can't be established.
RSA key fingerprint is 57:b8:14:f8:d1:9c:be:5e:e5:2f:89:11:86:53:39:11.
```

```
Are you sure you want to continue connecting (yes/no)? yes
Warning: Permanently added '192.168.1.106' (RSA) to the list of known hosts.
Address 192.168.1.106 maps to localhost, but this does not map back to
the address - POSSIBLE BREAK-IN ATTEMPT!
root@192.168.1.106's password:
root.tar.gz                                     100%   10KB   9.8KB/s   00:00
```

2）复制目录。

命令格式：

```
scp -r local_folder remote_username@remote_ip:remote_folder
scp -r local_folder remote_ip:remote_folder
```

第 1 个指定了用户名，命令执行后需要输入用户名和密码。

第 2 个没有指定用户名，命令执行后需要输入用户名和密码。

```
#  scp -r /root/test 192.168.1.106:/root
Address 192.168.1.106 maps to localhost, but this does not map back to
the address - POSSIBLE BREAK-IN ATTEMPT!
root@192.168.1.106's password:
d                                     100%   0   0.0KB/s   00:00
a                                     100%   0   0.0KB/s   00:00
b                                     100%   0   0.0KB/s   00:00
e                                     100%   0   0.0KB/s   00:00
c                                     100%   0   0.0KB/s   00:00
```

3．使用 Bitvise SSH Client 软件

SSH 的客户端软件有很多，例如 Bitvise SSH Client、SSH Secure Shell Client、Putty 等。下面以 Bitvise SSH Client 来演示 SSH 的使用。下载安装完软件后，桌面上有两个图标，启动 Bitvise SSH Client 软件，启动后的对话框如图 3-3 所示。

图 3-3　Bitvise SSH Client 对话框

　　填好需要登录的 Linux 主机的 IP 地址、用户名，默认端口号，然后单击"Log in"按钮，弹出对话框要求输入密码，输入密码后即可进入操作平台，如图 3-4 所示。

　　第一次进入时可能会报错进不去，出现这个原因可能是因为防火墙没关或者 sshd 服务没有启动，或者是配置文件不正确。

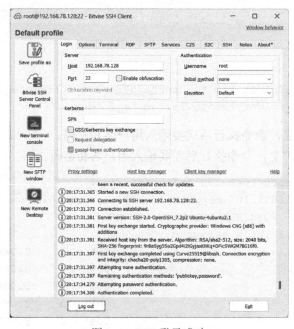

图 3-4　SSH 登录成功

　　登录成功后，可以单击左侧的"New terminal console"，开启终端管理 Linux 系统，如图 3-5 所示。

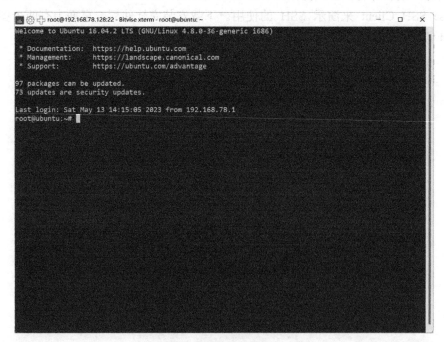

图 3-5　SSH 操作界面

单击"New SFTP windows"，打开远程传文件的功能，弹出文件传输界面，如图 3-6 所示。

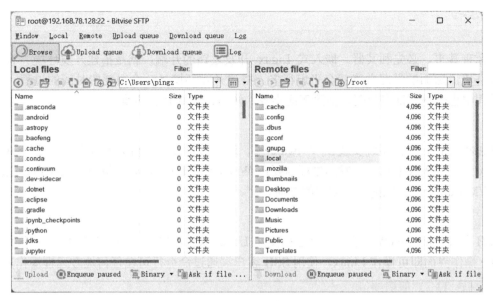

图 3-6　SSH 远程传输文件界面

如图 3-6 所示，左侧为本地文件列表，右侧为远程登录的 Linux 系统文件列表，

上传：在左侧选择要上传的文件或者文件夹，在右侧选择目的目录，然后左边右击需要上传的文件，在弹出的快捷菜单中选择"Upload"命令即可。

下载：与上面操作反过来即可。在右侧右击需要下载的文件后在弹出的快捷菜单中选择"Load"命令，即可将文件下载到本地文件夹内。

拓展阅读

"删库跑路"的段子一直在 IT 圈里广为流传，是很多程序员发泄压力的口头禅。微盟是一家从事智能商业生态的互联网企业，也是微信头部服务提供商。作为运维工程师的贺某删除了微盟业务数据，被删除的数据体量达数百 TB，直接导致了微盟公司的 SaaS 业务崩溃，基于微盟的商家小程序都处于宕机状态，300 万家商户生意基本停摆。此次事件导致微盟的市值暴跌 21.5 亿元，再加上对平台商户 1.5 亿元的赔款，损失共计达 23 亿元。贺某也因为破坏计算机信息系统罪，被判处有期徒刑 6 年。

杭州科技公司的技术总监邱某因不满企业裁员，远程登录服务器删除了数据库上的一些关键索引和部分表格，造成该企业直接经济损失 225 万元。邱某被判赔偿公司 8 万元，刑期为 2 年 6 个月，缓刑 3 年。

北京某软件工程师徐某离职后因公司未能如期为其结清工资，将网站源代码全部删除，该行为直接导致公司经济损失 26.5 万元。其行为构成破坏计算机信息系统罪，被判处有期徒刑 5 年。

对于程序员来说，通过删除数据宣泄情绪是极其错误的行为，不仅对公司经营造成严重影响，更将因触犯法律，受到法律的惩处。

实操练习

工欲善其事，必先利其器。嵌入式 Linux 开发之路的开端，就是搭建开发环境。有了完善的开发环境，后面的学习之路就会平坦很多。搭建开发环境是一个很耗费时间的过程，环境的搭建过程中也会遇到许多问题。按照下面步骤，快速搭建好开发环境：

1．在 Windows 下安装 VMware

可以将 Linux 操作系统安装在 VMware 里，这样就可以在一台计算机上同时使用 Windows 和 Linux 了。嵌入式 Linux 开发的过程需要在 Windows、Linux、开发板三个操作系统之间来回切换，VMware 会给我们提供非常大的方便。

2．安装 SSH 服务

SSH 是 Secure Shell 的缩写，是远程操作 Linux 系统的重要工具。SSH 使我们不用切换回 VMware 操作界面即可操作 Linux。使用 SSH 客户端通过命令行可在任何地方远程操作 Linux。

3．搭建 TFTP 服务器

在嵌入式开发中，由于嵌入式开发板资源有限，不能进行文件编译，因此需要将源代码在宿主机（Linux 虚拟机）上进行调试编译好后生成二进制文件，然后通过 FTP 或 NFS 来进行传输到开发板上运行。

4．搭建 NFS 服务器

NFS 可以让开发板将 NFS 服务器共享出来的文件挂载到自己的系统中，使用 NFS 的远端文件就像是在使用本地文件一样。使用 NFS 可以使应用程序的开发变得十分方便，客户端不需要大容量的存储器，更不需要进行映像文件的烧录和下载，只要挂载到服务器端的特定目录下，然后运行该目录下的程序即可观察到结果。

5．搭载 Samba 服务器

很多人可能还是习惯在 Windows 系统上编辑代码，然后在 Linux 系统交叉编译，因此各系统之间的文件共享是非常重要的。Samba 是在 Linux 和 UNIX 系统上实现 SMB 协议的一个免费软件，由服务器及客户端程序构成，可以实现 Windows 和类 UNIX 两个平台之间互相分享文档和数据。Samba 服务器的工作原理是：客户端向 Samba 服务器发起请求，请求访问共享目录，Samba 服务器接收请求，查询 smb.conf 文件，查看共享目录是否存在，以及来访者的访问权限，如果来访者具有相应的权限，则允许客户端访问，最后将访问过程中系统的信息以及采集的用户访问行为信息存放在日志文件中。

习题

1．请说明什么是 NFS 文件系统硬加载和软加载。
2．Samba 的核心守护进程是什么？它们功能是什么？
3．FTP 传输的两种方式分别是什么？它们有什么差异？
4．SSH 守护进程的作用是什么？

项目 4　使用嵌入式 Linux 常用开发工具

项目描述

嵌入式开发是指在嵌入式操作系统下进行开发，例如 Windows CE、eCos、μC/OS-II 和 μC/OS-III、VxWorks、pSOS、Linux、Android 等。嵌入式系统无疑是当前最热门且最有发展前途的 IT 应用领域之一，嵌入式系统应用在一些特定专用设备上，这些设备的硬件资源（如处理器、存储器等）非常有限，并且对成本很敏感，有时对实时响应要求很高，因此用 C、C++语言开发嵌入式应用得较多。嵌入式 Linux 开发工具有：①Vim 工具，Vim 是从 Vi 发展出来的一个文本编辑器，有代码补全、编译及错误跳转等方便编程的功能。②GCC 编译器，是由 GNU 开发的编程语言编译器。③GDB，是 UNIX 下的调试工具。大家比较喜欢图形界面方式的工具，像 Microsoft Visual Studio、Eclipse 等 IDE 的调试工具，但如果在 Linux 平台下开发软件，GDB 比图形化调试器具有更强大的功能。④Makeflie 工程管理工具，工程管理工具用于管理较多的文件，它是自动管理器，能根据文件时间自动发现更新过的文件而减少编译的工作量，同时通过读入 Makefile 文件来执行大量编译工作。

项目目标

知识目标
1. 掌握 GNU Binutils 工具集
2. 掌握 GCC 编译过程
3. 掌握 GDB 常用的命令
4. 掌握 Makefile 的基本规则

技能目标
1. 使用 GCC 编译程序
2. 使用 GDB 调试程序
3. 使用 Makefile 管理工程

素质目标
1. 能够将所学理论知识与实践相结合
2. 具备良好的职业道德和职业习惯
3. 爱岗敬业、文明礼貌、诚实守信、吃苦耐劳

任务 4.1　编译程序 GCC

GCC（GNU Compiler Collection，GNU 编译器套装）是一套由 GNU 开发的编程语言编

译器。GCC 是非常优秀的跨平台编译器集合，支持 x86、ARM、MIPS 和 PowerPC 等多种目标平台。GCC 原名为 GNU C 语言编译器（GNU C Compiler），因为它原本只能处理C语言。GCC 很快地扩展，变得可处理C++、Fortran、Pascal、Objective-C、Java，以及Ada与其他语言。

GCC 是移植到中央处理器架构以及操作系统最多的编译器。由于 GCC 已成为 GNU 系统的官方编译器（包括GNU/Linux家族），它作为编译与创建其他操作系统的主要编译器，包括BSD家族、Mac OS X、NeXTSTEP与BeOS。GCC 有别于一般局限于特定系统与运行环境的编译器，它在所有平台上都使用同一个前端处理程序，产生一样的中介码，因此此中介码在各个其他平台上使用 GCC 编译，有很大的机会可得到正确无误的输出程序。因此，GCC 通常是跨平台软件的编译器首选。

开放、自由和灵活是 Linux 的魅力所在，而这一点在 GCC 上的体现就是程序员通过它能够更好地控制整个编译过程。在使用 GCC 编译程序时，编译过程可以被细分为四个阶段：

➢ 预处理（Pre-Processing）。
➢ 编译（Compiling）。
➢ 汇编（Assembling）。
➢ 链接（Linking）。

Linux 程序员可以根据自己的需要让 GCC 在编译的任何阶段结束，以便检查或使用编译器在该阶段的输出信息，或者对最后生成的二进制文件进行控制，以便通过加入不同数量和种类的调试代码来为今后的调试做好准备。和其他常用的编译器一样，GCC 也提供了灵活而强大的代码优化功能，利用它可以生成执行效率更高的代码。GCC 提供了 30 多条警告信息和三个警告级别，使用它们有助于增强程序的稳定性和可移植性。此外，GCC 还对标准的 C 和 C++语言进行了大量的扩展，提高了程序的执行效率，有助于编译器进行代码优化，能够减轻编程的工作量。

在 Linux 下建立嵌入式交叉编译环境要用到一系列的工具链（tool-chain），例如 GNU Binutils、GCC、glibc、GDB 等，它们都属于 GNU 的工具集。其中 GNU Binutils 是一套用来构造和使用二进制所需的工具集。建立嵌入式交叉编译环境，GNU Binutils 工具包是必不可少的，而且 GNU Binutils 与 GNU 的 C 编译器 GCC 关系密切，没有 GNU Binutils，GCC 无法正常工作。GNU Binutils 的官方下载地址是ftp://ftp.gnu.org/gnu/binutils/，在这里可以下载到不同版本的 GNU Binutils 工具包。目前比较新的版本是 Binutils-2.16.1。GNU Binutils 工具集里主要有以下工具。

1）ld 链接器。ld 链接器可将多个目标文件链接成一个可执行文件。Linux 使用 ld 作为标准的链接程序。

由汇编器产生的目标代码是不能直接在计算机上运行的，它必须经过链接器的处理才能生成可执行代码，链接是创建一个可执行程序的最后一个步骤，ld 可以将多个目标文件链接成为可执行程序，同时指定了程序在运行时是如何执行的。

2）as 工具。as 工具用来将汇编源程序编译成二进制形式的目标代码，也就是编译 GCC 输出的汇编文件，产生的目标文件由链接器 ld 链接。

3）addr2line。addr2line 主要用于调试，它能把程序地址转换成其所对应的程序源文件名和所对应的代码行号。在命令行中给它一个地址和一个可执行文件名，它就会使用这个可执行文件的调试信息指出在给出的地址上是哪个文件以及行号。

4）ar 工具。ar 工具用于管理档案文件，在嵌入式系统开发中，主要用来对静态库进行管理。

5）nm 工具。nm 工具用于列出程序文件中的符号，以及与符号有关的一些信息。符号是指函数名或者变量名等信息。

6）objdum 工具。objdum 工具用于查看目标程序中的段信息和调试信息，也可以用来对目标程序进行反编译。在嵌入式开发中，需要知道所生成的程序中的段信息来分析问题。比如需要知道其中的某个段在程序运行时起始地址是什么，或者需要知道正在运行的程序中是否存在调试信息。

7）objcopy 工具。objcopy 工具功能非常强大，可以对最后生成的可执行文件进行一定的编辑，可以将目标文件的内容从一种文件格式复制到另一种格式的目标文件中去。

8）C++filt 工具。C++filt 工具用于 C++重载。由于每一个重载的函数都使用与原函数相同的名称，因此，支持函数重载的语言必须拥有一种机制，以区分同一个函数的许多重载版本。C++filt 将每个输入的名称看成是改编后的名称（mangled name），并设法确定用于生成该名称的编译器。

9）dlltool 工具。dlltool 工具主要用于生成 def、exp、lib 文件。exp 文件用于创建 DLL，lib 文件用于使用 DLL。

10）ranlib 工具。ranlib 工具的功能相对简单，用于在归档文件中生成文件索引。生成索引以加快对归档文件的访问，并且将这个结果存放在这个归档文件中。

11）readelf 工具。readelf 工具用于显示符号、段信息、二进制文件格式等信息。

12）size 工具。size 工具可以列出目标文件或者一个归档文件每一段的大小。

13）strings 工具。strings 工具用于查看程序文件中的可显示字符。

14）strip 工具。strip 工具用于去除程序文件中的调试信息，在不影响程序功能的前提下，减少可执行文件的大小，减少程序的占用空间。

4.1.1　GCC 编译过程

GCC 编译过程

GCC 编译器编译程序时要经历预处理、编译、汇编、链接四个阶段，如图 4-1 所示。

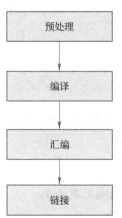

图 4-1　GCC 编译过程

从功能上分，预处理、编译、汇编是三个不同阶段，但在 GCC 的实际操作中，它可以把这三个步骤合并为一个步骤来执行。下面以一段 C 语言代码为例说明 C 语言程序的编译过程。

```
hello.c
    #include <stdio.h>
    int main(void)
    {
    printf ("Hello world, Linux programming!\n");
    return 0;
    }
```

在预处理阶段，输入的是 C 语言的源文件，文件名通常为*.c。它们通常带有.h 之类头文件的包含文件。这个阶段主要处理源文件中的#ifdef、#include 和#define 命令。该阶段会生成一个中间文件*.i，但在实际工作中通常不用专门生成这类文件，若非要生成这类文件，可以利用下面的示例命令：

```
#  gcc -E hello.c -o hello.i
```

预处理完成后进行编译，将预处理后的文件转换成汇编语言。在编译阶段输入的是中间文件*.i，编译后生成汇编语言文件*.s。在编译过程中，GCC 首先检查代码是否符合规范、是否有语法错误等，在检查无误后，把代码翻译成汇编语言。所用命令如下：

```
#  gcc -S hello.i -o hello.s
```

在汇编阶段将输入的汇编文件*.s 转换成机器语言*.o。汇编就是将汇编指令变成二进制的机器代码，即生成后缀为.o 的目标文件。当程序由多个代码文件构成时，每个文件都要先完成汇编工作，生成.o 目标文件后进入下一步链接工作。目标文件在链接之前还不能执行。

```
#  gcc -c hello.s -o hello.o
```

链接是编译的最后一个阶段，在链接阶段，将输入的机器代码文件*.s 汇集成一个可执行的二进制代码文件。GCC 是通过调用 ld 完成链接的。当程序执行过程中调用某些外部函数时，链接器需要找到这些函数的代码，把这些代码添加到可执行文件中。

```
#  gcc hello.o -o hello
```

4.1.2 GCC 常用编译选项

GCC 有数百个选项可用，其中大多数选项可能永远都不会用上，但有的选项会频繁使用，下面将对其中四类常用的选项进行介绍。

1．总体选项

总体选项控制编译的流程，主要选项见表 4-1。

表 4-1　GCC 总体选项

选项	作用
-c	只是编译不链接，生成的目标文件的扩展文件名是.o
-S	只是编译不汇编，生成汇编代码
-E	只进行预编译，不做其他处理
-g	在可执行程序中包含标准调试信息
-o file	把输出文件输出到 file 里
-v	打印出编译器内部编译各过程的命令行信息和编译器的版本
-I dir	在头文件的搜索路径列表中添加 dir 目录
-L dir	在库文件的搜索路径列表中添加 dir 目录
-static	链接静态库
-l library	链接名为 library 的库文件

　　-I dir 选项可以在头文件的搜索路径列表中添加 dir 目录。由于 Linux 中头文件都默认放到了/usr/include/目录下，因此，当用户希望添加放置在其他位置的头文件时，可以通过-I dir 选项来指定，这样，GCC 就会到相应的位置查找对应的目录。

　　选项-L dir 的功能与-I dir 类似，能够在库文件的搜索路径列表中添加 dir 目录。例如有程序 hello_sq.c 需要用到目录/root/workplace/Gcc/lib 下的一个动态库 libsunq.so，则只需输入如下命令即可：

```
#  gcc hello_sq.c -L /root/workplace/Gcc/lib -lsunq -o hello_sq
```

　　需要注意的是，-I dir 和-L dir 都只是指定了路径，而没有指定文件，因此不能在路径中包含文件名。

　　另外，值得详细解释一下的是-l 选项，它指示 GCC 去链接库文件 libsunq.so。由于在 Linux 下的库文件命名时有一个规定：必须以 lib 三个字母开头。因此在用-l 选项指定链接的库文件名时可以省去 lib 三个字母。也就是说 GCC 在对"-l sunq"进行处理时，会自动去链接名为 libsunq.so 的文件。

2. 语言选项

　　C 语言经过长时间的发展，形成了许多版本，特别是在编译一些特殊程序时会要求编译器具备一些特殊的功能，最明显的例子就是编译 Linux 的内核。主要选项见表 4-2。

表 4-2　GCC 语言选项

选项	作用
-ansi	支持符合 ANSI 标准的 C 程序
-ffreestanding	按独立环境编译：其隐含声明了-fno-builtin 选项，而且对 main 函数没有特别要求。宿主环境下所有的标准库可用，main 函数返回一个 int 值，典型例子是除了内核以外几乎所有的程序。对应的独立环境不存在标准库，程序入口也不一定是 main，最典型的例子就是*作系统内核

3. 警告选项

　　GCC 在编译过程中会产生大量信息，警告选项主要用于设置对这些信息的显示控制，主要选项见表 4-3。

表 4-3　GCC 警告选项

选项	作用
-W	屏蔽所有的警告信息
-Wall	打开所有类型的语法警告，建议养成使用该选项的习惯，不放过程序中任何一个潜在问题
-fsyntax-only	检查程序中的语法错误，但是不产生输出信息
-pedantic	打开完全服从 ANSIC 标准所需的全部警告诊断，拒绝接受采用了被禁止的语法扩展程序
-pedantic-errors	该选项和-pedantic 类似，但是即便是警告也作为错误显示
-Werror	视经过为错误：出现任何警告即放弃编译
-Wno-implicit	警告没有指定类型的声明

4．调试选项

GCC 拥有许多特别的选项，这些选项既可以调试用户的程序，也可以帮助 GCC 排错。GDB 将使用通过这些选项产生的信息，以便对程序进行调试。主要选项见表 4-4。

表 4-4　GCC 调试选项

选项	作用
-g	以*作系统的本地格式（stabs、COFF、XCOFF 或 DWARF）产生调试信息，GDB 能够使用这些调试信息
-pg	在用户程序中加入额外的代码，执行时产生 gporf 使用的剖析信息
-p	在用户程序中加入额外的代码，用于输出 profile，供分析程序 prof 使用

4.1.3　GCC 编译实例

初学时最好从命令行入手，这样可以熟悉从编写程序、编译、调试到执行的整个过程。编写程序可以用 Vi，使用 GCC 命令编译程序。GCC 命令提供了非常多的命令选项，但并不是所有选项都要熟悉，初学时掌握几个常用的就可以了，到后面再慢慢学习其他选项。

GCC 编译实例

1．编译简单的 C 程序

使用 Vi 编辑器编写以下程序，文件命名为 test.c。

```
#include <stdio.h>
int main (void)
{
    printf ("Two plus two is %d\n", 4);
    return 0;
}
```

用 GCC 编译该文件，使用下面的命令：

```
#   gcc -g -Wall test.c -o test
```

命令将文件 test.c 中的代码编译为机器码并存储在可执行文件 test 中。可执行文件文件名通过-o 选项指定。注意，如果当前目录中已经存在与可执行文件重名的文件，它将被覆盖。

选项-Wall 开启编译器所有的常用警告。编写 C 或 C++程序时，编译器警告非常有助于检测程序存在的问题，但默认情况下 GCC 不会产生任何警告信息。

选项-g 表示在生成的目标文件中带调试信息，包括产生错误的文件名和行号等非常多有用的信息。

2. 链接外部库

库是预编译的目标文件的集合，它们可以被链接进程序。标准系统库在目录/usr/lib 与/lib 下。例如，C 语言的数学库为/usr/lib/libm.a，静态库后缀为.a。libm 中函数的原型声明在头文件/usr/include/math.h 中。使用 Vi 编辑器编写一个调用数学库 libm.a 中 sin 函数的程序，创建文件 calc.c。

```
#include <math.h>
#include <stdio.h>
 int main (void)
{
    double x = 2.0;
    double y = sin (x);
    printf ("The value of sin(2.0) is %f\n", y);
    return 0;
}
```

如果单独从该文件生成一个可执行文件，将导致一个链接阶段的错误：

```
#   gcc -Wall calc.c -o calc
/tmp/ccbR6Ojm.o: In function 'main':
/tmp/ccbR6Ojm.o(.text+0x19): undefined reference to 'sin'
```

sin 函数在本程序中未定义，也不在默认库 libc.a 中，编译器不会自己链接 libm.a。 为使编译器能将 sin 函数链接进主程序 calc.c，需要在命令行中显式地指定它：

```
#   gcc -Wall calc.c /usr/lib/libm.a -o calc
```

函数库 libm.a 包含所有数学函数的目标文件，比如 sin、cos、exp、log 及 sqrt。链接器将搜索所有文件来找到包含 sin 的目标文件。

```
#   ./calc
The value of sin(2.0) is 0.909297
```

可执行文件包含主程序的机器码以及函数库 libm.a 中 sin 函数对应的机器码。为避免在命令行中指定路径，编译器为链接函数库提供-l 选项。

```
#   gcc -Wall calc.c -lm -o calc
```

选项 -lm 与上面指定库全路径/usr/lib/libm.a 的命令等价，使链接器尝试链接系统库目录中的函数库文件 libm.a。

3. 编译多个源文件

当项目很复杂，有上万行代码时，会把程序存放在几个文件中，这样便于编辑与管理。下面的例子中将程序 calc 分割成 3 个文件：calc.c、calc_fn.c 和头文件 calc.h。

```
/****** calc.c**********/
#include <stdio.h>
include "calc.h"
```

```
 int main (void)
{
   double x = 2.0;
   double y = calcsin(x);
   printf ("The value of sin(2.0) is %f\n", y);
   return 0;
}
/****** calc.h**********/
double  calcsin(double x);


/****** calc_fn.c**********/
#include <math.h>
#include <stdio.h>
include  "calc.h"
 double  calcsin(double x)
{
   double y = sin (x);
   return y;
}
```

GCC 编译以上源文件，使用下面的命令：

```
#   gcc -Wall calc.c calc _fn.c -o newcalc
```

使用选项 -o 为可执行文件指定名字 newcalc。头文件 calc.h 并未在命令行中指定，源文件中的 #include "calc.h" 指示符使得编译器自动将其包含到合适的位置。源程序各部分被编译为单一的可执行文件，它与先前的例子产生的结果相同。

任务 4.2　调试程序 GDB

GDB（GNU Debugger）是 GNU 开源组织发布的一个强大的 UNIX 下的程序调试工具。可以使用它通过命令行的方式调试程序。它使用户能在程序运行时观察程序的内部结构和内存的使用情况。用户也可以使用它分析程序崩溃前发生了什么，从而找出程序崩溃的原因。相对于 Windows 下的图形界面的 VC 等调试工具，它提供了更强大的功能。

GDB 主要提供下面四个功能：

➢ 启动程序，可以按照自定义的要求随心所欲地运行程序。
➢ 可让被调试的程序在指定的断点处停住（断点可以是条件表达式）。
➢ 当程序被停住时，可以检查此时程序中所发生的事。
➢ 动态地改变程序的执行环境。

4.2.1　GDB 的使用流程

下面通过对程序的调试来展示 GDB 的常用功能，程序代码如下：

GDB 的使用流程

```
1 #include <stdio.h>
```

```
2 int func(int n)
3 {
4         int sum=0, i;
5         for(i=0; i<n; i++)
6         {
7                 sum+=i;
8         }
9         return sum;
10 }
11
12
13 main()
14 {
15        int i;
16        long result = 0;
17        for(i=1; i<=100; i++)
18        {
19                result += i;
20        }
21
22        printf("result[1-100] = %d \n", result );
23        printf("result[1-250] = %d \n", func(250) );
24 }
```

将该程序保存为 tstgdb.c，按照下面的命令编译。

```
#   gcc -g tstgdb.c -o tstgdb
```

GDB 主要用于调试 C/C++程序。要调试 C/C++程序，在编译时必须使用-g 选项，把调试信息加到可执行文件中。如果没有使用-g 选项，将看不见程序的函数名、变量名，所代替的全是运行时的内存地址。

程序准备好以后，可以启动 GDB 来调试程序。启动 GDB 的方法有以下几种。

➢ gdb <program>：program 是执行文件，一般在当前目录下。

➢ gdb <program> core：用 GDB 同时调试一个运行程序和 core 文件，core 是程序非法执行 core dump 后产生的文件。

➢ gdb <program> <PID>：如果程序是一个服务程序，可以指定这个服务程序运行时的进程号。GDB 会自动关联并调试它。

```
#   gdb tstgdb
(gdb) l        <-------------------- l 命令相当于 list，从第一行开始列出源代码
1       #include <stdio.h>
2
3       int func(int n)
4       {
5               int sum=0, i;
6               for(i=0; i<n; i++)
7               {
8                       sum+=i;
```

```
9                }
10              return sum;
(gdb)        <--------------------- 直接按〈Enter〉键表示重复上一次命令
11       }
12
13
14       main()
15       {
16              int i;
17              long result = 0;
18              for(i=1; i<=100; i++)
19              {
20                      result += i;
(gdb) break 16   <--------------------- 设置断点，在源程序第 16 行处
Breakpoint 1 at 0x8048496: file tst.c, line 16.
(gdb) break func <-------------------- 设置断点，在函数 func() 入口处
Breakpoint 2 at 0x8048456: file tst.c, line 5.
(gdb) info break <-------------------- 查看断点信息
Num Type           Disp Enb Address    What
1   breakpoint     keep y   0x08048496 in main at tst.c:16
2   breakpoint     keep y   0x08048456 in func at tst.c:5
(gdb) r          <--------------------- 运行程序，run 命令简写
Starting program: /home/hchen/test/tst

Breakpoint 1, main () at tst.c:17   <---------- 在断点处停住
17              long result = 0;
(gdb) n          <--------------------- 执行单条语句，next 命令简写
18              for(i=1; i<=100; i++)
(gdb) n
20                      result += i;
(gdb) n
18              for(i=1; i<=100; i++)
(gdb) n
20                      result += i;
(gdb) c          <--------------------- 继续运行程序，continue 命令简写
Continuing.
result[1-100] = 5050      <---------- 程序输出

Breakpoint 2, func (n=250) at tst.c:5
5               int sum=0, i;
(gdb) n
6               for(i=1; i<=n; i++)
(gdb) p i      <--------------------- 打印变量 i 的值，print 命令简写
$1 = 134513808
(gdb) n
8                       sum+=i;
(gdb) n
```

```
6                    for(i=1; i<=n; i++)
(gdb) p sum
$2 = 1
(gdb) n
8                          sum+=i;
(gdb) p i
$3 = 2
(gdb) n
6                    for(i=1; i<=n; i++)
(gdb) p sum
$4 = 3
(gdb) bt        <--------------------- 查看函数堆栈
#0 func (n=250) at tst.c:5
#1 0x080484e4 in main () at tst.c:24
#2 0x400409ed in __libc_start_main () from /lib/libc.so.6
(gdb) finish    <--------------------- 退出函数
Run till exit from #0 func (n=250) at tst.c:5
0x080484e4 in main () at tst.c:24
24                 printf("result[1-250] = %d \n", func(250) );
Value returned is $6 = 31375
(gdb) c     <--------------------- 继续运行
Continuing.
result[1-250] = 31375    <---------- 程序输出

Program exited with code 027. <-------- 程序退出，调试结束
(gdb) q     <--------------------- 退出 GDB
```

4.2.2　GDB 常用命令

启动 GDB 后进入 GDB 的调试环境，就可以使用 GDB 命令调试程序了。GDB 的命令可以使用 help 命令来查看。help 命令只是列出 GDB 的命令种类，如果要看具体命令，可以使用 help <class> 命令，如：help breakpoints，查看设置断点的所有命令。

GDB 常用命令

```
#   gdb
GNU gdb (Ubuntu/Linaro 7.4-2012.04-0ubuntu2.1) 7.4-2012.04
Copyright (C) 2012 Free Software Foundation, Inc.
License GPLv3+: GNU GPL version 3 or later <http://gnu.org/licenses/gpl.html>
This is free software: you are free to change and redistribute it.
There is NO WARRANTY, to the extent permitted by law. Type "show copying"
and "show warranty" for details.
This GDB was configured as "i686-linux-gnu".
For bug reporting instructions, please see:
<http://bugs.launchpad.net/gdb-linaro/>.
(gdb) help
List of classes of commands:

aliases -- Aliases of other commands
```

```
breakpoints -- Making program stop at certain points
data -- Examining data
files -- Specifying and examining files
internals -- Maintenance commands
obscure -- Obscure features
running -- Running the program
stack -- Examining the stack
status -- Status inquiries
support -- Support facilities
tracepoints -- Tracing of program execution without stopping the program
user-defined -- User-defined commands

Type "help" followed by a class name for a list of commands in that class.
Type "help all" for the list of all commands.
Type "help" followed by command name for full documentation.
Type "apropos word" to search for commands related to "word".
Command name abbreviations are allowed if unambiguous.
```

当以 GDB <program> 方式启动 GDB 后，GDB 会在 PATH 路径和当前目录中搜索 <program> 的源文件。如要确认 GDB 是否读到源文件，可使用 l 或 list 命令列出源代码。在 GDB 中，运行程序使用 r 或 run 命令。程序的运行需要做下面四方面的设置。

1）程序运行参数。

set args　可指定运行时参数。如：set args 10 20 30 40 50。

show args　命令可以查看设置好的运行参数。

2）运行环境。

path <dir>　设定程序的运行路径。

show paths　查看程序的运行路径。

set environment varname [=value]　设置环境变量。如：set env USER=hchen。

show environment [varname]　查看环境变量。

3）工作目录。

cd <dir>　相当于 shell 的 cd 命令。

pwd　显示当前的所在目录。

4）程序的输入输出。

info terminal　显示程序用到的终端的模式。

使用重定向控制程序输出。如：run > outfile。

tty 命令可以指定输入输出的终端设备。如：tty /dev/ttyb。

1.暂停/恢复程序运行

调试程序过程中，GDB 可以方便地暂停程序的运行，可以设置程序在哪行停住，在什么条件下停住，在收到什么信号时停住等，以便查看运行时的变量及流程。当进程被 GDB 停住时，可以使用 info program 来查看程序是否在运行，以及进程号和被暂停的原因。在 GDB 中，可以有以下几种暂停方式：断点（BreakPoint）、观察点（WatchPoint）、捕捉点（CatchPoint）、信号（Signals）、线程停止（ThreadStops）。如果要恢复程序运行，可以使用 c 或 continue 命令。

1）设置断点（BreakPoint）。用 break 命令来设置断点。GDB 提供了以下几种设置断点的方法，见表 4-5：

表 4-5   GDB 设置断点的方法

选项	作用
break <function>	在进入指定函数时停住
break <linenum>	在指定行号停住
break +offset/ -offset	在当前行号的前面或后面的 offset 行停住。offset 为自然数
break filename:linenum	在源文件 filename 的 linenum 行处停住
break filename:function	在源文件 filename 的 function 函数的入口处停住
break *address	在程序运行的内存地址处停住
break	break 命令没有参数时，表示在下一条指令处停住

查看断点时，可使用 info 命令，如下所示：

```
info breakpoints [n]
    info break [n]  (n 表示断点号)
```

以下实例为在第 16 行"16   int i;"处设置断点，查看断点信息，然后运行调试程序。

```
(gdb) break 16     //在第 16 行处设置断点
Breakpoint 1 at 0x8048422: file tst.c, line 16.
(gdb) info break        //查看断点信息
Num     Type         Disp Enb Address    What
1       breakpoint     keep y   0x08048422 in main at tst.c:16
(gdb) r
Starting program: /opt/tstgdb

Breakpoint 1, main () at tst.c:16
16       int i;
```

2）设置观察点。观察点一般用来观察某个表达式（变量也是一种表达式）的值是否发生了变化。如果有变化，则马上停住程序。观察点的设置方法见表 4-6。

表 4-6   gdb 设置观察点

选项	作用
watch <expr>	为表达式（变量）expr 设置一个观察点。一旦表达式值有变化，马上停住程序
rwatch <expr>	当表达式（变量）expr 被读时，停住程序
awatch <expr>	当表达式（变量）的值被读或被写时，停住程序

可使用 info 命令查看观察点，如下所示：

```
info watchpoints
```

以下实例是为 main 函数中的变量 i 设置观察点。

```
(gdb) break 14
Breakpoint 2 at 0x804841a: file tst.c, line 14.
```

```
(gdb) run
Starting program: /opt/tstgdb

Breakpoint 2, main () at tst.c:15
15       long result = 0;
(gdb) watch i
Hardware watchpoint 3: i
(gdb) next

Breakpoint 1, main () at tst.c:16
16       for(i=1; i<=100; i++)
```

3）设置捕捉点。可通过设置捕捉点来捕捉程序运行时的一些事件。如载入共享库（动态链接库）或 C++ 的异常。设置捕捉点的格式为：

```
catch <event>
```

当事件发生时，停住程序。事件种类见表 4-7。

表 4-7　事件种类

关键字	作用
throw	一个 C++ 抛出的异常
catch	一个 C++ 捕捉到的异常
exec	调用系统调用 exec 时
fork	调用系统调用 fork 时
vfork	调用系统调用 vfork 时
load	载入共享库（动态链接库）时
unload	卸载共享库（动态链接库）时

4）维护停止点。前面介绍了如何设置程序的停止点，GDB 中的停止点也就是上述三类。在 GDB 中，如果已定义的停止点没有用了，可以使用 delete、clear、disable、enable 这几个命令进行维护，见表 4-8。

表 4-8　维护停止点

关键字	作用
clear	清除所有设置在指定行上的断点
clear <function>	清除所有设置在函数上的停止点
clear <linenum>	清除所有设置在指定行上的停止点
delete [breakpoints] [range...]	删除指定的断点，breakpoints 为断点号。如果不指定断点号，则表示删除所有的断点。range 表示断点号的范围（如：3～7）
disable [breakpoints] [range...]	disable 所指定的停止点，breakpoints 为停止点号。如果什么都不指定，表示 disable 所有的停止点。disable 的停止点，GDB 不会删除如还需要停止点，enable 即可，就好像回收站一样
enable [breakpoints] [range...]	enable 所指定的停止点，breakpoints 为停止点号
enable [breakpoints] once range	enable 所指定的停止点一次，当程序停止后，该停止点马上被 GDB 自动 disable
enable [breakpoints] delete range	enable 所指定的停止点一次，当程序停止后，该停止点马上被 GDB 自动删除

5）恢复程序运行和单步调试。

程序暂停后可以使用 continue 命令恢复程序的运行，或者使用 step 或 next 命令单步跟踪程序。continue 命令的功能是恢复程序运行，直到程序结束或下一个断点到来。 ignore-count 表示忽略其后断点的次数。continue、c、fg 三个命令都是一样的意思。

```
continue [ignore-count]
c [ignore-count]
fg [ignore-count]
```

step 命令的功能是单步跟踪，遇到子函数就进入并且继续单步执行。count 表示程序执行后面的 count 条指令后暂停。

```
step <count>
```

next 命令同样为单步跟踪，如果有函数调用，则不会进入该函数。count 表示程序执行后面的 count 条指令后暂停。

```
next <count>
```

2. 查看运行时数据

在调试程序过程中，当程序被停住时可以使用 print 命令（简写命令为 p），或同义命令 inspect 来查看当前程序的运行数据。 print 命令的格式是：

```
print <expr>
print /<f> <expr>
```

<expr> 是表达式，是所调试程序的语言的表达式（GDB 可以调试多种编程语言），<f> 是输出的格式。比如，如果要把表达式按十六进制的格式输出，那么就是 /x。

1）表达式。

print 和许多 GDB 的命令一样，可以接收一个表达式，GDB 会根据当前程序运行的数据来计算这个表达式，既然是表达式，那么就可以是当前程序运行中的常量、变量、函数等内容。表达式的语法应该是当前所调试程序的语言的语法。GDB 所支持的操作符见表 4-9。

表 4-9   GDB 支持的操作符

关键字	作用
@	是一个和数组有关的操作符
::	指定一个在文件或一个函数中的变量
{<type>} <addr>	表示一个指向内存地址 <addr> 的类型为 type 的对象

2）程序变量。

在 GDB 中，可以随时查看全局变量、静态全局变量、局部变量。

如果局部变量和全局变量发生冲突，一般情况下是局部变量会隐藏全局变量。也就是说，当一个全局变量和一个函数中的局部变量同名时，如果当前停止点在函数中，用 print 显示出的变量的值会是函数中的局部变量的值。如果此时想查看全局变量的值，可以使用" :: "操作符。

```
file::variable
```

```
function::variable
```

可以通过这种形式指定想要查看哪个文件中的或哪个函数中的变量。例如，查看 main 函数中的局部变量 i 的值。

```
(gdb) p 'main'::i
$3 = 1
```

3）数组。

调试程序时常常需要查看一段连续的内存空间的值，例如一段数组或动态分配的数据的大小。可以使用 GDB 的"@"操作符，"@"的左边是第一个内存地址的值，"@"的右边则是想查看内存的长度。

在 tstgdb.c 程序的 main 函数中添加以下语句，定义一个整型数组 array。

```
main()
{
    int i;
    long result = 0;
    int len=100;
    int *array = (int *) malloc (len * sizeof (int));
    for(i=1; i<=100; i++)
    {
        array[i]=i;
        result += i;
    }
    printf("result[1-100] = %f \n", result );
    printf("result[1-250] = %d \n", func(250) );
}
```

在 GDB 调试过程中可以以如下命令显示这个动态数组的取值：

```
Breakpoint 1, main () at tst.c:25
25          printf("result[1-100] = %ld \n", result );
(gdb) p *array@len
$1 = {0, 1, 2, 3, 4, 5, 6, 7, 8, 9, 10, 11, 12, 13, 14, 15, 16, 17, 18, 19,
    20, 21, 22, 23, 24, 25, 26, 27, 28, 29, 30, 31, 32, 33, 34, 35, 36, 37, 38,
    39, 40, 41, 42, 43, 44, 45, 46, 47, 48, 49, 50, 51, 52, 53, 54, 55, 56, 57,
    58, 59, 60, 61, 62, 63, 64, 65, 66, 67, 68, 69, 70, 71, 72, 73, 74, 75, 76,
    77, 78, 79, 80, 81, 82, 83, 84, 85, 86, 87, 88, 89, 90, 91, 92, 93, 94, 95,
    96, 97, 98, 99}
```

@的左边是数组首地址的值，也就是变量 array 所指向的内容，右边则是数据的长度，其保存在变量 len 中。如果是静态数组，可以直接用 print 数组名显示数组中所有数据的内容了。

4）查看内存。

可以使用 examine 命令（简写是 x）查看内存地址中的值。x 命令的语法如下所示：

```
x/<n/f/u> <addr>
```

<n/f/u>是可选的参数，<addr>表示一个内存地址。

n 是一个正整数，表示显示内存的长度，也就是说，从当前地址向后显示几个地址的内容。

f 表示显示的格式。GDB 会根据变量的类型输出变量的值。但也可以自定义 GDB 的输出格式。例如，想要输出一个整数的十六进制或二进制来查看这个整型变量中的位的情况。如果地址所指的是字符串，那么格式可以是 s。GDB 常用的输出格式如下：

- ➢ x：按十六进制格式显示变量。
- ➢ d：按十进制格式显示变量。
- ➢ u：按十六进制格式显示无符号整型。
- ➢ o：按八进制格式显示变量。
- ➢ t：按二进制格式显示变量。
- ➢ a：按十六进制格式显示变量。
- ➢ c：按字符格式显示变量。
- ➢ f：按浮点数格式显示变量。

u 表示从当前地址往后请求的字节数，如果不指定的话，GDB 默认是 4Byte。u 参数可以用这些字符来代替，b 表示单字节，h 表示双字节，w 表示四字节，g 表示八字节。当指定了字节长度后，GDB 会从指定的内存地址开始读写指定字节，并把其当作一个值取出来。

在 GDB 调试过程中查看 array 数组对应的内存值，先获取 array 数组的内存地址，然后使用 examine 命令显示内存值。

```
(gdb) p/a array
$4 = 0x804b008
(gdb) x /100  0x804b008
0x804b008:   0x0 0x0 0x1 0x0 0x2 0x0 0x3 0x0
0x804b018:   0x4 0x0 0x5 0x0 0x6 0x0 0x7 0x0
0x804b028:   0x8 0x0 0x9 0x0 0xa 0x0 0xb 0x0
0x804b038:   0xc 0x0 0xd 0x0 0xe 0x0 0xf 0x0
0x804b048:   0x10    0x0 0x11    0x0 0x12    0x0 0x13    0x0
0x804b058:   0x14    0x0 0x15    0x0 0x16    0x0 0x17    0x0
0x804b068:   0x18    0x0 0x19    0x0 0x1a    0x0 0x1b    0x0
0x804b078:   0x1c    0x0 0x1d    0x0 0x1e    0x0 0x1f    0x0
0x804b088:   0x20    0x0 0x21    0x0 0x22    0x0 0x23    0x0
0x804b098:   0x24    0x0 0x25    0x0 0x26    0x0 0x27    0x0
0x804b0a8:   0x28    0x0 0x29    0x0 0x2a    0x0 0x2b    0x0
0x804b0b8:   0x2c    0x0 0x2d    0x0 0x2e    0x0 0x2f    0x0
0x804b0c8:   0x30    0x0 0x31    0x0
```

3. 查看源程序

在程序编译时一定要加上 -g 参数，把源程序信息编译到执行文件中。由于程序里记录的调试信息告诉 GDB 程序是由哪些文件编译的，当程序中断时，GDB 会报告程序停在了哪个文件的第几行上，可以用 list 命令来打印程序的源代码。

1）打印源代码行。

要打印源文件里的代码行，可以用 list 命令，list 默认一次打印 10 行代码。有几种方式指定打印文件的哪部分代码，也可指定打印的行数，指定代码位置见表 4-10。

表 4-10　指定代码位置的方式

关键字	作用
list	显示多行源代码，从上次的位置开始显示，一次显示 10 行
list <linenum>	显示程序第 linenum 行的周围的源代码
list <function>	显示函数名为 function 的函数的源代码
list <first>, <last>	显示从 first 行到 last 行之间的源代码

由于 GDB 是源码级的调试器，位置通常是指源代码里的某一行。<linenum>指当前源文件的行数。<+offset>指从当前行偏移的行数，当前行是最近打印过的代码。

一般是打印当前行的上 5 行和下 5 行，如果显示函数是上 2 行下 8 行，默认是 10 行，当然也可以定制显示的范围，使用下面命令可以设置一次显示源代码的行数，见表 4-11。

表 4-11　设置一次显示源代码的行数

关键字	作用
set listsize <count>	设置一次显示源代码的行数
show listsize	查看当前 listsize 的设置

2）搜索源文件。

GDB 提供了两个源文件搜索的命令，与正则表达式配合在当前文件中搜索需要的代码行。搜索命令如下所示：

```
//向前面搜索
forward-search <regexp>
search <regexp>
//全部搜索
reverse-search <regexp>
```

forward-search <regexp>命令是从最近列出的行开始检查每一行，查找正则表达式<regexp>的匹配项。search <regexp>与缩写命令 fo 作用相同。

reverse-search <regexp>命令是从最近列出的行往后查找每一行，缩写命令 rev。

任务 4.3　工程管理工具 Makefile

一个软件项目通常会包含几十个甚至上百个文件，如果每次编译都通过命令行手动编译会很麻烦而且效率低。或许很多 Windows 程序员都不知道这个工程管理工具，因为 Windows IDE 都做了这项工作。Linux 中同样有一个功能强大、使用方便的工程管理工具——make。Linux 环境下的程序员如果不会使用 GNU make 来构建和管理自己的工程，就不算是一个合格的程序员。在 Linux 环境下使用 GNU 的 make 工具能够轻松构建一个工程，整个工程的编译只需要一个命令就可以完成编译、链接甚至是最后的执行。当然，这需要完成一个或者多个称之为 Makefile 的文件，此文件是 make 工具正常工作的基础。是否会编写 Makefile，从一个侧面说明了程序员是否具备完成大型工程的能力。

Makefile 文件描述了整个工程的编译、链接等规则，包括工程中的哪些源文件需要编译以及如何编译、需要创建哪些库文件以及如何创建这些库文件、如何产生可执行文件。

make 是一个命令工具，它解释 Makefile 中的指令、规则。在 Makefile 文件中描述了整个工程所有文件的编译顺序、编译规则。Makefile 有自己的书写格式、关键字、函数，像 C 语言有自己的格式、关键字和函数一样。而且在 Makefile 中可以使用系统 Shell 所提供的任何命令来完成想要的工作。

4.3.1　Makefile 文件

Make 程序需要 Makefile 文件来告诉它做什么，Makefile 文件是 make 工具读入的唯一的配置文件。当使用 make 工具进行编译时，工程中的以下几种文件在执行 make 时将会被编译（重新编译）：

Makefile 文件

> 若所有源文件都没有被编译过，则对各个 C 源文件进行编译并进行链接，生成最后的可执行程序。
> 每一个在上次执行 make 之后修改过的 C 源代码文件在本次执行 make 时将会被重新编译。
> 若头文件在上一次执行 make 之后被修改，则所有包含此头文件的 C 源文件在本次执行 make 时将会被重新编译。

后两种情况是 make 只将修改过的 C 源文件重新编译生成.o 文件，对于没有修改的文件不进行任何操作。在重新编译过程中，任何一个源文件的修改都将产生新的对应的.o 文件，新的.o 文件将和以前的已经存在、此次没有重新编译的.o 文件重新链接生成最后的可执行程序。

下面将讨论 edit 项目的 Makefile 文件，学习 Makefile 的基本规则和 make 程序如何处理 Makefile 文件。编写一个简单的 Makefile 文件来描述如何创建最终的可执行文件 edit，该可执行文件依赖于 8 个 C 源文件和 3 个头文件。Makefile 文件的内容如下：

```
#sample Makefile
edit : main.o kbd.o command.o display.o \
insert.o search.o files.o utils.o
cc -o edit main.o kbd.o command.o display.o \
insert.o search.o files.o utils.o
main.o : main.c defs.h
cc -c main.c
kbd.o : kbd.c defs.h command.h
cc -c kbd.c
command.o : command.c defs.h command.h
cc -c command.c
display.o : display.c defs.h buffer.h
cc -c display.c
insert.o : insert.c defs.h buffer.h
cc -c insert.c
search.o : search.c defs.h buffer.h
cc -c search.c
files.o : files.c defs.h buffer.h command.h
cc -c files.c
utils.o : utils.c defs.h
```

```
cc -c utils.c
clean :
rm edit main.o kbd.o command.o display.o \
insert.o search.o files.o utils.o
```

Makefile 文件中主要包含了五项内容：显式规则、隐含规则、变量定义、文件指示和注释。

➢ 显式规则。显式规则说明如何生成一个或多个目标文件，指明生成文件、依赖文件、生成命令。

➢ 隐含规则。make 在没找到显式规则的情况下，会自动使用一组规则，这些规则是预先定义好的。

➢ 变量定义。在 Makefile 中要定义一系列的变量，变量一般是字符串，类似 C 语言中的宏，当 Makefile 被执行时，其中的变量都会被扩展到相应的引用位置上。

➢ 文件指示。包括了三个部分，一个是在一个 Makefile 中引用另一个 Makefile。另一个是指根据某些情况指定 Makefile 中的有效部分。第三个是定义一个多行的命令。

➢ 注释。Makefile 中只有行注释，和 UNIX 的 Shell 脚本一样，其注释用"#"字符。在包含此 Makefile 的目录下输入命令 make 创建可执行程序 edit。make clean 命令用于删除此目录下之前使用 make 生成的文件（包括那些中间过程的.o 文件）。

当在 Shell 提示符下输入"make"命令以后，make 读取当前目录下的 Makefile 文件，并将 Makefile 文件中的第一个目标作为其执行的"终极目标"，开始处理第一个规则（终极目标所在的规则）。在例子中，第一个规则就是目标 edit 所在的规则。规则描述了 edit 的依赖关系，并定义了链接.o 文件生成目标 edit 的命令；make 在执行这个规则所定义的命令之前，首先处理目标 edit 的所有依赖文件（例子中的那些.o 文件）的更新规则（以这些.o 文件为目标的规则）。对这些.o 文件的处理有下列三种情况：

➢ 目标.o 文件不存在，使用其描述规则创建它。

➢ 目标.o 文件存在，目标.o 文件所依赖的.c 源文件、.h 文件中的任何一个比目标.o 文件"更新"（在上一次 make 之后被修改），则根据规则重新编译生成它。

➢ 目标.o 文件存在，目标.o 文件比它的任何一个依赖文件（.c 源文件、.h 文件）"更新"（它的依赖文件在上一次 make 之后没有被修改），则什么也不做。

这些.o 文件所在的规则之所以会被执行，是因为这些.o 文件出现在"终极目标"的依赖列表中。在 Makefile 中一个规则的目标如果不是"终极目标"所依赖的（或者"终极目标"的依赖文件所依赖的），那么这个规则将不会被执行，除非明确指定执行这个规则（可以通过 make 的命令行指定重建目标，那么这个目标所在的规则就会被执行，例如 make clean）。在编译或者重新编译生成一个.o 文件时，make 同样会去寻找它的依赖文件的重建规则（规则为：这个依赖文件在规则中作为目标出现），在这里就是.c 和.h 文件的重建规则。在上例的 Makefile 中没有哪个规则的目标是.c 或者.h 文件，所以没有重建.c 和.h 文件的规则。

完成了对.o 文件的创建（第一次编译）或者更新之后，make 程序将处理终极目标 edit 所在的规则，分为以下三种情况：

➢ 目标文件 edit 不存在，则执行规则以创建目标 edit。

➢ 目标文件 edit 存在，其依赖文件中有一个或者多个文件比它"更新"，则根据规则重新链接生成 edit。

➢ 目标文件 edit 存在，且比它的任何一个依赖文件都"更新"，则什么也不做。

目标 clean 不是一个文件，它仅仅代表执行一个动作的标识。正常情况下，不需要执行这个规则所定义的动作，因此目标 clean 没有出现在其他任何规则的依赖列表中。因此在执行 make 时，它所指定的动作不会被执行。除非在执行 make 时明确地指定它。而且目标 clean 没有任何依赖文件，它只有一个目的，就是通过这个目标名来执行它所定义的命令。Makefile 中把那些没有任何依赖只有执行动作的目标称为"伪目标"（phony target）。若要执行 clean 目标所定义的命令，可在 Shell 下输入 make clean 命令。

4.3.2　Makefile 的规则

Makefile 的基本规则虽然简单但变化丰富，手工书写较大工程的 Makefile 并不容易，所幸有 Autoconf 和 Automake 工具可以自动生成 Makefile 文件。通常只需要能读懂 Makefile 文件的内容并略作修改就可以。下面介绍 Makefile 的规则，详细内容可参考 Man 手册。

Makefile 的
规则

Makefile 内容的核心是一系列规则，规则告诉了 make 程序要做的事情，以及做这件事情依赖的条件，目标文件的内容由依赖文件决定。依赖文件的任何一处改动，都将导致目前已经存在的目标文件的内容过期。基本格式如下：

```
TARGETS : PREREQUISITES
COMMAND
```

Target（目标）：通常是要产生的文件名称，也可以是一个执行的动作名称。

一个规则告诉 make 两件事：①目标在什么情况下过期；②如果需要重建目标，如何去重建这个目标。目标是否过期是由那些使用空格分割的规则的依赖文件所决定的。当目标文件不存在或者目标文件的最后修改时间比依赖文件中的任何一个晚时，目标就会被创建或者重建。就是说，执行规则命令行的前提条件是以下两者之一：①目标文件不存在；②目标文件存在，但是规则的依赖文件中存在一个依赖的最后修改时间比目标的最后修改时间晚。

Prerequisites 也就是目标所依赖的文件（或依赖目标）。如果其中的某个文件要比目标文件新，那么，目标就被认为是"过时的"，被认为是需要重新生成的。

Command 是命令行，是 make 执行的动作，一个规则可以含有几条命令，每条命令占一行。如果其不与 target:prerequisites 在一行，那么，必须以〈Tab〉键开头；如果和 prerequisites 在一行，那么可以用分号作为分隔。

4.3.3　Makefile 的变量

变量是在 Makefile 中定义的名字，用来代替一个文本字符串，该文本字符串称为该变量的值，这些值代替目标、依赖、命令以及 Makefile 文件中的其他部分。

Makefile 的
变量

在 Makefile 中，变量有以下几个特征：

➢ Makefile 中变量和函数的展开（除规则命令行中的变量和函数以外），是在 make 读取 Makefile 文件时进行的，这里的变量包括使用"="和指示符"define"定义的变量。

➢ 变量可以用来代表一个文件名列表、编译选项列表、程序运行的选项参数列表、搜索源

文件的目录列表、编译输出的目录列表等。

➢ 变量名是不包括:、#、=、前置空白和尾空白的任何字符串。需要注意的是，尽管在 GNU make 中没有对变量的命名有其他限制，但定义一个包含除字母、数字和下画线以外的变量的做法也是不可取的，因为除字母、数字和下画线以外的其他字符可能会在 make 的后续版本中被赋予特殊含义，并且这样命名的变量对于一些 Shell 来说是不能被作为环境变量来使用的。

➢ 变量名是区分大小写的。变量 foo、Foo 和 FOO 指的是三个不同的变量。Makefile 的传统做法是变量名全采用大写的方式。推荐的做法是在对于内部定义的一般变量（例如：目标文件列表 objects）使用小写方式，而对于一些参数列表（例如：编译选项 CFLAGS）采用大写方式，但这并不是必须的。

➢ 另外有一些变量名只包含了一个或者很少的几个特殊字符（符号），称它们为自动化变量。像$<、$@、$?、$*等。

下面将使用变量修改完善 edit 项目的 Makefile 文件。

```
edit : main.o kbd.o command.o display.o \
insert.o search.o files.o utils.o
cc -o edit main.o kbd.o command.o display.o \
insert.o search.o files.o utils.o
```

在这个规则中.o 文件列表出现了两次。第一次：作为目标 edit 的依赖文件列表出现，第二次：规则命令行中作为 cc 的参数列表。如果需要为目标 edit 增加一个依赖文件，就需要在两个地方添加（依赖文件列表和规则的命令行中）。如果添加时在 edit 的依赖列表中加入了，但忘记了在命令行中添加，或者相反，会给后期的维护和修改带来很多不方便。为了避免这个问题，在实际工作中大家都比较认同的方法是，使用一个变量 objects、OBJECTS、objs、OBJS、obj 或者 OBJ 来作为所有.o 文件的列表的替代。在使用到这些文件列表的地方，使用此变量来代替。在上例的 Makefile 中可以添加这样一行：

```
objects = main.o kbd.o command.o display.o \
insert.o search.o files.o utils.o
```

objects 作为一个变量，它代表所有.o 文件的列表。在定义了此变量后，就可以在需要使用.o 文件列表的地方使用 "$(objects)" 来表示它，而不需要罗列所有的.o 文件。因此上例的规则就可以这样写：

```
objects = main.o kbd.o command.o display.o \
insert.o search.o files.o utils.o
edit : $(objects)
cc -o edit $(objects)
...
clean :
rm edit $(objects)
```

在使用 make 编译.c 源文件时，编译.c 源文件规则的命令可以不用明确给出。因为 make 本身存在一个默认的规则，能够自动完成对.c 文件的编译并生成对应的.o 文件。它执行命令 "cc -c" 来编译.c 源文件。在 Makefile 中只需要给出需要重建的目标文件名（一个.o 文件），make 会自动为这个.o 文件寻找合适的依赖文件（对应的.c 文件。对应是指两个文件的文件名除后缀外其余都相同），而且使用正确的命令来重建这个目标文件。对于上边的例子，此默认规则就使用命令"cc -c main.c -o main.o"来创建文件 main.o。对一个目标文件是 N.o，依赖文件是 N.c 的规则，完全可以省略其规则的命令行，而由 make 自身决定使用默认命令。此默认规则称为 make 的隐含规则。

因此在书写 Makefile 时可以省略掉描述.c 文件和.o 文件依赖关系的规则，而只需要给出那些特定的规则描述（.o 目标文件所需要的.h 文件）。因此上文的例子就可以以更加简单的方式书写，同样使用变量 objects。Makefile 内容如下：

```
#    sample Makefile
objects = main.o kbd.o command.o display.o \
          insert.o search.o files.o utils.o

edit : $(objects)
cc -o edit $(objects)

main.o : defs.h
kbd.o : defs.h command.h
command.o : defs.h command.h
display.o : defs.h buffer.h
insert.o : defs.h buffer.h
search.o : defs.h buffer.h
files.o : defs.h buffer.h command.h
utils.o : defs.h

.PHONY : clean
clean :
rm edit $(objects)
```

Makefile 文件的书写规则建议的方式是：单目标，多依赖。也就是说，尽量做到一个规则中只存在一个目标文件，可有多个依赖文件。尽量避免多目标、单依赖的方式。这种格式的 Makefile 更接近于实际应用。make 的隐含规则在实际工程的 make 中会经常使用，它使得编译过程变得方便。几乎在所有 Makefile 中都用到了 make 的隐含规则，make 的隐含规则是非常重要的一个概念。

"隐含规则"为 make 提供了重建一类目标文件通用方法，不需要在 Makefile 中明确给出重建特定目标文件所需要的细节描述。例如，make 对 C 文件的编译过程是由.c 源文件编译生成.o 目标文件。当 Makefile 中出现一个.o 文件目标时，make 会使用这个通用的方式将后缀为.c 的文件编译称为.o 目标文件。

另外，在执行 make 时根据需要也可能使用多个隐含规则。例如，make 将从一个.y 文件生成对应的.c 文件，最后再生成最终的.o 文件。就是说，只要目标文件名中除后缀以外其他部分相同，make 都能够使用若干个隐含规则来最终产生这个目标文件（当然，最原始的那个文件必须存在）。例如：可以在 Makefile 中这样来实现一个规则："foo : foo.h"，只要在当前目录下存在 foo.c 这个文件，就可以生成 foo 可执行文件。

内嵌的隐含规则在其所定义的命令行中会使用到一些变量（通常也是内嵌变量）。可以通过改变这些变量的值来控制隐含规则命令的执行情况。例如：内嵌变量 CFLAGS 代表了 GCC 编译器编译源文件的编译选项，就可以在 Makefile 中重新定义它，来改变编译源文件所要使用的参数。

4.3.4　规则的命令

规则的命令由一些 Shell 命令行组成，它们被一条一条地执行。规则中除了第一条紧跟在依赖列表之后使用分号隔开的命令以外，其他的每一行命令行必须以[Tab]字符开始。多个命令行之间可以有空行和注释行（所谓空行，就是不包含任何字符的一行。如果以[Tab]字符开始而其后没有命令的行，此行不是空行，是空命令行），在执行规则时空行被忽略。

通常，系统中可能存在多个不同的 Shell。但在 make 处理 Makefile 过程中，如果没有明确指定，那么对所有规则中命令行的解析使用"/bin/sh"来完成。

执行过程所使用的 Shell 决定了规则中的命令语法和处理机制。当使用默认的"/bin/sh"时，命令中出现的字符"#"到行末的内容被认为是注释。"#"可以不在此行的行首，此时"#"之前的内容不会被作为注释处理。make 解析 Makefile 文件时，对待注释也是采用同样的处理方式。

make 在执行命令行之前会把要执行的命令行输出到标准输出设备，即"回显"，就好像在 Shell 环境下输入命令执行时一样。如果规则的命令行以字符"@"开始，则 make 在执行这个命令时就不会回显将要被执行的命令。典型的用法是在使用 echo 命令输出一些信息时。如：@echo 开始编译×××模块。

如果使用 make 的命令行参数"-n"或"--just-print"，那么 make 执行时只显示所要执行的命令，但不会真正地去执行这些命令。只有在这种情况下，make 才会打印出所有 make 需要执行的命令，其中也包括使用"@"字符开始的命令。这个选项对于调试 Makefile 非常有用，使用这个选项可以按执行顺序打印出 Makefile 中所有需要执行的命令。

而 make 参数"-s"或"--slient"则是禁止所有执行命令的显示，就好像所有的命令行均使用"@"开始一样。在 Makefile 中使用没有依赖的特殊目标".SILENT"也可以禁止命令的回显，但是它不如使用"@"灵活，推荐使用"@"来控制命令的回显。

在 Shell 提示符下输入 make 命令后，make 将读取当前目录下的 Makefile 文件，并将 Makefile 文件中的第一个目标作为其终极目标，开始处理第一个规则。规则除了完成源代码编译之外，也可以完成其他任务。例如前文提到的为了实现清除当前目录中编译过程中产生的临时文件（edit 和那些.o 文件）的规则：

```
clean :
rm edit $(objects)
```

这样一个目标，在 Makefile 中不能将其作为终极目标（Makefile 的第一个目标）。因为我们的初衷并不是在命令行上输入 make 以后执行删除动作，而是在输入 make 以后需要对目标 edit 进行创建或者重建。因为目标 clean 没有出现在终极目标 edit 的依赖关系中，所以执行 make 时，目标 clean 所在的规则将不会被处理。当需要执行此规则时，要在 make 的命令行选项中明确指定这个目标（执行 make clean）。

在实际应用时，需要修改这个规则以防止出现始料未及的情况。

```
.PHONY : clean
clean :
-rm edit $(objects)
```

这两个实现有两点不同：①通过".PHONY"特殊目标将 clean 目标声明为伪目标。避免当磁盘上存在一个名为 clean 的文件时，目标 clean 所在规则的命令无法执行。②在命令行之前使用 "-"，意思是忽略命令 rm 的执行错误。规则中的命令在运行结束后，make 会检测命令执行的返回状态，如果返回成功，那么就启动一个子 Shell 来执行下一条命令。规则中的所有命令执行完成之后，这个规则就执行完成了。如果一个规则中的某一个命令出错（返回非 0 状态），make 就会放弃对当前规则后续命令的执行，也有可能会终止所有规则的执行。

一些情况下，规则中的一条命令执行失败并不代表规则执行的错误。例如使用 mkdir 命令来确保存在一个目录，当此目录不存在时就建立这个目录，当目录存在时，mkdir 就会执行失败。其实，我们并不希望 mkdir 在执行失败后终止规则的执行。为了忽略一些无关命令执行失败的情况，可以在命令之前加一个字符 "-"（在[Tab]字符之后），来告诉 make 忽略此命令的执行失败。命令中的 "-" 字符会在 Shell 解析并执行此命令之前被去掉，Shell 所解释的只是纯粹的命令，"-" 字符是由 make 来处理的。

拓展阅读

我国发布的《中华人民共和国国民经济和社会发展第十四个五年计划和 2035 年远景目标纲要》中提到："……支持数字技术开源社区等创新联合体发展，完善开源知识产权和法律体系，鼓励企业开放软件源代码、硬件设计和应用服务。"开源被明确列入了国家发展规划，并特别点出了开源硬件。

开源模式不仅仅是一种商业模式，也是一种生态构建方法，是一种复杂的系统开发方法，更蕴含着一种精神。开源不仅仅是公开源代码，更重要的是协作开发流程的建立与社区治理机制的建设。

开源模式自 20 世纪 80 年代兴起以来，改变了软件产业的发展模式，重塑了软件产业的格局。最近 15 年，云计算、移动互联网、大数据、人工智能、区块链等新兴产业的核心技术无一例外都是基于开源软件构建。甚至中国移动互联网产业的发展壮大、领先世界也得益于开源软件。如今开源正从软件向硬件扩展，以开放指令集 RISC-V 为代表的开源芯片正受到全世界越来越多的关注，也成为中国在处理器生态领域突围的一条可行道路。

开源是一种共享共治的精神。开源是一种新的路线，是共享经济模式在信息技术领域的体现，是构建信息技术生态的共治道路，其核心理念与 5G 通信技术发展模式相同，即全世界共同制定标准规范，各国企业根据标准规范自主实现产品，投入多、贡献大则主导权大。

开源是一种鼓励奉献的精神。科研人员将其科研成果开源，让更多人更容易地站到巨人的肩膀上发挥他们的创造力，推动全人类的技术进步。如果说 "两弹一星" 精神是科研人员对国家的奉献精神，那么开源精神则是科研人员对产业的奉献精神，是习近平总书记提出的 "人类命运共同体" 理念在信息技术领域的最好体现。

实操练习

NTP（Network Time Protocol，网络时间协议）用于时间同步，它可以提供高精准度的时间

校正（其精度在 LAN 可达 1mm 以内，在 WAN 上可以达到几十毫秒以内），且可通过加密确认的方式来防止恶意攻击。

NTP 通过交换时间服务器和客户端的时间戳计算出客户端相对于服务器的时延和偏差，从而实现时间的同步。计算机主机一般同多个时间服务器连接，利用统计学的算法过滤来自不同服务器的时间，以选择最佳的路径和来源来校正主机时间。即使主机在长时间无法与某时间服务器相连接的情况下，NTP 服务依然可以有效运转。

时间信息的传输都使用 UDP。

NTP 协议格式：

```
NTP packet = NTP header + Four TimeStamps = 48byte
NTP header : 16byte
+-+-+-+-+-+-+-+-+-+-+-+-+-+-+-+-+-+-+-+-+-+-+-+-+-+-+-+-+-+-+-+-
|LI | VN |Mode | Stratum | Poll | Precision |
+-+-+-+-+-+-+-+-+-+-+-+-+-+-+-+-+-+-+-+-+-+-+-+-+-+-+-+-+-+-+-+-
LeapYearIndicator : 2bit
VersionNumber : 3bit
Stratum : 8bit
Mode : 3 bit
PollInterval : 8 bit
Percision : 8bit
| Root Delay |
+-+-+-+-+-+-+-+-+-+-+-+-+-+-+-+-+-+-+-+-+-+-+-+-+-+-+-+-+-+-+-+-
Root delay : 32bit
| Root Dispersion |
+-+-+-+-+-+-+-+-+-+-+-+-+-+-+-+-+-+-+-+-+-+-+-+-+-+-+-+-+-+-+-+-
Root Dispersion : 32bit
| Reference Identifier |
+-+-+-+-+-+-+-+-+-+-+-+-+-+-+-+-+-+-+-+-+-+-+-+-+-+-+-+-+-+-+-+-
Reference Identifier : 32bit
Four TimeStamps : 32byte
+-+-+-+-+-+-+-+-+-+-+-+-+-+-+-+-+-+-+-+-+-+-+-+-+-+-+-+-+-+-+-+-
| Reference Timestamp |
+-+-+-+-+-+-+-+-+-+-+-+-+-+-+-+-+-+-+-+-+-+-+-+-+-+-+-+-+-+-+-+-
Reference Timestamp : 64bit
| Originate Timestamp |
+-+-+-+-+-+-+-+-+-+-+-+-+-+-+-+-+-+-+-+-+-+-+-+-+-+-+-+-+-+-+-+-
Originate Timestamp : 64bit
| Receive Timestamp |
+-+-+-+-+-+-+-+-+-+-+-+-+-+-+-+-+-+-+-+-+-+-+-+-+-+-+-+-+-+-+-+-
Receive Timestamp : 64bit
| Transmit Timestamp |
+-+-+-+-+-+-+-+-+-+-+-+-+-+-+-+-+-+-+-+-+-+-+-+-+-+-+-+-+-+-+-+-
Transmit Timestamp : 64bit
| Authenticator (optional) (96) |
+-+-+-+-+-+-+-+-+-+-+-+-+-+-+-+-+-+-+-+-+-+-+-+-+-+-+-+-+-+-+-+-
```

SNTP 算是 NTP 的一个子集，它不像 NTP 可以同时和多台服务器对时，它一般在客户端下使用。

　　NTP 相关资料如下：http://www.ntp.org/，http://archive.ntp.org/ntp4/。

习题

1．GCC 编译程序时，编译过程可以分为哪四个阶段？它们分别完成哪些工作？

2．GDB 主要帮忙完成哪四个方面的功能？

3．请说明 Makefile 的显式规则、隐含规则、变量定义、文件指示的作用。

项目 5　构建嵌入式 Linux 开发环境

项目描述

很多初学者都希望有一套开发板，目前市场上可供选择的开发板有很多，流行的主要有 51、Arduino、ARM（STM、NXP）、IoT、RISC-V、Linux、树莓派等几大类。

Arduino 开发板是一类定制的开发板，开发起来相对单片机更简单，它在单片机的基础上，把底层很多东西都做好了，开发者不需要熟悉各种寄存器外设等功能。除 51 内核之外，现在大部分开发板都属于 ARM 内核，包括现在手机里面的处理器也大多是 ARM 内核的芯片。比如：ARM9××、ARM11××、STM32××、LPC××、iMX RT×× 等各种系列的开发板。其中一部分支持 Linux 操作系统的开发板，如天嵌、友善之臂等以三星的 S3C2440 为核心的开发板，接口资源比较丰富，技术成熟，资料较多，出现问题可以很容易找人解决，十分适合初学者。树莓派是最近几年很流行的开发板，它也是基于 Linux 操作系统做了一些定制化的开发，更方便开发者学习。Raspberry Pi 4B 采用四核 64 位的 ARM Cortex-A72 架构 CPU，功能非常强大。

项目目标

知识目标
1. 了解开发板软硬件资源
2. 了解 Linux+QT 系统
3. 掌握交叉编译相关知识

技能目标
1. 安装与体验 Linux+QT 系统
2. 使用 Linux 下的 minicom 仿真终端
3. 配置 ARM 虚拟机
4. 配置交叉编译环境
5. SQLite 移植与使用

素质目标
1. 具有团队协作精神，具备沟通交流、自我学习的能力
2. 具备良好的职业能力和职业素养
3. 具备良好的编写代码习惯，提高代码规范性、准确性和易读性

任务 5.1　熟悉嵌入式 Linux 开发环境

嵌入式系统开发需要选择一款满足要求的开发板作为开发和测试的原形系统。目前市场上

ARM9 的开发板很多，如友善之臂等，它们都以 S3C2440 为核心。下面介绍的开发板采用的就是友善之臂的Micro2440。

5.1.1　熟悉开发板硬件资源

熟悉开发板硬件资源

Micro2440 开发板由 Micro2440 核心板和 Micro2440SDK 底板组成。Micro2440 开发板硬件结构如图 5-1 所示。

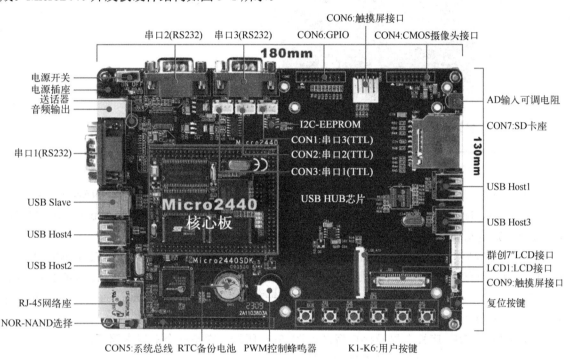

图 5-1　Micro2440 开发板硬件结构图

图 5-2 所示为 Micro2440 核心板布局图。Micro2440 是一个最小系统板，它包含最基本的电源电路、复位电路、标准 JTAG 调试口、用户调试指示灯、核心的 CPU 和存储单元等。Micro2440 硬件资源配置如下。

- ➢ CPU：Samsung S3C2440A，主频 400MHz，最高 533MHz。
- ➢ SDRAM：64MB SDRAM、32bit 数据总线、时钟频率 100MHz。
- ➢ Flash Memory：64MB NAND Flash，以及 2MB NOR Flash，掉电非易失。
- ➢ 接口和资源：
  - ● 1 个 56 Pin 2.0mm 间距 GPIO 接口 PA。
  - ● 1 个 50 Pin 2.0mm 间距 LCD & CMOS CAMERA 接口 PB。
  - ● 1 个 56 Pin 2.0mm 间距系统总线接口 PC。
  - ● 在板复位电路。
  - ● 在板 10 Pin 2.0mm 间距 JTAG 接口。
  - ● 4 个用户调试灯。

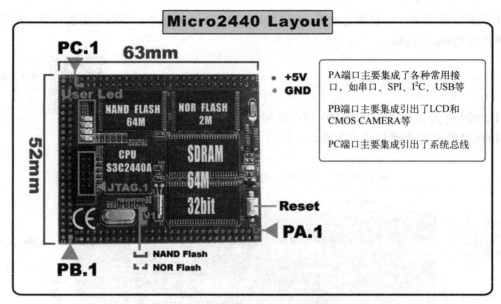

图 5-2　Micro2440 核心板布局图

　　Micro2440 具备两种 Flash，一种是 NOR Flash，大小为 2MB，另一种是 NAND Flash，大小为 256MB。NOR Flash 里面存放着不经常更改的 BIOS，例如 U-BOOT、supervivi。NAND Flash 里面则烧写完整的系统程序，例如 BootLoader、内核、文件系统等。

　　实际的产品使用 NAND Flash 就够了，为了方便开发学习还保留了 NOR Flash。NAND Flash 没有地址线，它有专门的控制接口与 CPU 相连，数据总线的宽度为 8bit。S3C2440 支持两种启动模式：一种是从 NAND Flash 启动，另一种是从 NOR Flash 启动，通过跳线 J1 可以选择从 NAND Flash 或 NOR Flash 启动系统。

　　Micro2440SDK 底板布局及接口资源如图 5-1 所示，它是一个双层电路板，为了方便用户学习开发参考使用，上面引出了常见的各种接口。

　　开发板总共有 6 个用户测试用按键，它们均从核心板的 CPU 中断引脚直接引出，属于低电平触发，这些引脚也可以复用为 GPIO 和特殊功能口。

　　S3C2440 本身总共有 3 个串口 UART0/1/2，其中 UART0/1 可组合为一个全功能的串口。在大部分的应用中只用到 3 个简单的串口功能，即通常所说的发送（TXD）和接收（RXD），它们分别对应板上的 CON1、CON2、CON3。

　　开发板具有两种 USB 接口，一个是 USB Host，它通过一个 USB HUB 芯片扩展为 4 个 USB Host 接口，这和普通 PC 的 USB 接口是一样的。另外一种是 USB Slave，一般使用它来下载程序到开发板。

　　开发板采用了 DM9000 网卡芯片，它可以自适应 10/100M 网络。S3C2440 带有 CMOS 摄像头接口，在开发板上通过 CON4 接口引出。

5.1.2　熟悉开发板软件资源

熟悉开发板软件资源

　　在了解了开发板的硬件资源后，还需要了解与开发板配套提供的软件资源。可以在友善之臂官网下载 Micro2440-dvd-image.iso 光盘镜像文件，在后续学习过程中经常需要使用该镜像文件内容。下面介绍与 Linux 嵌入式项目开发有关的目录下的资源。

1．Images

烧写文件映像目录，该目录中存放了可直接烧写到开发板的所有文件，均为二进制可执行文件，其中包括 Linux、Windows CE 5.0、μC/OS-Ⅱ、裸机测试程序等。

2．Linux

Linux 开发包目录，该文件夹中包含了开发 Linux 所用到的交叉编译链工具、内核源代码（内含各种驱动程序源代码）、应用程序示例程序、文件系统制作工具以及文件系统源目录包等资料。Linux 目录内容见表 5-1。

表 5-1 Linux 目录内容

目录	文件
arm-linux-gcc-3.4.1.tgz	3.4.1 版本的 arm-linux 交叉编译工具链
linux-2.6.13-mini2440-20080910.tgz	内核源代码包
busybox-1.2.0.tgz	Linux 命令工具集源代码包
arm-qtopia.tgz	ARM 版本的嵌入式图形界面 Qtopia 的源代码包
mkyaffsimage.tgz	制作 YAFFS 文件系统所使用的工具
examples.tgz	Linux 应用开发示例，包括如何操作驱动设备：LED、按键、网络编程、数学函数调用、C++示例、线程编程示例等
root_nfs.tgz	NFS 启动时需要的文件系统目录
root_qtopia_mouse.tgz	root_qtopia_mouse.img 对应的文件系统包
root_qtopia_tp.tgz	root_qtopia_tp.img 对应的文件系统包
vivi.tgz	BootLoader-vivi 源代码包

3．OpenSourceBootLoader

基于 S3C2440 系统有很多常见的 BootLoader，OpenSourceBootLoader 目录内容见表 5-2。

表 5-2 OpenSourceBootLoader 目录内容

目录	文件
u-boot-1.1.6-FA24x0.tar.gz	u-boot-1.1.6 源代码包
vivi.tgz	基于三星 vivi 且适用于本开发板的 vivi 源代码包，支持 NOR Flash 或 NAND Flash 启动
YL2440A_MON.rar	深圳优龙公司基于三星 2440mons USB 下载监控程序修改而来的 BootLoader 源代码

在使用新的嵌入式开发板之前仔细阅读开发手册，浏览提供的光盘资源是非常必要的。

任务 5.2 安装与体验 Linux+Qt 系统

开发 Windows 应用程序可以直接在 PC 机上编辑、编译、调试所编写的程序，只需一台 PC 机就可以完成所有的开发过程。嵌入式系统是一个硬件系统，是由 CPU、Flash、电源、通信接口等一系列外设组成的一台与 PC 机类似的系统。初始的嵌入式系统是一个空白的系统，就像没有安装操作系统的 PC 机一样，需要为它构建系统并烧制到嵌入式设备中。

嵌入式系统在开发过程中都采用如图 5-3 所示的"宿主机/开发板"开发模式，利用宿主机（PC 机）上丰富的软硬件资源来开发目标机（开发板）上的软件，然后通过交叉编译环境生成可执行文件，通过串口、USB、网络等方式下载到开发板上，利用交叉调试器来监控程序运行，实时分析。最后将程序下载并固化在开发板上，完成整个开发过程。

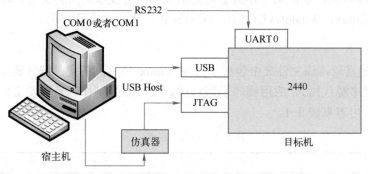

图 5-3 开发板与宿主机的连接方式

下面将介绍如何利用开发板搭建嵌入式系统的开发环境，从而对嵌入式开发有一个最初的体验。

嵌入式系统通常需要以下几个部分。

1. BootLoader

PC 机启动时首先执行 BIOS 中的代码进行系统自检，当系统自检通过之后，会将控制权交给位于磁道 0 扇区 0 磁道的 MBR，由 MBR 引导操作系统。嵌入式设备使用 BootLoader 来实现系统内核的引导。BootLoader 的主要任务是将内核映像从存储介质上读到 RAM 中，然后跳转到内核的入口点去运行，即开始启动操作系统。

2. 内核

内核是系统的核心，嵌入式 Linux 内核一般由标准 Linux 内核裁减而来，用户可根据需求配置系统，剔除不需要的服务功能、文件系统和设备驱动。

3. 文件系统

文件系统提供管理系统的各种配置文件和系统运行所需要的各种应用程序和库，例如给用户提供 Linux 控制界面的 Shell 程序、动态链接程序等。包括根文件系统和建立于 Flash 内存设备之上的文件系统。

4. 系统应用与图形界面系统

特定的系统应用、用户应用程序也存储于文件系统中。在用户应用程序和内核之间可以加入嵌入式图形界面系统，如 Qt/Embedded 和 MiniGUI 等。

下面将使用已有的 BootLoader、内核、文件系统来安装与体验嵌入式系统。

5.2.1 外部接口连接

➢ 使用直连串口线连接开发板的串口 UART0 和 PC 机的串口。
➢ 用交叉网线将开发板的网络接口与 PC 相连。
➢ 用 5V 电源适配器连接到开发板的 5V 输入插座。
➢ 用 USB 电缆连接开发板和 PC。

本开发板的启动模式选择，是通过拨动开关 S2 来决定的：

➢ S2 接到 NOR Flash 标识一侧时，系统将从 NOR Flash 启动。

➢ S2 接到 NAND Flash 标识一侧时，系统将从 NAND Flash 启动。

5.2.2　安装 USB 下载驱动

下载程序需要使用 DNW 软件，DNW 是三星公司开发的串口小工具，在使用 Micro 2440 开发板进行开发的过程中，DNW 可以实现上传下载文件、烧写文件、运行映像等功能。与 supervivi 配合使用，通过 USB 下载内核与文件系统。双击运行镜像文件中的 FriendlyARM USB DownloadDriver Setup_20090421.exe 安装程序，安装 USB 下载驱动。

驱动安装完成后，须检测一下 USB 驱动。首先设置开发板的拨动开关 S2 为 NOR Flash 启动，连接好附带的 USB 线和电源。打开电源开关 S1，如果是第一次使用，Windows 系统会提示发现了新的 USB 设备，并出现如图 5-4 所示的界面，在此选择"否，暂时不(T)"，单击"下一步"按钮继续。

图 5-4　发现新 USB 设备

至此，USB 下载驱动安装完成。此时打开镜像文件中的 dnw.exe 下载软件，可以看到 USB 连接完成，如图 5-5 所示。

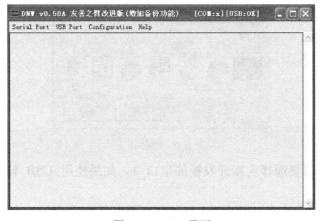

图 5-5　DNW 界面

DNW 可以通过 USB 口把文件下载到开发板上，但是第一次使用时，必须在 PC 机上安装和 Micro2440 USB Host 进行通信的 USB 驱动。首先需要使用一条 USB 连接线将 PC 机和 Micro2440 的 USB 口（方形连接口）进行连接，然后运行 DNW 程序，单击"Configuration"菜单中的"Option"选项，波特率设为 115200，串口设为 PC 机上连接了串口线的那个 COM 口；单击"Serial Port"菜单中的"Connect"选项，看到 DNW 窗口的标题栏提示连接好串口后，就按一下 Micro2440 的复位键，这时 BIOS 的选项出现了。

```
Please select function :
0 : USB download file
1 : Uart download file
2 : Write Nand flash with download file
3 : Load Pragram from Nand flash and run
4 : Erase Nand flash regions
5 : Write NOR flash with download file
6 : Set boot params
7 : Test Power off
```

如果进入 USB 下载功能后，DNW 的窗口会出现一句话"Now USB is connected."，提示已经和 Micro2440 建立 USB 连接。

5.2.3 超级终端配置

为了通过串口连接开发板，必须使用一个模拟终端程序，通常使用 Windows 自带的超级终端。Linux 系统也自带了类似的串口终端软件（minicom），它是基于命令行的程序，使用比较复杂一些。

超级终端配置

Windows 10 已经删除了超级终端程序，需要下载超级终端，将 hypertrm 作为默认的 Telnet 程序。

超级终端会要求为新的连接取一个名字，例如取名为"ttyS0"，如图 5-6 所示。

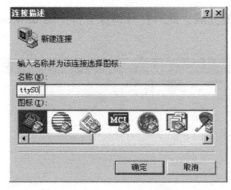

图 5-6　连接描述

当命名完以后，需要选择连接开发板的串口 1。如果使用 USB 转串口线，串口通常是 CON4。

下一步是设置串口，注意必须选择无流控制，否则只能看到输出而不能输入。另外，开发板的串口波特率是 115 200bit/s，如图 5-7 所示。

图 5-7　串口参数配置

当所有的连接参数都设置好以后，打开开发板电源开关，系统会出现 supervivi 启动界面，如图 5-8 所示。

图 5-8　supervivi 启动界面

Micro2440 开发板提供了 supervivi-64M 和 supervivi-128M 两个 supervivi 文件。supervivi-64M 适用于 64MB NAND Flash 的开发板，supervivi-128M 适用于 128MB 以上 NAND Flash 的开发板。supervivi 在出厂的时候已经预装入开发板的 NOR Flash 中，设置拨动开关 S2 为 NOR Flash 启动，即可进入 BIOS 模式，此时开发板上的绿色 LED1 会呈现闪烁状态。

supervivi 功能菜单说明如下：

[x]：对 NAND Flash 进行默认分区。

[v]：通过 USB 下载 Linux BootLoader 到 NAND Flash。

[k]：通过 USB 下载 Linux 内核到 NAND Flash。

[y]：通过 USB 下载 YAFFS 文件系统到 NAND Flash。

[a]：通过 USB 下载用户程序到 NAND Flash 中。

[d]：通过 USB 下载程序到指定内存地址。

[z]：通过 USB 下载 Linux 内核映像文件 zImage 到内存中，下载地址为 0x30008000。

[g]：运行内存中的 Linux 内核映像，该功能一般配合功能[z]一起使用。

[f]：擦除 NAND Flash，执行此功能将会擦除整片 NAND Flash 中的数据。

[b]：启动系统。

[s]：设置 Linux 启动参数。

[u]：备份整个 NAND Flash 中的内容。

[r]：使用备份出来的文件恢复到 NAND Flash。

[q]：返回 vivi 的命令交互模式。

5.2.4 下载文件系统

下载文件是通过 DNW 与友善之臂提供的功能菜单配合完成的，安装 Linux 所需要的二进制文件位于镜像文件的 images\linux 目录中。安装 Linux 系统主要有以下步骤：对 NAND Flash 进行分区；安装 BootLoader；安装内核文件；安装文件系统。

1）对 NAND Flash 进行分区。

连接好串口，打开超级终端，接通电源启动开发板，进入 BIOS 功能菜单，如图 5-9 所示。

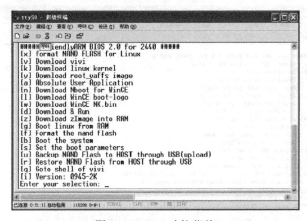

图 5-9　BIOS 功能菜单

选择功能号[f]开始对 NAND Flash 进行分区，如图 5-10 所示。有的 NAND Flash 分区时会出现坏区报告提示，因为 supervivi 会对坏区做检测记录，因此这将不会影响开发板的正常使用。普通的 NAND Flash 并不能保证所有扇区都是完好的，如果有坏区，系统软件会对它们做检测处理，而不会影响整个软件系统的使用。

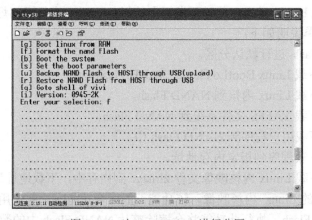

图 5-10　对 NAND Flash 进行分区

2）安装 BootLoader。

打开 DNW 程序，接上 USB 连接线，如果 DNW 标题栏提示[USB：OK]，说明 USB 连接成功，这时根据菜单选择功能号[v]开始下载 supervivi，如图 5-11 所示。

图 5-11　下载 supervivi

在 DNW 程序中选择"USB Port"→"Transmit/Restore"菜单选项，并选择打开文件 supervivi（该文件位于镜像文件的 images/linux/目录）开始下载。下载完毕，BIOS 会自动烧写 supervivi 到 NAND Flash 分区中，并返回到主菜单。

3）安装内核文件。

在 BIOS 主菜单中选择功能号[k]，开始下载 Linux 内核 zImage。

在 DNW 程序中选择"USB Port"→"Transmit"菜单选项，并选择打开相应的内核文件 zImage 开始下载，该文件位于镜像文件的 images\linux\目录下。

下载完毕，BIOS 会自动烧写内核到 NAND Flash 分区中，并返回到主菜单，如图 5-12 所示。

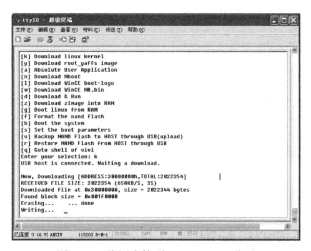

图 5-12　烧写内核到 NAND Flash 分区

4）安装文件系统。

在 BIOS 主菜单中选择功能号[y]，开始下载 YAFFS 根文件系统映像文件。

在 DNW 程序中选择"USB Port"→"Transmit/Restore"选项，并选择打开相应的文件系统映像文件 root_qtopia.img 开始下载，如图 5-13 所示，该文件位于镜像文件的 images\linux 目录下。

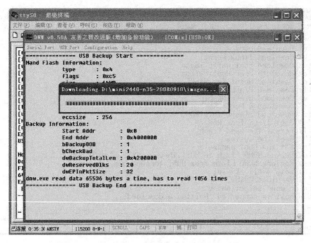

图 5-13　下载相应的文件系统映像文件

下载完毕，拔下 USB 连接线，如果不拔下来，有可能在复位或者启动系统的时候导致计算机死机。

在 BIOS 主菜单中选择功能号[b]，将会启动系统。

如果把开发板的启动模式设置为 NAND Flash 启动，则系统会在接通电源后自动启动。

通过串口终端可登录 Linux 终端控制台，如图 5-14 所示。

图 5-14　Linux 终端控制台

任务 5.3　ARM 虚拟机配置

在嵌入式开发过程中可以直接在硬件板上调试程序，同时也可以使用虚拟机仿真 ARM 主机。下面将介绍使用 QEMU 仿真 ARM 开发主机，在 QEMU 上可以实现真实硬件开发板上的所有功能，可以为其写 BootLoader、移植操作系统、调试驱动、编写应用程序等，所有能在开发板上做的事情都可以在 QEMU 上完成。而且它还有几个好处：

1）速度更快。QEMU 利用主机的处理能力来模拟目标平台，可以加快一些大型应用的启动开发，比如 Android、Openmoko 推出的 QEMU 已经能够支持 Android 了。

2）调试更方便。所有的程序都是在主机端，无须下载程序。

QEMU 支持两种操作模式：用户模式仿真和系统模式仿真。用户模式仿真允许一个 CPU 构建的进程在另一个 CPU 上执行（执行主机 CPU 指令的动态翻译并相应地转换 Linux 系统调用）。系统模式仿真允许对整个系统进行仿真，包括处理器和配套的外围设备。

5.3.1　ARM 虚拟机资源下载

ARM 虚拟机
资源下载

将 Micro2440 适用的 QEMU、U-BOOT、Linux Kernel 下载到 opt 目录下的 qemu、uboot、kernel 目录中。

```
git clone git://repo.or.cz/qemu/mini2440.git  qemu
git clone git://repo.or.cz/w/u-boot-openmoko/mini2440.git  uboot
git clone git://repo.or.cz/linux-2.6/mini2440.git kernel
```

如果使用 git 下载速度慢，也可以直接通过网页下载。

5.3.2　编译 QEMU 程序

下载完成后需要编译 QEMU、U-BOOT 和 Linux Kernel。

1）编译 QEMU。

```
cd qemu
./configure --target-list=arm-softmmu
Make
```

2）编译 U-BOOT。

解压后，配置 Makefile 文件。修改 CROSS_COMPILE 变量，例如 arm-linux-，保存退出。

```
make mini2440_config
make -j4
```

如果想在之后使用 U-BOOT 的 NFS 下载文件功能，需要修改代码中的一部分，将 net/nfs.c 文件中的 NFS_TIMEOUT = 2UL 修改为 NFS_TIMEOUT = 20000UL，否则会造成 NFS 文件下载失败。编译完成后在当前目录下生成名为 u-boot.bin 的文件，将 u-boot.bin 文件复制到 /opt/mini2440 文件夹中。

3）编译内核。

在编译内核之前，首先安装 uImage 工具。

```
apt-get install uboot-mkimage
```

进入内核目录。

```
make ARCH=arm mini2440_defconfig
```

```
make ARCH=arm menuconfig
```

需要修改 Memory split 选项，如果这些选项不打开，会造成有些旧的文件系统和操作系统不兼容。NFS 挂载这些文件系统后启动时出现提示"Kernel panic - not syncing: No init found."。

```
kernel Features -->
Memory split (3G/1G user/kernel split) --->
[ ] Preemptible Kernel (EXPERIMENTAL)
[*] Use the ARM EABI to compile the kernel
[*] Allow old ABI binaries to run with this kernel (EXPERIMENTAL)
[ ] High Memory Support (EXPERIMENTAL)
    Memory model (Flat Memory) --->
[ ] Add LRU list to track non-evictable pages
(4096) Low address space to protect from user allocation
```

完成配置后保存，开始编译内核。

```
make ARCH=arm CROSS_COMPILE=arm-linux- uImage
```

之后会在 arch/arm/boot/目录下生成 uImage 文件，将此文件复制到 qemu 目录下的 mini2440 文件夹中。

5.3.3 配置系统脚本

1）修改启动文件 mini2440_start.sh。

QEMU 的程序是 arm-softmmu 目录中的 qemu-system-arm，由于启动参数设置比较复杂，所以编写 mini2440_start 启动脚本。

配置系统脚本

```
#!/bin/bash
#
# Run with script with
# -sd <SD card image file> to have a SD card loaded
# -kernel <kernel uImage file> to have a kernel preloaded in RAM
#
base=$(dirname $0)
echo Starting in $base
name_nand="$base/mini2440_nand128.bin"
if [ ! -f "$name_nand" ]; then
        echo $0 : creating NAND empty image : "$name_nand"
#       dd if=/dev/zero of="$name_nand" bs=528 count=131072
        dd if=/dev/zero of="$name_nand" bs=2112 count=65536
        echo "** NAND file created - make sure to 'nand scrub' in u-boot"
fi
cmd="$base/../arm-softmmu/qemu-system-arm \
        -M mini2440 $* \
        -serial stdio \
        -mtdblock "$name_nand" \
        -show-cursor \
        -usb -usbdevice keyboard -usbdevice mouse \
```

```
            -kernel /tftpboot/uImage \
            -net nic, vlan=0 -net tap, vlan=0, ifname=tap0, script=$base/qemu-
ifup, downscript=$base/qemu-ifdown \
            -monitor telnet::5555, server, nowait"
    echo $cmd
    $cmd
```

2）修改网络配置脚本。

QEMU 使用 tun/tap 设备在主机上增加一块虚拟网络设备（tun0），然后就可以像对待真实网卡一样配置它。 修改 qemu-ifup 脚本如下：

```
#!/bin/sh
#tunctl -u root
ifconfig $1 10.0.0.1 promisc up
```

修改 qemu-ifdown 脚本如下：

```
#!/bin/sh
ifconfig tap0 10.0.0.1 down
```

两个网络配置文件存放在 qemu 目录下的 mini2440 文件夹中。

5.3.4　挂载 NFS 文件系统

可以使用 Busy Box 搭建文件系统，现在使用友善之臂 Mini2440 的文件系统。文件系统存放在/opt/root_qtopia 目录中。

1）配置 NFS 服务器。

检查$NFS_ROOT/etc/init.d 文件，注释如下配置命令：

```
#/sbin/ifconfig lo 127.0.0.1
#/etc/init.d/ifconfig-eth0
```

修改 NFS 配置文件 exports。

```
/opt/root_qtopia *(rw, sync, no_subtree_check, no_root_squash)
```

重启服务，检查 NFS 是否配置正确。

```
/etc/init.d/nfs-kernel-server restart
mkdir /mnt/nfs
mount -t nfs localhost: /opt/root_qtopia /mnt/nfs
```

检查/mnt/nfs 目录中内容是否正确。

2）启动虚拟机。

在 qemu 目录中输入：

```
./mini2440/mini2440_start.sh
```

U-BOOT 启动成功后输入设置 Linux Kernel 的引导参数：

```
set bootargs noinitrd root=/dev/nfs rw nfsroot=10.0.0.1:/opt/root_qtopia
```

```
ip=10.0.0.10:10.0.0.1::255.255.255.0 console=ttySAC0, 115200
```

再输入命令：

```
bootm
```

开始加载内核，在文件系统挂成功后就可以进行各种仿真工作了，挂载的由友善之臂公司提供的 Mini2440 的 Qtopia 文件系统的 QEMU 界面如图 5-15 所示。

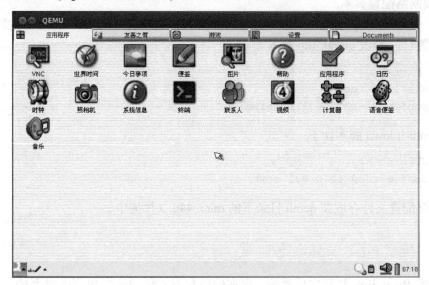

图 5-15　QEMU 界面

任务 5.4　嵌入式开发环境配置

由于嵌入式系统是专用的计算机系统，其处理能力和存储能力均较弱，无法直接在嵌入式系统中安装开发环境。因此，在嵌入式系统开发时，通常需要搭建嵌入式开发环境，采取交叉编译的方式进行。

嵌入式开发环境配置

在一种计算机环境中运行的编译程序，能编译出在另外一种环境下运行的代码，称这种编译过程为"交叉编译"，也就是在一个平台上生成另一个平台上的可执行代码。

有时是因为目的平台上不允许或不能够安装所需要的编译器，而我们又需要这个编译器的某些特征；有时是因为目的平台上的资源贫乏，无法运行所需要的编译器；有时是因为目的平台还没有建立，连操作系统都没有，根本谈不上运行编译器。

交叉开发环境是指实现编译、链接和调试应用程序代码的环境。与运行应用程序的环境不同，它分散在有通信连接的宿主机与目标机环境之中。

> 宿主机（Host）：是一台通用计算机，它通过串口或网口与目标机通信。宿主机的软硬件资源比较丰富，包括功能强大的操作系统和各种辅助开发工具。

> 目标机（Target）：目标机可以是嵌入式应用软件的实际运行环境，也可以是能替代实际环境的仿真系统，常在嵌入式软件开发期间使用。目标机的优点是体积较小，集成度

高，外围设备丰富多样，且软硬件资源配置都恰到好处；缺点是硬件资源有限。因此，目标机上运行的软件需要经过裁剪和配置，并且应用软件需要与操作系统绑定运行。

➤ 交叉软件开发工具：包括交叉编译器、交叉调试器和模拟软件等。交叉编译器允许应用程序开发者在宿主机上生成能在目标机上运行的代码。交叉调试器和模拟调试软件用于完成宿主机与目标机应用程序代码的调试。

如图 5-16 所示，嵌入式开发通常需要 Windows 工作主机、Linux 宿主机和目标机。由于大多数开发人员都习惯使用 Windows 系统，因此往往先在 Windows 工作主机上完成代码编辑的工作，再将代码传送到 Linux 宿主机上进行交叉编译，最后将可执行程序下载到目标机上运行、调试。Windows 工作主机、Linux 宿主机也称为开发主机，在开发主机上安装开发工具，编辑、编译目标系统的 BootLoader、Kernel 和文件系统，然后在目标机上运行。在这种开发环境下，开发主机不仅仅为开发人员提供各种开发工具，同时也作为开发板的服务器提供各种外围环境的支持。开发板必须依赖开发主机才能正常运行，只有当开发过程结束后才能解除这种依赖关系。

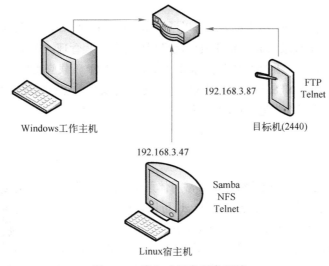

图 5-16　嵌入式开发硬件环境

Windows 工作主机、Linux 宿主机、目标机之间需要进行文件的传输，例如 Windows 工作主机编辑好代码后需要将代码传到 Linux 宿主机进行编译，Linux 宿主机编译的 Linux 内核影像必须有至少一种方式下载到开发板上执行。根据不同的连接方式，可以有多种文件传输方式，通常有以下几种。

（1）串口传输方式

主机端通过 kermit、minicom 或者 Windows 超级终端等工具都可以通过串口发送文件。当然，发送之前需要配置好数据传输率和传输协议，开发板端也要做好接收准备。通常，波特率可以配置成115 200bit/s，8 位数据位，不带校验位。传输协议可以是 Kermit、Xmodem、Ymodem、Zmodem 等。

（2）网络传输方式

网络传输方式一般采用 TFTP。TFTP 是基于 UDP 传输的，没有传输控制，所以对于大文件的传输是不可靠的。不过，TFTP 比较适合开发板的引导程序，因为协议简单，功能容易实现。当然，在使用 TFTP 传输之前，需要驱动开发板以太网接口并且配置 IP 地址。

（3）USB 接口传输方式

通常分主从设备端，主机端为主设备端，开发板端为从设备端。主机端需要安装驱动程序，识别从设备后，可以传输数据。

（4）JTAG 接口传输方式

JTAG 仿真器跟主机之间的连接通常是串口、并口、以太网接口或者 USB 接口。传输速率也受到主机连接方式的限制，这取决于仿真器硬件的接口配置。

采用并口连接方式的仿真器最简单，也叫作 JTAG 电缆，价格也最便宜。性能好的仿真器一般会采用以太网接口或者 USB 接口通信。

（5）移动存储设备

开发板可以用 SD 内存卡或者 U 盘等移动存储设备启动。

（6）网络文件系统

Linux 系统支持 NFS，并且可以配置启动 NFS 网络服务。

网络文件系统的优点正好适合嵌入式 Linux 系统开发。开发板没有足够的存储空间，Linux 内核挂接网络根文件系统可以避免使用本地存储介质，从而快速建立 Linux 系统。这样可以方便地运行和调试应用程序。

Windows 工作主机、Linux 宿主机之间可以通过 Samba、FTP、SSH 进行文件的传输，Windows 工作主机可以通过 Telnet 登录 Linux 宿主机以及目标机进行远程管理。Windows 工作主机可以通过串口下载 BootLoader、内核、文件系统到目标机，可以通过 FTP 下载应用程序到目标机。

Linux 宿主机可以通过 NFS 与目标机建立共享目录传输文件，也可以通过 FTP 或者 minicom 传输文件。使用 Telnet 登录目标机进行远程管理。

5.4.1　交叉编译工具配置

Linux 使用 GNU 的工具，已经编译出了常用体系结构的工具链，可以从网上下载这些工具，建立交叉开发环境，也可以自己动手编译新的工具链。对于 ARM 体系结构的编译器，也有不少站点提供下载。免费提供的工具链包括 Binutils 和 GCC，但是都不提供 GDB 交叉调试器。社区主要维护 Linux 内核的发布，文件系统也很少。下面介绍几个 ARM Linux 的网站。

交叉编译工具配置

1）http://arm.linux.org.uk。这是 ARM Linux 的官方站点，有许多开发者维护这个站点，Linux 2.4 内核发布过很多针对 ARM 平台的补丁，也可以下载到 ARM 开发常用的工具链。

2）https://elinux.org/。elinux.org 提供了有关 Linux 在嵌入式系统中的开发和使用的资料，以及用于嵌入式开发的开源项目和工具。

3）https://www.kernel.org/。kernel.org 是 Linux 内核源代码的最主要分发站点。Linux Kernel 的源代码托管运作方式不同于那些使用 GitHub、GitLab 等公共在线代码托管平台的开源软件，也不同于那些使用 GitLab、Gitea 搭建的专用托管平台的开源软件。Linux Kernel 采用自己搭建的 Git 代码托管平台来管理 Linux Kernel 源代码，每一个部分都有自己独立的源代码仓库，并独立维护，然后再由专人将它们合并为一个整体。

开发板厂商都提供了完整的交叉编译工具链。友善之臂 Micro2240 使用的是 Linux 2.6.13+ Qtopia 2.2.0 系统，它具有更好的特性和功能，并使用符合 EABI 标准的新型编译器 arm-linux-gcc-4.4.3（下载链接地址：http://www.arm9.net/download.asp）。

按照如下步骤安装交叉编译器，下载编译器 arm-linux-gcc-4.4.3.tgz，复制到 opt 目录下。然后进入到该目录，执行解压命令。

```
#    tar xvxf arm-linux-gcc-4.4.3.tar.gz -C /
```

交叉编译工具默认解压在/opt/FriendlyARM/toolschain/4.4.3 目录下，进入该目录查看文件如下。

```
#    ls
arm-none-linux-gnueabi bin include lib libexec share
```

编辑 root 目录下的.bashrc 文件配置环境变量，把编译器路径加入系统环境变量。

```
#    vi /root/.bashrc
```

在最后一行加入：

```
export PATH=$PATH:/opt/FriendlyARM/toolschain/4.4.3/bin
```

把编译器路径加入系统环境变量后，打开一个新的终端检查交叉编译器。在命令行输入 arm-linux-gcc -v，出现如下信息说明交叉编译环境已经成功安装。

```
#    arm-linux-gcc -v
Using built-in specs.
Target: arm-none-linux-gnueabi
Configured with: /opt/FriendlyARM/mini2440/build-toolschain/working/src/
gcc-4.4.3/configure  --build=i386-build_redhat-linux-gnu  --host=i386-build_redhat-
linux-gnu
...
Thread model: posix
gcc version 4.4.3 (ctng-1.6.1)
```

5.4.2　ARM Linux 环境下的 C 程序设计

"工欲善其事，必先利其器"，本节将完整讲述 ARM Linux 环境下 C 程序设计的过程。开发环境 IP 地址配置如下：

Windows 工作主机 IP 地址为 192.168.1.101，Linux 宿主机 eth0 的 IP 地址为 192.168.1.102，tap0 的 IP 地址为 10.0.0.1，ARM 虚拟机的 IP 地址为 10.0.0.10。

ARM Linux 环境下的 C 程序设计

1.　编辑源代码

在 Windows 工作主机上编辑如下 C 源代码。

```
#include <stdio.h>
int main(void)
{
        printf("Hello world!\n");
        return 0;
}
```

保存文件名为 test.c。可以使用已配置的 Samba 服务，设置/opt/work 目录为共享目录，编辑/etc/samba/smb.conf 文件。修改好配置文件后重启服务，可以在 PC 机上访问共享目录，还可以设置映射网络驱动器，可以像访问本地磁盘一样访问共享目录了，如图 5-17 所示。

图 5-17 映射网络驱动器

2．交叉编译

源程序 test.c 已经编辑完成并复制到 Linux 宿主机的/opt/work 目录中，进行交叉编译。

```
#   arm-linux-gcc -g test.c -o test
```

在编译之前需要检查 GCC 版本。

3．下载程序到 ARM 虚拟机中

交叉编译完成后需要将 test 程序复制到 ARM 虚拟机中，打开 ARM 虚拟机，使用 ftp 命令登录到 ARM 虚拟机上。

```
#   ftp 10.0.0.10
Connected to 10.0.0.10.
220 FriendlyARM FTP server (Version 6.4/OpenBSD/Linux-ftpd-0.17) ready.
Name (10.0.0.10:root): plg
331 Password required for plg.
Password:
230 User plg logged in.
Remote system type is UNIX.
Using binary mode to transfer files.
ftp>
```

登录用户名，密码为 plg，使用 put 命令上传文件。

```
ftp> put
(local-file) /opt/work/test
(remote-file) test
local: /opt/work/test remote: test
200 PORT command successful.
150 Opening BINARY mode data connection for 'test'.
226 Transfer complete.
9250 bytes sent in 0.00 secs (19057.4kB/s)
```

上传的文件在 ARM 虚拟机的/home/plg 目录下。

4．使用 GDB 远程调试

修改 test 程序属性。

```
[root@FriendlyARM /opt]# chmod a+x test
```

在 ARM 虚拟机中运行 gdbserver，设置调试端口为 9000。

```
#    ./gdbserver 10.0.0.1:9000 test
Process test created; pid = 792
Listening on port 9000
```

在 Linux 宿主机上运行 GDB，对连接在 ARM 虚拟机中的 gdbserver 进行远程调试。

```
#    ./arm-linux-gdb /opt/work/test
GNU gdb (GDB) 7.2
Copyright (C) 2010 Free Software Foundation, Inc.
...
Reading symbols from /opt/work/test...done.
 (gdb) target remote 10.0.0.10:9000
Remote debugging using 10.0.0.10:9000
GDB will be unable to debug shared library initializers
and track explicitly loaded dynamic code.
0x400007b0 in ?? ()
 (gdb) l
```

在 ARM 虚拟机中将显示连接成功。

```
#    ./gdbserver 10.0.0.1:9000 test
Process test created; pid = 792
Listening on port 9000
Remote debugging from host 10.0.0.1
```

拓展阅读

中国出口美国高端制造商品被大规模加征关税，华为被美国列入"实体名单"，这一系列事件表明我国 IT 信息产业基础设施缺少核心技术，国产厂商市场占有率低，凸显出中国在战略性高新技术产业实现自主可控的紧迫性。党的十八大以来，百年变局加速演进，以习近平同志为核心的党中央提出一系列科技创新思想，把科技自立自强作为国家发展的战略支撑，为我国电子信息产业关键核心技术破解"卡脖子"问题指明了方向。

党的二十大报告指出，我国"基础研究和原始创新不断加强，一些关键核心技术实现突破，战略性新兴产业发展壮大……进入创新型国家行列。""必须坚持科技是第一生产力、人才是第一资源、创新是第一动力""强化企业科技创新主体地位，发挥科技型骨干企业引领支撑作用"等。华为海思、中科龙芯、申威、天津飞腾、兆芯等国产 CPU，北京中科红旗 Linux、上海中标麒麟 Linux、广州新支点等国产操作系统，东方通、金蝶中间件、中创等中间件基础软件，南大通用、武汉达梦、神舟通用等数据库软件，众多国产企业在 IT 基础设施发展上取得了丰硕的成果。我们应在专业上精益求精，勇于担当，争取能够为祖国 IT 发展关键技术贡献一份力量。

实操练习

SQLite 是 C 语言编写的开源嵌入式数据库引擎。它是完全独立的，占用资源非常低，在嵌入式设备中，只需要几百千字节的内存。它支持 Windows、Linux 等主流操作系统，可与 TCL、PHP、Java 等程序语言结合，提供 ODBC 接口，其处理速度甚至令开源世界著名的数据库管理系统 MySQL、PostgreSQL 望尘莫及。

SQLite 对 SQL92 标准的支持包括索引、限制、触发和查看，支持原子性、一致性、独立性和持久性（ACID）的事务。在内部，SQLite 由 SQL 编译器、内核、后端以及附件几个组件组成。SQLite 通过利用虚拟机和虚拟数据库引擎（VDBE），使调试、修改和扩展 SQLite 的内核变得更加方便。所有 SQL 语句都被编译成易读的、可以在 SQLite 虚拟机中执行的程序集。

现在项目需要使用 SQLite 数据库，将 SQLite 移植到 ARM 2440 嵌入式主机中，并编写一个简单的测试程序。

习题

1．请说明开发板挂载 NFS 文件系统的操作步骤。
2．Linux 宿主机编译的 Linux 内核影像可以通过哪些方式下载到开发板上？
3．Micro2440 具备两种 Flash，请说明它们的作用分别是什么。

项目 6　　嵌入式 Linux C 开发

项目描述

嵌入式开发所选编程语言取决于多种因素，包括目标硬件、项目需求、可用工具链以及开发者偏好等。当前，C、C++ 和 Python 是较为流行的嵌入式开发语言。

C 语言广泛用于嵌入式系统编程，其直接访问内存和硬件资源的特性使得程序员能编写控制硬件的代码，包括外围设备配置和传感器数据读取。由于是编译型语言，C 语言能高效转换为处理器可执行的机器码，适用于资源有限的嵌入式系统。C 语言标准化程度高，可移植性强，能在不同硬件平台上无需大幅修改便实现多系统间代码共用。其被长期应用于嵌入式开发，拥有成熟的工具链和运行库，有助于快速查找并应用已有代码和工具完成常见任务，例如通信协议和设备驱动程序。此外，C 语言提供对硬件的低级控制，有利于调试和测试代码。

C 语言之所以成为首选嵌入式开发语言，有以下原因：可靠且高效，提供对硬件资源的低级访问和高效的代码执行，非常适用于资源受限的嵌入式系统。其可移植性和成熟的工具链使得跨平台开发和维护代码更加便捷。

C++ 适用于大型项目，强调模块化和可重用代码；Python 因易用性在嵌入式领域逐渐流行，通常用于快速原型制作、脚本编写和高级控制，但不太适用于实时或性能关键型应用程序。Python 在混合语言系统中可与其他语言集成，但与 C 语言相比，在对硬件的低级控制上不及 C 语言。

总的来说，C 语言因其具有直接控制硬件、高效执行以及跨平台可移植性等特性，成为嵌入式开发的首选语言之一。

项目目标

知识目标

1. 了解 Glibc 库相关知识
2. 掌握文件 I/O 相关知识
3. 掌握标准 I/O 相关知识
4. 掌握串口通信相关知识

技能目标

1. 使用 ldd 和 ldconfig 管理 Glibc 库文件
2. 掌握文件 I/O 编程
3. 掌握标准 I/O 编程
4. 掌握串口通信编程

素质目标

1. 具备较强的责任心和执行力，拥有良好的编写代码习惯，提高代码规范性、准确性和易读性
2. 善于独立思考和解决问题，能够承受一定的工作压力
3. 具备钻研精神和创新精神

在搭建起嵌入式开发环境之后，真正开始学习嵌入式 Linux C 语言应用开发。C 语言的功能非常强大，它的简单和兼容性使得它应用非常广泛。由于嵌入式 Linux 是经 Linux 裁减而来的，它的系统调用及用户编程接口 API 与 Linux 基本是一致的下面首先介绍 Linux 中相关内容的基本编程开发，包括管理 Glibc 库文件、文件 I/O、串口通信和 Socket 通信，然后将程序移植到嵌入式的开发板上运行。

任务 6.1　管理 Glibc 库文件

Glibc（GNU C Library）是 GNU 发布的 C 标准库，即 C 的运行库，是 Linux 系统中最底层的应用程序接口。Glibc 囊括了几乎所有 UNIX 通行的标准，不仅封装了操作系统提供的各种服务，而且提供了一些其他必要的功能实现。

管理 Glibc 库文件

6.1.1　Glibc 包含的内容

1．动态库与静态库

Linux 的库分为两种，即静态库和动态库。libpthread.a 是多线程静态库文件，其中 pthread 为静态库名，库名前加 lib，后缀用.a。静态库的代码在编译过程中就被载入程序，这样做的优点是编译后的执行程序不再需要外部的函数库支持，因为所使用的函数都已经被编进去了。缺点是，如果所使用的静态库发生更新改变，那么程序必须重新编译。

动态库的命名方式与静态库类似，例如多线程动态库文件 libpthread.so，静态库名还是 pthread，前缀也是 lib，后缀变为.so。动态库在编译的时候并没有被编译进目标代码，而是当程序执行到相关函数时才调用该动态库中相应的函数。这样做的优点是动态库的改变不会影响到程序，所以动态函数库升级比较方便；缺点是由于函数库并没有整合进程序，程序的运行环境必须提供相应的库。

2．函数库头文件

头文件文件名都以 .h 为结尾，全部在/usr/include/下，其内容为函数库中各函数的定义等。

3．函数库说明文件

说明文件是放在 /usr/man 或 /usr/share/man 下，统称为 man pages，其下还分若干章节，man3 是 libc 标准函数库，这些都是系统开发者的重要参考资料。

4．字集转换模组与区域化资料库

和程序国际化与本土化相关的库文件主要分为四部分：

第一部分是字集转换模块，是各种字集及编码方式与系统的基底字集之间的转换。

第二部分是以系统基底字集写成的区域化资料库。

第三部分是可跨平台使用的区域化资料，主要是各应用程序的信息翻译部分。

第四部分是各区域化资料库的原始码，以及系统支持的内码对应表等。

5．时区资料库

在 /usr/share/zoneinfo 目录下包含世界各地时区与格林尼治时间的转换资料。

Glibc 是 Linux 平台 C 程序运行的基础，提供一组头文件和一组库文件。最基本、最常用的 C 标准库函数和系统函数在 libc.so 库文件中，几乎所有 C 程序的运行都依赖于 libc.so，数学计算的 C 程序依赖于 libm.so，多线程的 C 程序依赖于 libpthread.so。Glibc 的常用库见表 6-1。

表 6-1　Glibc 的常用库

库名	说明
ld.so	帮助动态链接库的执行
libBrokenLocale	帮助程序处理破损现场
libSegFault	处理段错误信号
libanl	异步名称查询库
libbsd-compat	为了在 Linux 下执行一些 BSD 程序，libbsd-compat 提供了必要的可移植性
libc	是主要的 C 库，常用函数的集成
libcrypt	加密编码库
libdl	动态链接接口
libg	C++的运行库
libieee IEEE	浮点运算库
libm	数学函数库
libmcheck	包括了启动时需要的代码
libmemusage	搜集程序运行时内存占用的信息
libnsl	网络服务库
libnss*	名称服务切换库，包含了解释主机名、用户名、组名、别名、服务、协议等的函数
libpcprofile	帮助内核跟踪函数、源码行和命令中的 CPU 使用时间
libpthread	POSIX 线程库
libresolv	创建、发送及解释到互联网域名服务器的数据包
librpcsvc	提供 RPC 的其他服务
libr	提供了大部分的 POSIX.lb 实时扩展的接口
libthread_db	对建立多线程程序的调试很有用
libutil	包含了在很多不同的 UNIX 程序中使用的"标准"函数

GCC 默认使用动态库，当动态库不存在时才会使用静态库。如果需要强制使用静态库，可以在编译时加上-static 选项。静态库在编译时，把库文件的代码都加入到可执行程序中，导致可执行程序文件较大，但在运行时不再需要动态库。

6.1.2　管理库文件

1．使用 ldd 查看库文件

Linux 库操作可以使用 ldd 和 ldconfig 命令。ldd 的作用是显示一个程序必须使用的动态库。查看 qemu-system-arm 程序使用的动态库情况如下所示。

```
#  ldd qemu-system-arm
    linux-gate.so.1 => (0xb778d000)
```

```
libz.so.1 => /lib/i386-linux-gnu/libz.so.1 (0xb7762000)
libpthread.so.0 => /lib/i386-linux-gnu/libpthread.so.0 (0xb7747000)
librt.so.1 => /lib/i386-linux-gnu/librt.so.1 (0xb773d000)
libutil.so.1 => /lib/i386-linux-gnu/libutil.so.1 (0xb7739000)
...
```

在 ldd 命令打印的结果中，"=>"左边表示该程序需要连接的共享库的 .so 文件名称，右边表示由 Linux 的共享库系统找到的对应的共享库在文件系统中的具体位置。默认情况下，**/etc/ld.so.conf** 文件中包含默认的共享库搜索路径。如果使用 ldd 命令时没有找到对应的共享库文件和其具体位置，可能是两种情况引起的：第一，可能是共享库没有安装在该系统中；第二，可能是共享库保存在 /etc/ld.so.conf 文件列出的搜索路径之外的位置。

2. ldconfig

ldconfig 是动态链接库管理命令，ldconfig 命令的作用是在默认搜寻目录（/lib 和/usr/lib）以及动态库配置文件/etc/ld.so.conf 所列的目录下，搜索出可共享的动态链接库（格式如前介绍，lib*.so*），进而创建出动态装入程序（ld.so）所需的连接和缓存文件。缓存文件默认为/etc/ld.so.cache，此文件保存已排好序的动态链接库名字列表。

许多程序或函数库默认安装在 /usr/local 目录下的相应位置（如：/usr/local/bin 或/usr/local/lib），以便与系统自身的程序或函数库相区别。而许多 Linux 系统的 /etc/ld.so.conf 文件中默认又不包含 /usr/local/lib，因此会出现已经安装了共享库，但是无法找到共享库的情况，解决办法如下：

检查 /etc/ld.so.conf 文件，如果其中缺少 /usr/local/lib 目录，就添加进去。在修改了/etc/ld.so.conf 文件或者在系统中安装了新的函数库之后，需要运行 ldconfig 命令，该命令用来刷新系统的共享库缓存，即 /etc/ld.so.cache 文件。为了减少共享库系统的库搜索时间，共享库系统维护了一个缓存文件/etc/ld.so.cache。因此在安装新的共享库之后，一定要运行 ldconfig 刷新该缓存。

需要修改/etc/ld.so.conf，然后调用 ldconfig，例如安装 MySQL 到/usr/local/mysql，MySQL 的库文件存放在 /usr/local/mysql/lib 目录下，这时就需要在/etc/ld.so.conf 下加一行 /usr/local/mysql/lib，保存后执行 ldconfig 命令，新的库文件才能在程序运行时被找到。

如果想在这两个目录以外放 lib，但是又不想修改/etc/ld.so.conf 文件，可以使用 export 命令添加一个全局变量 LD_LIBRARY_PATH。

使用 GCC 编译器可以将库与自己开发的程序链接起来，例如 libc.so.6 中包含了标准的输入输出函数，当链接程序进行目标代码链接时会自动搜索该程序并将其链接到生成的可执行文件中。与 libc.so.6 不同，大部分系统库需要在编译时指明所使用的库名。

GCC 编译器动态库的搜索路径搜索的先后顺序是：

➢ 编译目标代码时指定的动态库搜索路径。

➢ 环境变量 LD_LIBRARY_PATH 指定的动态库搜索路径。

➢ 配置文件 /etc/ld.so.conf 中指定的动态库搜索路径。

➢ 默认的动态库搜索路径 /lib。

➢ 默认的动态库搜索路径 /usr/lib。

在 GCC 编译器中引用可搜索到的目录中的库文件时，需要使用-l 选项和库名。/lib/i386-linux-gnu/libpthread.so.0 是线程库，如果程序中调用了多线程函数，则需要使用-lpthread。

```
#   gcc tstthread.c -o tstthread -lpthread
```

任务 6.2　文件 I/O 编程

操作系统为了更好地服务于应用程序而提供了一类特殊的接口——系统调用。通过这组接口，用户程序可以使用操作系统内核提供的各种功能，例如分配内存、创建进程、实现进程间通信等功能。

Linux 用户编程接口（API）遵循 POSIX 应用编程界面标准，POSIX 标准是由 IEEE 和 ISO/IEC 共同开发的标准系统。该标准基于当时现有的 UNIX 实践和经验，描述了操作系统的系统调用编程接口（实际上就是 API），用于保证应用程序可以在源代码一级上在多种操作系统上移植运行。这些系统调用编程接口主要是通过 Glibc 库实现的。

Linux 系统调用部分是非常精简的系统调用，它继承了 UNIX 系统调用中最基本和最有用的部分。这些系统调用按照功能逻辑大致可分为进程控制、进程间通信、文件系统控制、系统控制、存储管理、网络管理、Socket 和用户管理等几类。

6.2.1　文件的基本概念

在 Linux 中对目录和设备的操作都等同于对文件的操作，简化了系统对不同设备的处理，提高了效率。Linux 中的文件主要分为普通文件、目录文件、设备文件、管道文件、套接字文件和符号链接文件。

> 普通文件：普通计算机用户看到的文件，即常用的磁盘文件由字节组成，磁盘文件中的字节数就是文件大小，通常驻留在磁盘上。普通文件可分为文本文件和二进制文件。

> 目录文件：目录也是一个文件，其中存放着文件名和文件索引结点之间的关联关系。目录是目录项组成的一个表，其中每个表项下面对应目录下的一个文件。

> 设备文件：Linux 中的设备有两种类型：字符设备（无缓冲且只能顺序存取）和块设备（有缓冲且可以随机存取）。每个字符设备和块设备都必须有主/次设备号，主设备号相同的设备是同类设备（使用同一个驱动程序）。这些设备中，有些设备是对实际存在的物理硬件的抽象，而有些设备则是内核自身提供的功能（不依赖于特定的物理硬件，又称为"虚拟设备"）。每个设备在 /dev 目录下都有一个对应的文件（节点）。可以通过 cat /proc/devices 命令查看当前已经加载的设备驱动程序的主设备号。内核能够识别的所有设备都记录在源码树下的 documentation/devices.txt 文件中。在 /dev 目录下除了字符设备和块设备节点之外通常还存在 FIFO 管道、Socket、软/硬连接、目录。这些东西没有主/次设备号。

> 管道文件：主要用于在进程间传递数据。

> 套接字文件：类似于管道文件。管道文件用于本地通信，而套接字允许在网络上通信。

> 符号链接文件：包含了另一个文件的路径名。

对于 Linux 而言，对设备和文件的所有操作都是使用文件描述符来进行的。文件描述符是一个非负整数，它是一个索引值，并指向在内核中每个进程打开文件的记录表。当打开一个现存文件或创建一个新文件时，内核就向进程返回一个文件描述符；当需要读写文件时，也需要把文件描述符作为参数传递给相应的函数。

通常，一个进程启动时都会打开 3 个文件：标准输入、标准输出和标准出错处理。这 3 个文件分别对应的文件描述符为 0、1 和 2（也就是宏替换 STDIN_FILENO、STDOUT_FILENO 和 STDERR_FILENO）。

基于文件描述符的 I/O 操作虽然不能移植到 Linux 以外的系统上去，但它往往是实现某些 I/O 操作的唯一途径，如 Linux 中低级文件操作函数、多路 I/O、TCP/IP 套接字编程接口等。

在嵌入式应用开发中经常需要访问文件。Linux 读写文件的方式有两类：标准 I/O 和文件 I/O。

6.2.2　文件 I/O 函数编程

Linux 针对输入输出的函数很直观，有打开文件（open）、读取文件（read）、关闭文件（close）等操作。

文件 I/O 函数编程

1. 打开文件

创建一个新文件或者打开一个已经存在的文件，函数原型如下：

```
#include <sys/types.h>
#include <sys/stat.h>
#include <fcntl.h>
int open(const char *pathname, int flags);
int open(const char *pathname, int flags, mode_t mode);
int creat(const char *pathname, mode_t mode);
```

参数含义如下。

➢ pathname：为 C 字符串，表示打开的文件名。

➢ flags：为一个或多个标志。

➢ mode：被打开文件的存取权限，可以用一组宏定义，即 S_I(R/W/X)(USR/GRP/OTH)，其中 R/W/X 分别表示读/写/执行权限，USR/GRP/OTH 分别表示文件拥有者/文件所属组/其他用户。例如，S_IRUSR | S_IWUSR 表示设置文件拥有者的可读可写属性。八进制表示法中，600 也表示同样的权限。

函数成功返回文件描述符，否则返回-1。

flag 参数可通过"|"组合构成，但前 3 个标志常量（O_RDONLY、O_WRONLY 以及 O_RDWR）不能相互组合，见表 6-2。perms 是文件的存取权限，既可以用宏定义表示法，也可以用八进制表示法。

表 6-2　flag 标志

标志名	说明
O_RDONLY	以只读方式打开文件
O_WRONLY	以只写方式打开文件
O_RDWR	以读写方式打开文件
O_CREAT	如果该文件不存在，就创建一个新的文件，并用第三个参数为其设置权限
O_EXCL	如果使用 O_CREAT 时文件存在，则返回错误消息。这个参数可测试文件是否存在。此时 open 是原子操作，防止多个进程同时创建同一个文件

（续）

标志名	说明
O_NOCTTY	使用本参数时，若文件为终端，那么该终端不会成为调用 open()的那个进程的控制终端
O_TRUNC	若文件已经存在，那么会删除文件中的全部原有数据，并且设置文件大小为 0
O_APPEND	以添加方式打开文件，在打开文件的同时，文件指针指向文件的末尾，即将写入的数据添加到文件末尾

2．文件读写

输入输出操作是通过 read、write 函数来完成的，函数原型如下：

```
#include <unistd.h>
ssize_t read(int fd, void *buf, size_t count);
ssize_t write(int fd, const void *buf, size_t count);
```

参数含义如下。

文件读写与随机存取

➢ fd：已经打开的文件描述符。

➢ buf：指定存储器写入数据的缓冲区。

➢ count：指定读出或写入的字节数。

如果发生错误，返回-1，同时置 errno 变量为错误代码。如果操作成功，则返回值是实际读取或者写入的字节数。在读普通文件时，若读到要求的字节数之前已到达文件的尾部，则返回的字节数会小于希望读出的字节数。

3．文件随机存取

文件随机存取是通过 lseek 函数来完成的，函数原型如下：

```
#include <sys/types.h>
#include <unistd.h>
off_t lseek(int fd, off_t offset, int whence);
```

参数含义如下。

➢ fd：已经打开的文件描述符。

➢ offset：偏移量，每一次读写操作所需要移动的距离，单位是字节，可正可负（即向前移或向后移）。

➢ whence：当前位置的基点。

- SEEK_SET：当前位置为文件的开头，新位置为偏移量的大小。
- SEEK_CUR：当前位置为文件指针的位置，新位置为当前位置加上偏移量。
- SEEK_END：当前位置为文件的结尾，新位置为文件的大小加上偏移量的大小。

4．文件访问权限

fcntl 函数具有很丰富的功能，可以对已经打开的文件描述符进行各种操作，包括管理文件锁、获得设置文件的描述符和文件描述标志。

文件访问权限

```
#include <unistd.h>
#include <fcntl.h>
int fcntl(int fd, int cmd);
int fcntl(int fd, int cmd, long arg)
int fcntl(int fd, int cmd, struct flock *lock)
```

参数含义如下。

➢ fd：已经打开的文件描述符。

➢ cmd：参数值说明见表 6-3。

➢ lock：结构为 flock，设置记录锁的具体状态。

表 6-3　cmd 参数值说明

参数值	说明
F_DUPFD	复制文件描述符
F_GETFD	获得 fd 的 close-on-exec 标志，若标志未设置，则文件经过 exec() 函数之后仍保持打开状态
F_SETFD	设置 close-on-exec 标志，该标志由参数 arg 的 FD_CLOEXEC 位决定
F_GETFL	得到 open 设置的标志
F_SETFL	改变 open 设置的标志
F_GETLK	根据 lock 参数值，决定是否上文件锁
F_SETLK	设置 lock 参数值的文件锁
F_SETLKW	这是 F_SETLK 的阻塞版本（命令名中的 W 表示等待[wait]）。在无法获取锁时，会进入睡眠状态；如果可以获取锁或者捕捉到信号，则会返回

lock 的结构如下所示：

```
struct flock
{
  short l_type;
  off_t l_start;
  short l_whence;
  off_t l_len;
  pid_t l_pid;
}
```

lock 结构中每个变量的取值含义见表 6-4。

表 6-4　lock 结构中变量的取值含义

标志名	说明
l_type	F_RDLCK：读取锁（共享锁）
	F_WRLCK：写入锁（排斥锁）
	F_UNLCK：解锁
l_stat	相对位移量（字节）
l_whence	SEEK_SET：当前位置为文件的开头，新位置为偏移量的大小
	SEEK_CUR：当前位置为文件指针的位置，新位置为当前位置加上偏移量
	SEEK_END：当前位置为文件的结尾，新位置为文件的大小加上偏移量的大小
l_len	加锁区域的长度

在文件已经共享的情况下，Linux 通常采用给文件上锁的方法来避免共享的资源产生竞争的状态。文件锁包括建议性锁和强制性锁。建议性锁要求每个上锁文件的进程都要检查是否有锁存在，并且尊重已有的锁。一般情况下，内核和系统都不使用建议性锁。强制性锁是由内核执行的锁，当一个文件被上锁进行写入操作时，内核将阻止其他任何文件对其进行读写操作。采用强制性锁对性能的影响很大，每次读写操作都必须检查是否有锁存在。在 Linux 中，实现

文件上锁的函数有 lockf() 和 fcntl()，其中 lockf() 用于对文件施加建议性锁，而 fcntl() 不仅可以施加建议性锁，还可以施加强制锁。同时，fcntl() 还能对文件的某一记录上锁，也就是记录锁。记录锁又可分为读取锁和写入锁，其中读取锁又称为共享锁，它能够使多个进程在文件的同一部分建立读取锁。而写入锁又称为排斥锁，在任何时刻只能有一个进程在文件的某个部分建立写入锁。当然，在文件的同一部分不能同时建立读取锁和写入锁。

5. 多路复用

I/O 处理的模型有 5 种。

1）阻塞 I/O 模型。在这种模型下，若所调用的 I/O 函数没有完成相关的功能，则会使进程挂起，直到相关数据到达才会返回。对管道设备、终端设备和网络设备进行读写时经常会出现这种情况。

2）非阻塞模型。在这种模型下，当请求的 I/O 操作不能完成时，不让进程睡眠，而且立即返回。非阻塞 I/O 使用户可以调用不会阻塞的 I/O 操作，如 open()、write() 和 read()。如果该操作不能完成，则会立即返回出错（例如：打不开文件）或者返回 0（例如：在缓冲区中没有数据可以读取或者没有空间可以写入数据）。

3）I/O 多路转接模型。在这种模型下，如果请求的 I/O 操作被阻塞，且它不是真正阻塞 I/O，而是让其中的一个函数等待，在这期间，I/O 还能进行其他操作。select 和 poll 就属于这种模型。

4）信号驱动 I/O 模型。在这种模型下，通过安装一个信号处理程序，系统可以自动捕获特定信号的到来，从而启动 I/O。这是由内核通知用户何时可以启动一个 I/O 操作决定的。

5）异步 I/O 模型。在这种模型下，当一个描述符已准备好可以启动 I/O 时，进程会通知内核。现在并不是所有的系统都支持这种模型。

select 和 poll 的 I/O 多路转接模型是处理 I/O 复用的一个高效的方法。它可以具体设置程序中每一个所关心的文件描述符的条件、希望等待的时间等，从 select 和 poll 函数返回时，内核会通知用户已准备好的文件描述符的数量、已准备好的条件等。通过使用 select 和 poll 函数的返回结果，可以调用相应的 I/O 处理函数。函数原型如下：

```
#include <sys/time.h>
#include <sys/types.h>
#include <unistd.h>
int select(int nfds, fd_set *readfds, fd_set *writefds,
           fd_set *exceptfds, struct timeval *timeout);
#include <poll.h>
int poll(struct pollfd *fds, nfds_t nfds, int timeout);
void FD_CLR(int fd, fd_set *set);
int  FD_ISSET(int fd, fd_set *set);
void FD_SET(int fd, fd_set *set);
void FD_ZERO(fd_set *set);
```

参数含义如下。

➢ nfds：该参数值为需要监视的文件描述符的最大值加 1。

➢ readfds：由 select() 监视的读文件描述符集合。

➢ writefds：由 select() 监视的写文件描述符集合。

> ➢ exceptfds：由 select() 监视的异常处理文件描述符集合。
> ➢ timeout：NULL 值表示永远等待，直到捕捉到信号或文件描述符已准备好为止。具体值表示 struct timeval 类型的指针，若等待了 timeout 的时长还没有检测到任何文件描述符准备好，就立即返回。0 值表示从不等待，测试所有指定的描述符并立即返回。

select() 函数根据文件操作对文件描述符进行分类处理，对文件描述符的处理主要涉及 4 个宏函数。FD_CLR()：将一个文件描述符从文件描述符集中清除；FD_ISSET()：如果文件描述符 fd 为 fd_set 集中的一个元素，则返回非零值，可以用于在调用 select() 之后测试文件描述符集中的文件描述符是否有变化；FD_ZERO()：清除一个文件描述符集；FD_SET()：将一个文件描述符加入文件描述符集中。在使用 select( )函数之前，首先使用 FD_ZERO()和 FD_SET() 来初始化文件描述符集，在使用 select() 函数时，可循环使用 FD_ISSET() 来测试描述符集，在执行完对相关文件描述符的操作之后，使用 FD_CLR() 来清除描述符集。

select() 函数中的 timeout 是一个 struct timeval 类型的指针，这个时间结构体的精确度可以设置到微秒级，这对于大多数的应用而言已经足够了。该结构体如下所示：

```
struct timeval
{
    long tv_sec; /* 秒 */
    long tv_unsec; /* 微秒 */
}
```

6.2.3 文件 I/O 函数实例

从一个文件（源文件）中读取最后 10KB 数据并写到另一个文件（目标文件）。在下面的实例中，源文件以只读方式打开，目标文件以只写方式打开（可以是读写方式）。若目标文件不存在，可以创建并设置权限的初始值为 644，即文件拥有者可读可写，文件所属组和其他用户只能读。测试改变每次读写的缓存大小（实例中为 1KB）将对运行效率产生怎样的影响。

```
1 #include <unistd.h>
2 #include <sys/types.h>
3 #include <sys/stat.h>
4 #include <fcntl.h>
5 #include <stdlib.h>
6 #include <stdio.h>
7
8 #define BUFFER_SIZE    1024    /* 每次读写缓存大小*/
9 #define SRC_FILE_NAME "src_test" /* 源文件名 */
10 #define DEST_FILE_NAME "dest_test" /* 目标文件名文件名 */
11 #define OFFSET  10240   /* 复制的数据大小 */
12
13 int main()
14 {
15      int src_file, dest_file;
16      unsigned char buff[BUFFER_SIZE];
17
18      int real_read_len;
```

```
19
20          /* 以只读方式打开源文件 */
21          src_file = open(SRC_FILE_NAME, O_RDONLY);
22
23          /* 以只写方式打开目标文件，若此文件不存在，则创建该文件，访问权限值为 644 */
24          dest_file = open(DEST_FILE_NAME, O_WRONLY|O_CREAT,
25                              S_IRUSR|S_IWUSR|S_IRGRP|S_IROTH);
26
27          if (src_file < 0 || dest_file < 0)
28          {
29                  printf("Open file error\n");
30                  exit(1);
31          }
32
33          /* 将源文件的读写指针移到最后 10KB 的起始位置*/
34          lseek(src_file, OFFSET, SEEK_END);
35
36          /* 读取源文件的最后 10KB 数据并写到目标文件中，每次读写 1KB */
37          while ((real_read_len = read(src_file, buff, sizeof(buff))) > 0)
38          {
39                  write(dest_file, buff, real_read_len);
40          }
41          close(dest_file); close(src_file); return 0;
42 }
```

下面的实例是使用 fcntl() 函数的文件记录锁功能。首先给 flock 结构体的对应位赋予相应的值。接着使用两次 fcntl() 函数，分别用于判断文件是否可以上锁和给相关文件上锁，这里用到的 cmd 值分别为 F_GETLK 和 F_SETLK。用 F_GETLK 命令判断是否可以进行 flock 结构所描述的锁操作：若可以进行，则 flock 结构的 l_type 会被设置为 F_UNLCK，其他不变；若不可行，则 l_pid 被设置为拥有文件锁的进程号，其他不变。用 F_SETLK 和 F_SETLKW 命令设置 flock 结构所描述的锁操作，后者是前者的阻塞版。文件记录锁功能的源代码如下：

```
 1 #include <unistd.h>
 2 #include <sys/file.h>
 3 #include <sys/types.h>
 4 #include <sys/stat.h>
 5 #include <stdio.h>
 6 #include <stdlib.h>
 7 int lock_set(int fd, int type)
 8
 9 {
10
11              struct flock old_lock, lock; lock.l_whence = SEEK_SET;
lock.l_start = 0;
12          lock.l_len = 0;
13          lock.l_type = type;
14          lock.l_pid = -1;
```

```
15
16              /* 判断文件是否可以上锁 */
17              fcntl(fd, F_GETLK, &lock);
18
19              if (lock.l_type != F_UNLCK)
20
21                  {
22                          /* 判断文件不能上锁的原因 */
23                          if (lock.l_type == F_RDLCK) /* 该文件已有读取锁 */
24                          {
25                                  printf("Read lock already set by %d\n",
                                      lock.l_pid);
26
27                          }
28                          else if (lock.l_type == F_WRLCK) /* 该文件已有写入锁 */
29                          {
30                                  printf("Write lock already set by %d\n",
                                      lock.l_pid);
31
32                          }
33                  }
34
35              /* l_type 可能已被 F_GETLK 修改过 */
36
37              lock.l_type = type;
38
39              /* 根据不同的 type 值进行阻塞式上锁或解锁 */
40              if ((fcntl(fd, F_SETLKW, &lock)) < 0)
41
42                  {
43                          printf("Lock failed:type = %d\n", lock.l_type);
44                          return 1;
45                  }
46
47                  switch(lock.l_type)
48                  {
49                          case F_RDLCK:
50                          {
51                                  printf("Read lock set by %d\n",
                                      getpid());
52                          }
53                          break;
54
55                          case F_WRLCK:
56                          {
57                                  printf("Write lock set by %d\n",
                                      getpid());
```

```
58                                      }
59                                      break;
60
61                                      case F_UNLCK:
62                                      {
63                                              printf("Release lock by %d\n",
                                                   getpid());
64                                              return 1;
65                                      }
66                                      break;
67
68                                      default:
69                                      break;
70                      }/* end of switch */
71                      return 0;
72 }
73
74 int main(void)
75 {
76          int fd;
77
78          /* 首先打开文件 */
79          fd = open("hello", O_RDWR | O_CREAT, 0644);
80          if(fd < 0)
81          {
82                  printf("Open file error\n");
83                  exit(1);
84          }
85
86          /* 给文件上写入锁 */ lock_set(fd, F_WRLCK); getchar();
87          /* 给文件解锁 */ lock_set(fd, F_UNLCK); getchar();
88          close(fd);
89          exit(0);
90 }
```

为了使程序有较大的灵活性，文件上锁后由用户按任意键使程序继续运行。并且在两个终端上同时运行该程序，以达到多个进程操作一个文件的效果。运行结果如下：

```
 //终端1
#   ./lockset
 Write lock set by 3823
 Release lock by 3823
 //终端2
#   ./lockset
 Write lock already set by 3823
 Write lock set by 3824
 Release lock by 3824
```

由此可见，写入锁为互斥锁，在某一时刻只能有一个写入锁存在。

任务 6.3　标准 I/O 编程

标准 I/O 编程

基于文件流的标准 I/O 函数与前面介绍的文件 I/O 函数最大的区别是对缓存区的利用。低级 I/O 函数在很多应用中是不带缓冲区的，可以直接操作硬件，为驱动开发等底层的系统应用开发提供了方便。运行系统调用时，Linux 必须从用户态切换到内核态，执行相应的请求，然后再返回到用户态，所以应该尽量减少系统调用的次数，从而提高程序的运行效率。

标准 I/O 操作都是基于流缓冲的，它是符合 ANSIC 的标准 I/O 处理，有很多函数已经非常熟悉了，如 printf()、scantf() 函数等。标准 I/O 提供流缓冲的目的是尽可能减少使用 read() 和 write() 等系统调用的数量。标准 I/O 提供了 3 种类型的缓冲存储。

> 全缓冲。在这种情况下，只有填满标准 I/O 缓存后才能进行实际 I/O 操作。存放在磁盘上的文件通常是由标准 I/O 库实施全缓冲的。在一个流上执行第一次 I/O 操作时通常都会调用 malloc()，就是使用全缓冲。

> 行缓冲。在这种情况下，当在输入和输出中遇到行结束符时，标准 I/O 库执行 I/O 操作。这允许一次输出一个字符（如 fputc() 函数），但只有写了一行之后才进行实际 I/O 操作。标准输入和标准输出就是使用行缓冲的典型例子。

> 不带缓冲。标准 I/O 库不对字符进行缓冲。如果用标准 I/O 函数写若干字符到不带缓冲的流中，则相当于用系统调用 write() 函数将这些字符全写到被打开的文件中。标准出错 stderr 通常是不带缓存的，这就使得出错信息可以尽快显示出来，而不管它们是否含有一个行结束符。

6.3.1　标准 I/O 相关函数

1.　打开文件

打开文件有三个标准函数，分别为 fopen()、fdopen() 和 freopen()。它们可以以不同的模式打开，但都返回一个指向文件的指针，该指针指向对应的 I/O 流。此后对文件的读写都通过这个文件指针来进行。函数原型如下：

```
#include <stdio.h>
FILE *fopen(const char *path, const char *mode);
FILE *fdopen(int fd, const char *mode);
FILE *freopen(const char *path, const char *mode, FILE *stream);
```

fopen()、fdopen() 和 freopen() 以不同的模式打开文件，返回一个指向文件流的文件指针。fdopen() 函数会将参数 fd 的文件描述符转换为对应的文件指针后返回。freopen() 函数会将已打开的文件指针 stream 关闭后，打开参数 path 的文件。

fopen() 函数可以指定打开文件的路径和模式，路径由参数 path 指定，模式相当于 open() 函数中的标志位 flag。mode 取值含义见表 6-5。

表 6-5　mode 取值含义

取值	说　明
r 或 rb	打开只读文件，该文件必须存在
r+或 r+b	打开可读写的文件，该文件必须存在
w 或 wb	打开只写文件，若文件存在，则将文件长度清为 0，即会擦写文件以前的内容。若文件不存在，则建立该文件
w+或 w+b	打开可读写文件，若文件存在，则将文件长度清为 0，即会擦写文件以前的内容。若文件不存在，则建立该文件
a 或 ab	以附加的方式打开只写文件。若文件不存在，则会建立该文件；如果文件存在，写入的数据会被加到文件尾，即文件原先的内容会被保留
a+或 a+b	以附加方式打开可读写的文件。若文件不存在，则会建立该文件；如果文件存在，写入的数据会被加到文件尾，即文件原先的内容会被保留

凡是在 mode 字符串中带有 b 字符的（如 rb 等），表示打开的文件是二进制文件。不同的打开方式对文件末尾的处理方式不同。

2. 读写文件

当利用 fopen() 函数打开文件后就可以对文件流进行读写操作了。根据每次读写的数据量的不同可以将读写函数分为块读写、字符读写和字符串读写 3 类，其中字符读写类函数和字符串读写类函数主要是针对文本文件的。函数原型如下：

```
#include <stdio.h>
size_t fread(void *ptr, size_t size, size_t nmemb, FILE *stream);
size_t fwrite(const void *ptr, size_t size, size_t nmemb, FILE *stream);
```

fread() 函数从文件流中读取数据，参数含义如下。

➢ ptr：存放读入记录的缓冲区。

➢ size：读取的记录大小。

➢ nmemb：读取的记录数。

➢ stream：要读取的文件流。

fread() 函数返回实际读取的 nmemb 数，可能会比指定的 nmemb 值小。

fwrite() 函数将参数 ptr 所指定的数据写入文件流 stream 中，总共写入 size*nmemb 个字符，并返回实际写入的 nmemb 数。

3. 关闭文件

完成对文件的操作后须调用 fclose()函数关闭文件指针，函数原型如下：

```
#include <stdio.h>
int fclose(FILE *fp);
```

该函数将缓冲区内的数据全部写入到文件中，并释放系统所提供的文件资源。如果只是希望将缓冲区中的数据写入文件，后面可能还会用到文件指针，则可以使用 fflush() 函数。

4. 文件状态

stat() 用来将参数 file_name 所指的文件状态复制到参数 buf 所指的结构(struct stat)中。函数原型如下：

```
#include <sys/types.h>
#include <sys/stat.h>
```

```
#include <unistd.h>
int stat(const char *path, struct stat *buf);
int fstat(int fd, struct stat *buf);
int lstat(const char *path, struct stat *buf);
```

给定一个文件名，stat 函数返回一个与此命名文件有关的信息结构，fstat 函数是由文件描述符取得文件的状态，将参数 fd 所指向的文件状态复制到参数 buf 所指向的结构中。stat 结构参数的说明如下：

```
struct stat {
        dev_t     st_dev;           /*文件的设备编号*/
        ino_t     st_ino;           /*文件的 i-node */
        mode_t    st_mode;          /*文件的类型和存取的权限*/
        nlink_t   st_nlink;         /*连到该文件的硬连接(hard link)数目，刚建立的
                                    /*文件值为 1 */
        uid_t     st_uid;           /*文件拥有者的用户识别码(user ID) */
        gid_t     st_gid;           /*文件拥有者的组识别码(group ID) */
        dev_t     st_rdev;          /*若此文件为设备文件，则为其设备编号*/
        off_t     st_size;          /*文件大小，以字节计算*/
        blksize_t st_blksize;       /*文件系统的 I/O 缓冲区大小*/
        blkcnt_t  st_blocks;        /*占用文件区块的个数，每一区块大小为 512B*/
        time_t    st_atime;         /*文件最近一次被存取或被执行的时间，一般只有在用
                                    /*mknod, utime, read, write 与 truncate 时
                                    /*改变*/
        time_t    st_mtime;         /*文件最后一次被修改的时间，一般只有在用 mknod,
                                    /*utime 和 write 时才会改变*/
        time_t    st_ctime;         /*i-node 最近一次被更改的时间，此参数会在文件
                                    /*拥有者、组、权限被更改时更新*/
    };
```

而 st_mode 域是需要一些宏予以配合才能使用的，使用它们和 st_mode 进行 "&" 操作，从而得到某些特定的信息。

文件类型标志如下。

➢ S_IFBLK：文件是一个特殊的块设备。

➢ S_IFDIR：文件是一个目录。

➢ S_IFCHR：文件是一个特殊的字符设备。

➢ S_IFIFO：文件是一个 FIFO 设备。

➢ S_IFREG：文件是一个普通文件。

➢ S_IFLNK：文件是一个符号链接。

其他模式标志如下。

➢ S_ISUID：文件设置了 SUID 位。

➢ S_ISGID：文件设置了 SGID 位。

➢ S_ISVTX：文件设置了 sticky 位。

用于解释 st_mode 标志的掩码如下。

➢ S_IFMT：文件类型。

➢ **S_IRWXU**：属主的读/写/执行权限，可以分成 S_IXUSR、S_IRUSR、S_IWUSR。

➢ **S_IRWXG**：属组的读/写/执行权限，可以分成 S_IXGRP、S_IRGRP、S_IWGRP。

➢ **S_IRWXO**：其他用户的读/写/执行权限，可以分为 S_IXOTH、S_IROTH、S_IWOTH。

6.3.2　标准 I/O 函数实例

标准 I/O 函数实例

下面实例的功能跟底层 I/O 操作的实例功能基本相同，实现文件的复制操作，只是用标准 I/O 库的文件操作来替代原来的底层文件系统调用而已。

```
1  #include <stdio.h>
2  #include <string.h>
3  #include <sys/types.h>
4  #include <sys/stat.h>
5  #include <unistd.h>
6
7  #define SRC_FILE_NAME "src_test" /* 源文件名 */
8  #define DEST_FILE_NAME "dest_test" /* 目标文件文件名 */
9
10 int cp_file(char *sfile, char *dfile, u_int32_t uLen)
11 {
12     FILE *sFile = NULL, *dFile = NULL;
13     char *line = NULL;
14     int tmpNO;
15     if((sFile= fopen(sfile, "rb+")) == (FILE *)NULL)   //打开原文件
16     {
17         return -1;
18     }
19     if((dFile=fopen(dfile, "wb+")) == (FILE *)NULL)   //打开新文件
20     {
21         return -1;
22     }
23
24     line = (char *)malloc(uLen);
25
26     if(line == NULL)
27     {
28         return -1;
29     }
30     memset(line, 0, uLen);
31
32     //读取原文件内容，如果文件很大，请分块读取
33     if(fread(line, sizeof(char), uLen, sFile) != uLen)
34     {
35         printf("updatefile:fopen error");
36         fclose(sFile);
37         free(line);
38         return -1;
```

```
39              }
40
41          if(fwrite(line, sizeof(char), uLen, dFile) != uLen)          //写入新文件
42          {
43                  printf("updatefile:fopen error");
44                  fclose(dFile);
45                  free(line);
46                  return -1;
47          }
48          tmpNO = fileno(dFile);
49          fsync(tmpNO);                                          //刷新内核的块缓存
50          fclose(sFile);
51          fclose(dFile);
52          free(line);
53          return 0;
54 }
55
56 int main(void)
57 {
58      struct stat buf;
59      stat(SRC_FILE_NAME, &buf);
60      if(cp_file(SRC_FILE_NAME, DEST_FILE_NAME, buf.st_size)<0)
61        printf("copy file error");
62      return 0;
63
```

任务 6.4　网络通信编程

　　网络通信编程即编写通过计算机网络与其他程序进行通信的程序。相互通信的程序中的一方称为客户端程序，另一方称为服务器端程序，应用系统提供的 Socket 编程接口可以编写自己的网络通信程序。

6.4.1　网络通信编程基本概念

1. TCP/IP 协议模型

　　读者一定都听说过著名的 OSI 参考模型，它是基于国际标准化组织（ISO）的建议发展起来的，从上下共分为 7 层：应用层、表示

网络通信编程
基本概念

层、会话层、传输层、网络层、数据链路层及物理层。这个 7 层的协议模型虽然规定得非常细致和完善，但在实际中却得不到广泛的应用，原因之一就在于它过于复杂。与此相区别的 TCP/IP 参考模型从一开始就遵循简单明确的设计思路，它将 TCP/IP 的 7 层协议模型简化为 4 层，从而更有利于实现和使用。TCP/IP 参考模型和 OSI 参考模型的对应关系如图 6-1 所示。

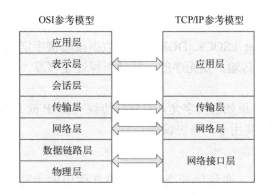

图 6-1　TCP/IP 参考模型和 OSI 参考模型的对应关系

下面分别对 TCP/IP 的 4 层参考模型进行简要介绍。

➢ 网络接口层：负责将二进制流转换为数据帧，并进行数据帧的发送和接收。要注意的是数据帧是独立的网络信息传输单元。

➢ 网络层：负责将数据帧封装成 IP 数据包，并运行必要的路由算法。

➢ 传输层：负责端对端之间的通信会话连接与建立。传输协议的选择根据数据传输方式而定。

➢ 应用层：负责应用程序的网络访问，这里通过端口号来识别各个不同的进程。

虽然 TCP/IP 的名称只包含了两个协议，但实际上，TCP/IP 是一个庞大的协议族，它包括各个层次上的众多协议，如下所示。

➢ ARP：用于获得同一物理网络中的硬件主机地址。

➢ MPLS：多协议标签交换协议，是很有发展前景的下一代网络协议。

➢ IP：负责在主机和网络之间寻址和路由数据包。

➢ ICMP：用于发送有关数据包的传送错误的协议。

➢ IGMP：被 IP 主机用来向本地多路广播路由器报告主机组成员的协议。

➢ TCP：为应用程序提供可靠的通信连接。适用于一次传输大批数据的情况以及要求得到响应的应用程序。

➢ UDP：提供了无连接通信，且不对传送包进行可靠性保证。适用于一次传输少量数据的情况，可靠性则由应用层来负责。

2．Socket 套接字

在 Linux 中的网络编程是通过 Socket 接口来进行的。Socket 接口是 TCP/IP 网络的 API，包含了一整套的调用接口和数据结构的定义，它给应用程序提供了使用 TCP/UDP 等网络协议进行网络通信的手段。Socket 是一种特殊的 I/O 接口，也是一种文件描述符。Socket 还是一种常用的进程之间的通信机制，通过它不仅能实现本地机器上进程之间的通信，而且能够实现通过网络在不同机器上的进程之间进行通信。

Socket 也有一个类似于打开文件的函数调用，该函数返回一个整型的 Socket 描述符，随后的连接建立、数据传输等操作都是通过 Socket 来实现的。

常见的 Socket 类型有如下 3 种。

1）流式套接字 Socket（SOCK_STREAM）。流式套接字提供面向连接的、可靠的数据传输服务，数据无差错、无重复地发送，且按发送顺序接收。它使用 TCP，从而保证了数据传输的正确性和顺序性。内设流控制，避免数据流超限。数据被看作字节流，无长度限制。

2）数据报套接字 Socket（SOCK_DGRAM）。数据报套接字定义了一种无连接的服务，数据通过相互独立的报文进行传输，是无序的，并且不保证是可靠、无差错的。它使用用户数据报协议（UDP）。

3）原始套接字 Socket。原始套接字允许对底层协议（如 IP 或 ICMP）进行直接访问，它功能强大但使用较为不便，主要用于一些协议的开发。

3．客户机/服务器模式

在 TCP/IP 网络应用中，通信的两个进程间相互作用的主要模式是客户机/服务器模式（Client/Server），即客户向服务器提出请求，服务器接收到请求后，提供相应的服务。客户机/服务器模式的建立基于以下两点：首先，建立网络的起因是网络中的软硬件资源、运算能力和信息不均等，需要共享，从而造就了拥有众多资源的主机提供服务，资源较少的客户请求服务这一非对等作用；其次，网间进程通信完全是异步的，相互通信的进程间既不存在父子关系，又不共享内存缓冲区，因此需要一种机制为希望通信的进程建立联系，为两者的数据交换提供同步。

客户机/服务器模式在操作过程中采取的是主动请求的方式。首先，服务器端要先启动，并根据请求提供相应的服务，如图 6-2 所示。

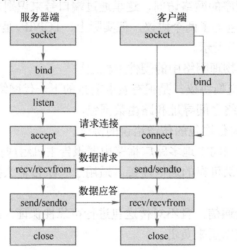

图 6-2　使用 TCP Socket 编程流程图

1）调用 socket 函数创建套接字。

2）调用 bind 函数指定本地地址和端口，即开一个通信通道并告知本地主机，它愿意在某一地址和端口上接收客户请求。

3）调用 listen 函数启动监听，等待客户请求到达该端口。

4）调用 accept 函数从已连接的队列中提取客户连接。

5）调用 recv 函数接收客户端请求。

6）调用 send 函数发送应答信息。

7）调用 close 函数关闭连接。

接收到重复服务请求，处理该请求并发送应答信号。接收到并发服务请求，要激活一个新的进程（或线程）来处理这个客户请求。新进程（或线程）处理此客户请求，并不需要对其他请求进行应答。服务完成后，关闭此新进程与客户的通信链路，并终止。

客户端通常的调用序列如下：

1）调用 socket 函数创建套接字。

2）调用 connect 函数连接服务器端，即开一个通信通道，并连接到服务器所在主机的特定端口。

3）调用 send 函数向服务器发送服务请求报文，等待调用 recv 函数接收应答；继续提出请求。

4）请求结束后调用 close 函数关闭通信通道并终止。

UDP 是一种面向非连接、不可靠的通信协议，虽然可靠性不及 TCP，但传输效率较高。使用 UDP Socket 编程流程如图 6-3 所示。

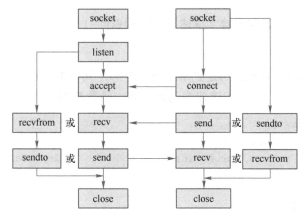

图 6-3　使用 UDP Socket 编程流程图

6.4.2　Socket 编程的基本函数

Socket 编程中使用的基本函数包括 socket()、bind()、listen()、accept()、connect()、send()、sendto()、recv() 以及 recvfrom() 等。

Socket 编程的基本函数

1．socket()

socket() 函数用于建立一个 Socket 连接，可指定 Socket 类型等信息。在建立了 Socket 连接之后，可对 sockaddr 或 sockaddr_in 结构进行初始化，以保存所建立的 Socket 地址信息。函数原型如下：

```
#include <sys/types.h>
#include <sys/socket.h>
int socket(int domain, int type, int protocol);
```

参数含义如下。

➢ domain：协议族。

➢ type：套接字类型。

➢ protocol：表示使用的协议号，用 0 指定 domain 和 type 的默认协议号。

其中协议族定义如下：

```
AF_UNIX, AF_LOCAL       UNIX 域协议
AF_INET                 IPv4 协议
AF_INET6                IPv6 协议
AF_IPX                  IPX - Novell 协议
AF_NETLINK              内核用户接口设备
AF_X25                  ITU-T X.25 / ISO-8208 协议
AF_AX25                 AX.25 协议
```

套接字类型定义如下：

```
SOCK_STREAM：字节流套接字
SOCK_DGRAM：数据报套接字
SOCK_RAW：原始套接字
```

若建立套接字成功，则返回套接字描述符，否则返回-1。

2．bind()

bind() 函数用于将本地 IP 地址绑定到端口号，若绑定其他 IP 地址，则不能成功。另外，它主要用于 TCP 的连接，而在 UDP 的连接中则无必要。函数原型如下：

```
#include <sys/types.h>
#include <sys/socket.h>
int bind(int sockfd, const struct sockaddr *addr, socklen_t addrlen);
```

参数含义如下。

➢ sockfd：套接字描述符。

➢ addr：本地地址。

➢ addrlen：地址长度。

sockaddr 和 sockaddr_in 这两个结构类型都是用来保存 Socket 信息的，如下所示：

```
 struct sockaddr
{
    unsigned short sa_family;           /* 地址家族, AF_xxx */
    char sa_data[14];                   /*14 字节协议地址*/
};


struct sockaddr_in
{
    short int sin_family;               /* 通信类型 */
    unsigned short int sin_port;        /* 端口 */
    struct in_addr sin_addr;            /* Internet 地址 */
    unsigned char sin_zero[8];          /* 与 sockaddr 结构的长度相同*/
};
```

sockaddr_in 结构提供了方便的手段来访问 struct sockaddr 结构中的每一个元素，是与 sockaddr 等价的，参数的设置也基本相同。sin_zero 是为了使两个结构在内存中使用相同的尺寸，使用 sockaddr_in 结构时应该使用函数 bzero() 或 memset() 把 sin_zero 全部置零。

通过 ioctl 函数来获取本地 IP 地址，代码如下：

```
1     int sk;
2     struct ifreq ifr;
3    struct sockaddr_in *sin;
4    printf("gethostip begin\n");
5
6     sk = socket(PF_PACKET, SOCK_RAW, htons(ETH_P_ALL));
7     if(sk == -1)
8     {
9        printf("Can't Initialize Network Packet Interface!\n");
10       return -1;
11    }
12
13    memset(&ifr, 0, sizeof(ifr));
14    strcpy(ifr.ifr_name, "eth0");
15    if (ioctl(sk, SIOCGIFADDR, &ifr) == -1)
16    {
17       return -1;
18    }
19    sin = (struct sockaddr_in *)&ifr.ifr_addr;
20
21    printf(" ip addr %s  \n", inet_ntoa(sin->sin_addr));
```

3. listen()

在服务端程序成功建立套接字和与地址进行绑定之后,还需要准备在该套接字上接收新的
连接请求。此时调用 listen()函数来创建一个等待队列,在其中存放未处理的客户端连接请求。
函数原型如下:

```
#include <sys/types.h>
#include <sys/socket.h>
int listen(int sockfd, int backlog);
```

参数含义如下。

➤ sockfd:套接字描述符。

➤ backlog:请求队列中允许的最大请求数,大多数系统的默认值为 5。

由于可能会同时有很多连接请求需要处理,backlog 参数可以确定连接请求队列的长度。
listen() 函数等待别人连接,如果在 bind() 函数中没有指定端口号,系统将随机指定一个端口。

4. accept ()

服务端程序调用 listen()函数创建等待队列之后,调用 accept()函数等待并接收客户端的连接
请求。它通常从由 bind()所创建的等待队列中取出第一个未处理的连接请求。函数原型如下:

```
#include <sys/types.h>
#include <sys/socket.h>
int accept(int sockfd, struct sockaddr *addr, socklen_t *addrlen);
```

参数含义如下。

➤ sockfd:套接字描述符。

➢ addr：远程计算机的 IP 地址。

➢ addrlen：地址长度。

accept()函数默认为阻塞函数，调用函数后将一直阻塞到有连接请求。如果执行成功，返回值是由内核自动产生的一个新的 socket，同时将远程计算机的地址信息填充到 addr 所指向的内存空间中。

5．connect ()

当客户端完成 Socket 建立，填充服务器信息结构等工作后，就可以调用 connect()函数连接服务器了。客户端如果需要申请一个连接，必须调用 connect()函数。connect()函数的任务就是建立与服务器端的连接，函数原型如下：

```
#include <sys/types.h>
#include <sys/socket.h>
int connect(int sockfd, const struct sockaddr *addr, socklen_t addrlen);
```

参数含义如下。

➢ sockfd：套接字描述符。

➢ addr：存储远程计算机 IP 地址和接口信息的 sockaddr 结构。

➢ addrlen：地址长度。

客户端通过 connect () 函数来连接服务器，当 connect () 调用成功之后，就可以使用 sockfd 作为与服务器连接的套接字描述符，使用 recv() 和 send() 函数来收发数据。

6．send()和 recv()

这两个函数分别用于发送和接收数据，可以用在 TCP 中，也可以用在 UDP 中。当用于 UDP 时，可以在 connect()函数建立连接之后再用。函数原型如下：

```
#include <sys/types.h>
#include <sys/socket.h>
 ssize_t send(int sockfd, const void *buf, size_t len, int flags);
 ssize_t recv(int sockfd, void *buf, size_t len, int flags);
```

参数含义如下。

➢ sockfd：套接字描述符。

➢ buf：指向要发送数据的指针。

➢ len：数据长度。

➢ flags：发送和接收标志，一般都设为 0。

send()函数在调用后返回它实际发送的数据长度。send() 函数所发送的数据可能小于其参数指定的长度。如果发送的数据超过 send() 函数一次所能发送的数据的长度，则 send() 函数只发送其所能发送的最大长度。

7．sendto() 和 recvfrom()

这两个函数的作用与 send() 和 recv() 函数类似，也可以用在 TCP 和 UDP 中。当用于 TCP 时，后面的几个与地址有关的参数不起作用，函数作用等同于 send() 和 recv()。当用于 UDP 时，可以用在之前没有使用 connect()的情况下，这两个函数可以自动寻找指定地址并进行连接。函数原型如下：

```
#include <sys/types.h>
#include <sys/socket.h>
ssize_t sendto(int sockfd, const void *buf, size_t len,
               int flags, const struct sockaddr *dest_addr, socklen_t addrlen);
ssize_t recvfrom(int sockfd, void *buf, size_t len, int flags,
               struct sockaddr *src_addr, socklen_t *addrlen);
```

sendto() 函数参数含义如下。

➢ sockfd：套接字描述符。

➢ buf：指向要发送数据的指针。

➢ len：数据长度。

➢ flags：发送和接收标志，一般都设为 0。

➢ dest_addr：远程主机的 IP 地址和端口。

➢ addrlen：地址长度。

6.4.3　网络编程实例

该实例分为客户端和服务器端两部分，其中服务器端首先建立起 Socket，再与本地端口进行绑定，然后开始接收来自客户端的连接请求并与它建立连接，接着接收客户端发送的消息。客户端则在建立 Socket 之后调用 connect() 函数来建立连接。

网络编程实例

服务端的代码如下所示：

```
 1 #include <sys/types.h>
 2 #include <sys/socket.h>
 3 #include <stdio.h>
 4 #include <stdlib.h>
 5 #include <errno.h>
 6 #include <string.h>
 7 #include <unistd.h>
 8 #include <netinet/in.h>
 9
10 #define PORT            4321
11 #define BUFFER_SIZE     1024
12 #define MAX_QUE_CONN_NM 5
13
14 int main()
15 {
16     struct sockaddr_in server_sockaddr, client_sockaddr;
17     int sin_size, recvbytes;
18     int sockfd, client_fd;
19     char buf[BUFFER_SIZE];
20
21     /*建立 Socket 连接*/
22     if ((sockfd = socket(AF_INET, SOCK_STREAM, 0))== -1)
23     {
24         perror("socket");
```

```
25          exit(1);
26      }
27      printf("Socket id = %d\n", sockfd);
28
29      /*设置 sockaddr_in 结构体中的相关参数*/
30      server_sockaddr.sin_family = AF_INET;
31      server_sockaddr.sin_port = htons(PORT);
32      server_sockaddr.sin_addr.s_addr = INADDR_ANY;
33      bzero(&(server_sockaddr.sin_zero), 8);
34
35      int i = 1;/* 允许重复使用本地地址与套接字进行绑定 */
36      setsockopt(sockfd, SOL_SOCKET, SO_REUSEADDR, &i, sizeof(i));
37
38      /*绑定函数 bind()*/
39      if (bind(sockfd, (struct sockaddr *)&server_sockaddr,
40              sizeof(struct sockaddr)) == -1)
41      {
42              perror("bind");
43              exit(1);
44      }
45      printf("Bind success!\n");
46      /*调用 listen()函数，创建未处理请求的队列*/
47      if (listen(sockfd, MAX_QUE_CONN_NM) == -1)
48      {
49          perror("listen");
50          exit(1);
51      }
52      printf("Listening....\n");
53      /*调用 accept()函数，等待客户端的连接*/
54      if ((client_fd = accept(sockfd,
55          (struct sockaddr *)&client_sockaddr, &sin_size)) == -1)
56      {
57              perror("accept");
58              exit(1);
59      }
60      /*调用 recv()函数，接收客户端的请求*/
61      memset(buf, 0, sizeof(buf));
62      if ((recvbytes = recv(client_fd, buf, BUFFER_SIZE, 0)) == -1)
63      {
64          perror("recv");
65          exit(1);
66      }
67      printf("Received a message: %s\n", buf);
68      close(sockfd);
69      exit(0);
70 }
```

客户端的代码如下所示:

```
1  #include <stdio.h>
2  #include <stdlib.h>
3  #include <errno.h>
4  #include <string.h>
5  #include <netdb.h>
6  #include <sys/types.h>
7  #include <netinet/in.h>
8  #include <sys/socket.h>
9
10 #define PORT    4321
11 #define BUFFER_SIZE 1024
12
13 int main(int argc, char *argv[])
14 {
15    int sockfd, sendbytes;
16    char buf[BUFFER_SIZE];
17    struct hostent *host;
18    struct sockaddr_in serv_addr;
19
20    if(argc < 3)
21    {
22        fprintf(stderr, "USAGE: ./client Hostname(or ip address) Text\n");
23        exit(1);
24    }
25
26    /*地址解析函数*/
27    if ((host = gethostbyname(argv[1])) == NULL)
28    {
29        perror("gethostbyname");
30        exit(1);
31    }
32
33    memset(buf, 0, sizeof(buf));
34    sprintf(buf, "%s", argv[2]);
35
36    /*创建 Socket*/
37    if ((sockfd = socket(AF_INET, SOCK_STREAM, 0)) == -1)
38    {
39        perror("socket");
40        exit(1);
41    }
42
43    /*设置 sockaddr_in 结构体中的相关参数*/
```

```
44        serv_addr.sin_family = AF_INET;
45        serv_addr.sin_port = htons(PORT);
46        serv_addr.sin_addr = *((struct in_addr *)host->h_addr);
47        bzero(&(serv_addr.sin_zero), 8);
48
49        /*调用 connect()函数主动发起对服务器端的连接*/
50        if(connect(sockfd, (struct sockaddr *)&serv_addr,
51                   sizeof(struct sockaddr))== -1)
52        {
53               perror("connect");
54               exit(1);
55        }
56
57        /*发送消息给服务器端*/
58  if ((sendbytes = send(sockfd, buf, strlen(buf), 0)) == -1
59        {
60               perror("send");
61               exit(1);
62        }
63        close(sockfd);
64        exit(0);
65  }
```

拓展阅读

团队合作在一个企业中的作用是至关重要的，一个好的团队的总体力量远远超过每个个体力量的总和。项目开发是一项复杂且烦琐的工作，团队合作真的那么容易实现吗？

1. 推动信息共享与沟通

第一个原则，就是所有信息都保留并公开，讨论要包括所有涉及的角色，决定要公开并告知所有人。当然，对涉及的技术机密、安全性信息等要采取必要的保护措施。随着项目复杂度和团队规模的增加，没有信息共享与沟通是不行的。

2. 为共同的愿景而工作

这个"共同的愿景"是指产品的愿景。开发一个产品，不管是应用软件、行业软件，还是通用软件，要明确项目的目标是什么。"共同的愿景"，即团队的领导人要让全体成员都同意并为之奋斗的愿景。

3. 充分授权和信任

在一个高效的团队中，所有成员都应该能得到充分的授权。他们有权在职权范围内按照自己的承诺完成任务。同时，他们也充分信任其他同事能实现各自的承诺。类似地，团队的顾客（包括内部和外部的顾客）也认为团队能兑现承诺，并进行相应的规划。

4. 各司其职，对项目共同负责

团队的各个角色合起来对整个项目最终的成功负责。每个角色在其职责范围内的失败都会导致整个项目的失败，而且各个角色的工作都是互相渗透、互相依赖的。这种互相依赖的方式也鼓励团队成员在自己本职之外为其他领域做贡献。

5. 交付增量的价值

如果没有搞清楚项目会解决什么问题，为谁解决问题，为什么它会解决问题，以及怎样才能拿到客户的报酬，那项目还不能算是真正开始。

6. 保持敏捷，预期和适应变化

软件唯一不变的是变化。所以不要幻想客户的需求会在第一时刻就很明确且保持不变。但要注意，是预期变化，不是期望变化。除开外部原因，团队内部也在变化，对技术的掌握每天都在提高，原来认为不可能实现的事可能变得容易。我们对客观世界和软件系统的了解每天都在深化，原来觉得没问题的小细节可能忽然成了大问题。

7. 投资质量

对质量的重视引发对质量的投资，以及对人、过程和工具的投资。

8. 学习所有的经验

在学习过去的经验的同时，也要避免让过去的经验妨碍现在的问题解决。这个原则有两个含义：把经验总结出来，分享经验。在每一个里程碑结束时都要做一个 "里程碑回顾"，这个回顾不必等到整个项目结束才做。大家对最近的成败都记忆犹新，能提供比较准确和全面的反馈。如果发现了错误，可以马上研究解决办法。

9. 与用户合作

有些产品团队拿到合同之后就闭门造车，直到产品完成才告诉用户，这并不可取。项目当然是项目团队成员做的，但是项目的商业价值要由用户说了算。那些"我觉得用户会喜欢"的东西要及早和用户交流。因为"我觉得"和"用户觉得"是两码事。

实操练习

串口通信具有成本低、简单实用等特点，但是串口不适合远距离、大流量传输。在实际工作中经常会遇到串口接收数据后由网络转发的情况。最典型的是现在的无线传感网络中，ZigBee 协调器接收到节点后，通过串口传输给网关。

下面以智能家居模拟系统来说明网络协议转换器的作用，系统结构图如图 6-4 所示。

感知层主要完成两个主要功能：①负责组建家庭无线传感网络，将家居设备数据采集汇总到协调器；②负责家居设备节点间的无线通信。

智能家居网关（即网络协议转换器）通过串口连接协调器，通过网口连接上位机。它将接收协调器发送过来的数据，然后转发给智能家居管理软件，同样也可以接收智能家居管理软件发送过来的控制命令并转发给协调器，实现对受控设备的控制功能。

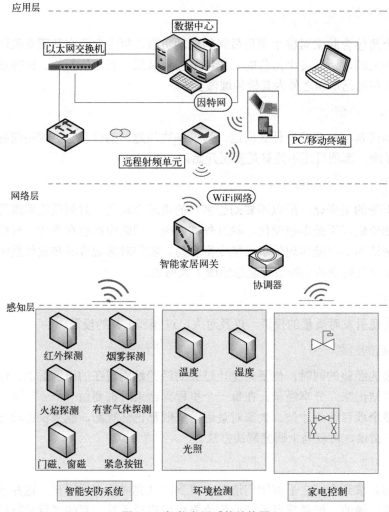

图 6-4　智能家居系统结构图

ZigBee 协调器与网络协议转换器的命令包格式和返回包格式见表 6-6 和表 6-7。

表 6-6　命令包格式（16 字节）

字段	帧头	命令类型	命令字	网络地址	数据	帧尾
长度（字节）	1	3	3	2	6	1
描述	'&'	"WSN"	"R/S"+"XX" R-读取 S-设置	低前高后	数据低前高后存放，空值用'y'填充	'*'

表 6-7　返回包格式（32 字节）

字段	帧头	命令类型	命令字	命令状态	网络地址	数据	帧尾
长度（字节）	1	3	3	1	2	21	1
描述	'&'	"WSN"	"R/S"+"XX" R-读取 S-设置	'S'-成功 'E'-出错	低前高后	数据低前高后存放，空值'y'填充	'*'

　　命令包是网络协议转换器发向 ZigBee 协调器的，ZigBee 协调器返回的数据使用返回包格式。命令包及返回包中的多字节内容均是按低前高后存放的。

网络协议转换器有两种方式处理数据，一种是直接转发数据，不做任何解析工作。收到智能家居管理软件的命令后直接转发给 ZigBee 协调器，收到 ZigBee 协调器的返回数据后直接转发给智能家居管理软件。另一种方式是与智能家居管理软件再次制定协议，解析后再发送数据。

请编写程序实现以上功能：

1）编写串口相关函数，串口操作的主要函数有 open_port（打开串口）、close_port（关闭串口）、write2port（写数据）、read_from_port（读数据）。

2）编写主程序，main 函数主要的工作是根据输入的参数开始监听网络，并开启 process_lan2serial 和 process_serial2lan 两个线程。

3）编写回调函数，process_serial2lan 回调函数的作用是接收串口数据，然后发送到网络。

项目代码分别存放在 lan2serial.c、serial.c 中，lan2serial.c 文件中是主程序以及回调函数等，串口相关的处理函数在 serial.c 文件中。

习题

1. 请说明 Glibc 主要包含哪些内容。它们的作用是什么？
2. 请说明 Linux 中的文件主要分为哪几个。它们的作用是什么？
3. 标准 I/O 提供了哪 3 种类型的缓冲存储？

项目 7 移植 BootLoader、内核、文件系统

项目描述

对于操作系统而言，移植通常是跨平台的、与硬件相关的，即硬件系统结构、CPU 不同。嵌入式 Linux 系统的移植主要移植 BootLoader、内核、文件系统这三部分。

BootLoader 是在操作系统内核运行之前运行。可以初始化硬件设备、建立内存空间映射图，从而将系统的软硬件环境带到一个合适状态，以便为最终调用操作系统内核准备好正确的环境。内核，是一个操作系统的核心。是基于硬件的第一层软件扩充，提供操作系统的最基本的功能，是操作系统工作的基础，它负责管理系统的进程、内存、设备驱动程序、文件和网络系统，决定着系统的性能和稳定性。Linux 内核在系统启动期间所进行的操作之一就是挂载根文件系统。Linux 内核本身并未规定任何文件系统结构，但是用户空间应用程序将期望在特定的目录结构中找到特定名称的文件。Linux 启动时都需要有 init 目录下的相关文件，在 Linux 挂载分区时 Linux 一定会找/etc/fstab 挂载文件系统等，根文件系统中还包括了许多的应用程序 bin 目录等。

项目目标

知识目标
1. 了解 BootLoader 相关知识
2. 掌握 Linux 内核基本知识
3. 掌握文件系统相关知识

技能目标
1. 移植 U-Boot
2. 掌握 U-Boot 常用命令
3. 掌握内核配置与编译
4. 制作根文件系统

素质目标
1. 具备报效祖国的情怀、乐观向上的精神
2. 具备自我管理的能力、职业生涯规划的意识
3. 遵纪守法、诚实守信，具有责任感和团队合作意识
4. 具备勇于探索的创新精神和精益求精的工匠精神

任务 7.1 认识 BootLoader

认识 Boot-
Loader

BootLoader 主要负责加载内核，尽管它在系统启动期间执行的时间非常短，但它是非常重

要的组件，任何运行 Linux 内核的系统都需要用到 BootLoader。

7.1.1 Linux 系统的启动过程

Linux 系统的启动过程可分为三个阶段，如图 7-1 所示。

1）BootLoader 运行阶段。

2）Linux 内核初始化阶段。

3）正常运行阶段。

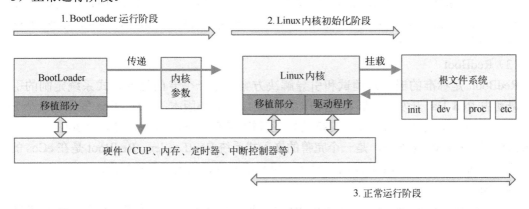

图 7-1　Linux 系统的启动过程

第一阶段：BootLoader 启动，初始化硬件，加载 Linux 内核，启动 Linux 内核，并传递 Linux 内核所需要的启动参数。此后，BootLoader 交出系统的控制权。

第二阶段：Linux 内核启动，完成初始化工作后，加载根文件系统，之后运行根文件系统中的 init 作为第一个进程，并启动内核守护进程作为第二个进程。

第三阶段：系统进入正常运行状态，用户空间的各个进程由 1 号进程启动，内核空间的各个进程由 2 号进程启动。可以由程序加载不同的文件系统以及运行不同的文件系统中的程序，当用户空间的程序进行系统调用时，将切换到内核空间运行。

7.1.2 BootLoader 的概念与功能

BootLoader 是在操作系统内核运行之前运行的一段小程序，通过它初始化硬件设备、建立内存空间的映射图，从而将系统的软硬件环境带到一个合适的状态，以便为最终调用操作系统内核准备好正确的环境。

1．BootLoader 所支持的嵌入式开发板

每种不同的 CPU 体系结构都有不同的 BootLoader。BootLoader 也支持多种体系结构的 CPU，比如 U-Boot 就同时支持 ARM、PPC 和 MIPS 等一系列体系结构。

嵌入式系统中硬件的种类繁多，而 BootLoader 是严重依赖于硬件而实现的。不同的 CPU 体系需要不同的 BootLoader，即便是同一种体系结构，由于其他硬件设备配置的不同，如板卡硬件地址的分配、RAM 芯片的型号等，也需要对 BootLoader 做一定的修改才能使用。嵌入式系统中广泛应用的 BootLoader 有 U-Boot、vivi、RedBoot、Blob 等。

（1）U-Boot

U-Boot 是由开源项目 PPCBoot 发展起来的，ARMboot 并入了 PPCBoot，和其他一些 Arch 的 Loader 合称 U-Boot。U-Boot 支持的处理器构架包括 PowerPC（MPC5××、MPC8××、MPC82××、MPC7××、MPC74××、4××）、ARM（ARM7、ARM9、StrongARM、XScale）、MIPS（4Kc、5Kc）、x86 等，是最完整的一个通用 BootLoader。

（2）vivi

vivi 是韩国 mizi 公司开发的 BootLoader，适用于 ARM9 处理器。vivi 有两种工作模式：启动加载模式和下载模式。启动加载模式可以在一段时间后自行启动 Linux 内核，这是 vivi 的默认模式。在下载模式下，vivi 为用户提供一个命令行界面，通过该命令行界面可以使用 vivi 提供的一些命令。

（3）RedBoot

RedBoot 是标准的嵌入式调试和引导解决方案，是一个专门为嵌入式系统定制的引导工具，最初由 Red Hat 开发，是嵌入式操作系统 eCos 的最小版本，是随 eCos 发布的一个 BOOT 方案，是一个开源项目。RedBoot 支持的处理器构架有 ARM、MIPS、MN10300、PowerPC、Renesas SHx、v850、x86 等，是一个完善的嵌入式系统 BootLoader。RedBoot 是在 eCos 的基础上剥离出来的，继承了 eCos 的简洁、轻巧、可灵活配置、稳定可靠等优点。

（4）Blob

Blob（BootLoader Object）是由 Jan-Derk Bakker 和 Erik Mouw 发布，专为 StrongARM 构架下的 LART 设计的 BootLoader。Blob 支持用户修改移植。Blob 也提供两种工作模式，在启动时处于正常的启动加载模式，但它会延时 10s 等待终端用户按下任意键而将 Blob 切换到下载模式。Blob 功能比较齐全，代码较少，比较适合做修改移植，用来引导 Linux。目前，大部分 S3C44B0 板都用 Blob 修改移植后再加载μCLinux。

2．BootLoader 的安装

系统加电或复位后，CPU 从制造商预先安排的地址上取指令。如 ARM 系列 CPU 在复位后都从地址 0x00000000 取出它的第一条指令。而嵌入式系统通常都有某种类型的固态存储设备（如 ROM、EEPROM 或 Flash 等）被安排在这个起始地址上。因此在系统加电后，CPU 将首先执行 BootLoader 程序。

图 7-2 所示是一个同时装有 BootLoader、内核的启动参数、内核映像和根文件系统映像的固态存储设备的典型空间分配结构。

图 7-2　固态存储设备的典型空间分配结构

BootLoader 的作用是启动加载，即完成操作系统的启动和加载并运行。BootLoader 内核的启动参数的作用是设置一些启动参数。内核是操作系统的内核，文件系统包含了除了操作系统内核外的大部分软件。

3．BootLoader 的操作模式

大多数 BootLoader 都包含两种不同的操作模式：启动加载模式和下载更新模式。从最终用户的角度看，BootLoader 的作用是加载操作系统，而并不存在启动加载模式与下载工作模式的区别。

1）启动加载模式。这种启动模式也称为自主模式。即 BootLoader 从目标机上的某个固态存储设备上将操作系统加载到 RAM 中运行。这种模式是 BootLoader 默认的工作模式，嵌入式产品发布的时候，BootLoader 必须工作在这种模式下。

2）下载更新模式。在这种模式下，目标机上的 BootLoader 将通过串口或网络等通信手段从主机下载文件，例如内核映像和根文件系统等。从主机下载的文件通常首先被 BootLoader 保存到目标机的 RAM 中，再被 BootLoader 写到目标机上的固态存储设备中。BootLoader 的这种模式通常在第一次安装内核与根文件系统时被使用。

4．BootLoader 与主机之间进行文件传输所用的通信设备及协议

串口通信是最简单也是最廉价的一种双机通信设备，在 BootLoader 中，主机和目标机之间都通过串口建立通信连接。目标机上的 BootLoader 通过串口与主机之间进行文件传输，传输协议通常是 XModem、YModem、ZModem 协议中的一种。BootLoader 程序在执行时通常会通过串口来进行输入输出，比如输出打印信息到串口，从串口读取用户控制字符等。如果认为因为串口通信速度不够而无法实现复杂的功能，也可以采用网络或者 USB 通信。例如，U-Boot 就支持网络的功能，可以通过 NFS 挂载文件系统。

7.1.3　BootLoader 的结构

从结构上看，BootLoader 的各项功能之间有一定的依赖关系，某些功能是与硬件相关的，某些是纯软件的。BootLoader 的功能框架如图 7-3 所示。

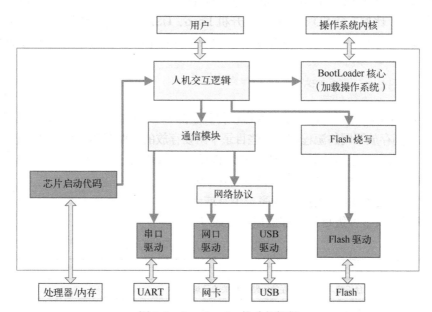

图 7-3　BootLoader 的功能框架

芯片启动代码是 BootLoader 的基础，每种处理器启动需要的设置都是不一样的。

运行操作系统是 BootLoader 的核心功能，包括将操作系统加载到内存，开辟操作系统所需要的数据代码区域，然后跳转到操作系统的代码处运行。

嵌入式系统中，BootLoader 运行操作系统和操作系统运行应用程序的过程有所不同，操作系统代码被编译成纯二进制代码，BootLoader 运行操作系统内核主要是内存加载和跳转两个步骤。BootLoader 在引导操作系统时是运行纯二进制操作系统映像，将内核加载到内存，创建运行环境和跳转运行，附加的功能还可能包括传递一些参数。

人机交互的功能是 BootLoader 框架的核心，它将 BootLoader 的各个功能组织起来，并提供交互接口，使用户可以通过命令控制 BootLoader。

BootLoader 的通信功能主要完成目标机与主机的通信，通信模块主要依赖串口、网络、USB 等。通常，人机交互都使用串口，网络和 USB 速度快，可以实现较大文件的传输。在通信功能中，通信层接口、网络协议等功能和硬件无关，但是串口、USB 等模块的驱动是与硬件相关的，需要不同的嵌入式系统根据自身的情况实现或者移植。

Flash 相关的功能用于 BootLoader 的烧写以及系统的更新等，BootLoader 还支持 Flash 上的分区和文件系统的功能。

任务 7.2　U-Boot 移植与使用

U-Boot 不仅仅支持嵌入式 Linux 系统的引导，还支持 NetBSD、VxWorks、QNX、RTEMS、ARTOS、LynxOS 嵌入式操作系统。U-Boot 除了支持 PowerPC 系列的处理器外，还支持 MIPS、x86、ARM、NIOS、XScale 等诸多常用系列的处理器。这两个特点正是 U-Boot 项目的开发目标，即支持尽可能多的嵌入式处理器和嵌入式操作系统。

可以从 U-Boot 官网获取 U-Boot 源代码。开源社区开发人员移植的 U-Boot 集成了很多其他版本 U-Boot 的优点，比如支持 SD 卡、优盘、开机 Logo、USB 下载等，这使得 U-Boot 更加方便易用，但初学者仅仅会下载和编译使用别人移植好的软件是不够的，下面将介绍 U-Boot 的移植过程。

7.2.1　U-Boot 目录结构

从官网下载 U-Boot 源码包，解压后就可以得到全部 U-Boot 源程序。在 U-Boot 源码目录下有 18 个子目录，分别存放不同的源程序。这些目录中所要存放的文件有其规则，可以分为 3 类：

➤ 第 1 类目录与处理器体系结构或者开发板硬件直接相关。

➤ 第 2 类目录是一些通用的函数或者驱动程序。

➤ 第 3 类目录是 U-Boot 的应用程序、工具或者文档。

U-Boot 顶层目录下各级目录的存放原则见表 7-1。

表 7-1　U-Boot 顶层目录下的各级目录

目录	特性	解释说明
board	平台依赖	存放电路板相关的目录文件
cpu	平台依赖	存放 CPU 相关的目录文件
lib_ppc	平台依赖	存放对 PowerPC 体系结构通用的文件，主要用于实现 PowerPC 平台通用的函数

（续）

目录	特性	解释说明
lib_arm	平台依赖	存放对 ARM 体系结构通用的文件，主要用于实现 ARM 平台通用的函数
lib_i386	平台依赖	存放对 x86 体系结构通用的文件，主要用于实现 x86 平台通用的函数
include	通用	头文件和开发板配置文件，所有开发板的配置文件都在 configs 目录下
common	通用	通用的多功能函数实现
lib_generic	通用	通用库函数的实现
net	通用	网络相关的程序
fs	通用	文件系统相关的程序
post	通用	上电自检程序
drivers	通用	通用的设备驱动程序，主要有以太网接口的驱动
disk	通用	硬盘接口程序
rtc	通用	RTC 的驱动程序
dtt	通用	数字温度测量器或者传感器的驱动
examples	应用例程	一些独立运行的应用程序的例子
tools	工具	存放制作 S-Record 或者 U-Boot 格式的映像等工具

U-Boot 的源代码包含对几十种处理器、数百种开发板的支持。但是对于特定的开发板，配置编译过程只需要其中部分程序。

7.2.2　U-Boot 配置编译

U-Boot 源码目录下的 Makefile 首先可以设置开发板的相关参数，然后递归地调用各级子目录下的 Makefile，最后把编译过的程序链接成 U-Boot 映像。

U-Boot 配置编译

1．Makefile 文件分析

以 Mini2440 开发板为例，在编译 U-Boot 之前，先要运行 make open24x0_config 命令，然后运行 make 命令。

```
#   make open24x0_config
#   make
```

open24x0_config 文件内容如下。

```
open24x0_config :   unconfig
    @$(MKCONFIG) $(@: _config=) arm arm920t open24x0 NULL s3c24x0
unconfig:
    @rm -f $(obj)include/config.h $(obj)include/config.mk \
    $(obj)board/*/config.tmp  $(obj)board/*/*/config.tmp
```

当运行 make open24x0_config 命令时，先执行"unconfig 目标"命令，注意不指定输出目标时，obj、src 变量均为空，unconfig 命令清理上一次执行 make *_config 时生成的头文件和 Makefile 的包含文件，主要是 include/config.h 和 include/config.mk 文件。

然后才执行命令 @$(MKCONFIG) $(@: _config=) arm arm920t open24x0 NULL s3c24x0

MKCONFIG 是顶层目录下的 mkcofig 脚本文件，后面 5 个是传入的参数。

各项说明如下:

- arm:CPU 的架构。
- arm920t:CPU 的类型,对应 cpu/arm920t 子目录。
- open24x0:开发板的型号,对应 board/open24x0 目录。
- NULL:开发者或经销商。
- s3c24x0:片上系统。

2. 开发板配置头文件

下面还需要在程序中为开发板定义配置选项或者参数。这个头文件是 include/configs/<board_name>.h。<board_name>用相应的 BOARD 定义代替。

这个头文件中主要定义了两类变量。一类是选项,前缀是 CONFIG_,用来选择处理器、设备接口、命令、属性等。例如:

```
#define CONFIG_ARM920T      1    /* This is an ARM920T Core */
#define CONFIG_S3C2410      1    /* in a SAMSUNG S3C2410 SoC   */
#define CONFIG_OPEN24X0     1    /* on a SAMSUNG OPEN24X0 Board */
```

另一类是参数,前缀是 CFG_,用来定义总线频率、串口波特率、Flash 地址等参数。例如:

```
#define CFG_LONGHELP                     /* undef to save memory    */
#define CFG_PROMPT        "FA24x0> "  /* Monitor Command Prompt  */
#define CFG_CBSIZE        256     /* Console I/O Buffer Size */
#define CFG_PBSIZE (CFG_CBSIZE+sizeof(CFG_PROMPT)+16) /* Print Buffer Size */
#define CFG_MAXARGS       16      /* max number of command args   */
#define CFG_BARGSIZE          CFG_CBSIZE   /* Boot Argument Buffer Size */
#define CFG_MEMTEST_START     0x30000000  /* memtest works on */
#define CFG_MEMTEST_END       0x33F00000  /* 63 MB in DRAM    */
```

3. 编译结果

编译完成后,可以得到 U-Boot 各种格式的映像文件和符号表,见表 7-2。

表 7-2   U-Boot 编译生成的映像文件和符号表

名称	功能说明
System.map	U-BOOT 映像的符号表
U-BOOT	U-BOOT 映像的 ELF 格式
U-BOOT.bin	U-BOOT 映像原始的二进制格式
U-BOOT.srec	U-BOOT 映像的 S-Record 格式

U-Boot 的 3 种映像格式都可以烧写到 Flash 中,但需要看加载器能否识别这些格式。U-Boot.bin 最为常用,直接按照二进制格式下载,并且按照绝对地址烧写到 Flash 中就可以。

在 tools 目录下还有些 U-Boot 的工具,这些工具有的也经常用到。其中 mkimage 是很常用的一个工具,Linux 内核映像和 RAMDisk 文件系统映像都可以转换成 U-Boot 的格式。

7.2.3 U-Boot 常用命令

U-Boot 常用命令

U-Boot 上电启动后,按任意键可以退出自动启动状态,进入命令行:

```
U-Boot 1.3.2-Mini2440 (Dec  6 2013 - 13：27：57)

I2C：  ready
DRAM： 64MB
NOR Flash not found. Use hardware switch and 'flinit'
Flash： 0kB
NAND: Bad block table not found for chip 0
Bad block table not found for chip 0
128MiB
*** Warning - bad CRC or NAND, using default environment

USB：  S3C2410 USB Deviced
In：   serial
Out：  serial
Err：  serial
MAC: 08：08：11：18：12：27
```

在命令行提示符下，可以输入 U-Boot 的命令并执行。U-Boot 的常用命令有几十个，通过这些命令可以对开发板进行调试，可以引导 Linux 内核，还可以擦写 Flash 完成系统部署等功能。输入 help 命令，可以得到当前 U-Boot 的所有命令列表。

U-Boot 还提供了更加详细的命令帮助，通过 help 命令还可以查看每个命令的参数说明。

```
MINI2440 # help bootm
bootm [addr [arg ...]]
    - boot application image stored in memory
      passing arguments 'arg ...'; when booting a Linux kernel,
      'arg' can be the address of an initrd image
```

这些 U-Boot 命令为嵌入式系统提供了丰富的开发和调试功能。在 Linux 内核启动和调试过程中，都可能用到 U-Boot 的命令。但是一般情况下，不需要使用全部命令。

1. 环境变量与相关命令

与 Shell 类似，U-Boot 也有环境变量，U-Boot 的常用环境变量见表 7-3。

表 7-3　U-Boot 的常用环境变量

名称	功能说明
bootdelay	执行自动启动（bootcmd）
baudrate	串口控制台的波特率
netmask	以太网的网络掩码
ethaddr	以太网的 MAC 地址
bootfile	默认下载文件名
bootargs	传递给 Linux
bootcmd	自动启动时执行命令
serverip	文件服务器端的 IP 地址
ipaddr	本地 IP 地址

（续）

名称	功能说明
stdin	标准输入设备，一般是串口
stdout	标准输出，一般是串口，也可以是 LCD（VGA）
stderr	标准出错，一般是串口，也可以是 LCD（VGA）

使用 printenv 命令查看开发板的 ENV 值。例如，ARM 虚拟机的环境变量如下。

```
MINI2440 # printenv
bootargs=root=/dev/mtdblock3 rootfstype=jffs2 console=ttySAC0, 115200
bootcmd=
bootdelay=3
baudrate=115200
ethaddr=08：08：11：18：12：27
ipaddr=10.0.0.111
serverip=10.0.0.4
netmask=255.255.255.0
...
Environment size：1089/131068 bytes
```

可以使用 set 命令修改环境变量。例如，设置 Linux Kernel 的引导参数。如果需要查看单个环境变量，可在 printenv 后加上环境变量名称。

```
MINI2440 # set bootargs noinitrd root=/dev/nfs rw nfsroot=10.0.0.1：
/opt/root_qtopia ip=10.0.0.10：10.0.0.1：：255.255.255.0 console=ttySAC0, 115200
MINI2440 # printenv bootargs
bootargs=noinitrd root=/dev/nfs rw nfsroot=10.0.0.1：/opt/root_qtopia
ip=10.0.0.10：10.0.0.1：：255.255.255.0 console=ttySAC0, 115200
```

当设置好环境变量后，它只保存在内存中，可以使用 saveenv 命令把它保存在存放环境变量的固态存储器中。

```
MINI2440 # saveenv
Saving Environment to NAND...
Erasing Nand...
```

如果在启动的时候看到 U-Boot 打印出"Warning-bad CRC, using default environment"，说明 U-Boot 没有在存放 ENV 的固态存储器中找到有效的环境变量，只好使用在编译时定义的默认环境变量。

2．网络命令

正确设置网卡参数后，就可以通过网络来传输文件到开发板。例如，使用 ping 命令测试网络是否正常。

```
MINI2440 # ping 10.0.0.1
dm9000 i/o：0x20000300, id：0x90000a46
DM9000：running in 16 bit mode
MAC：08：08：11：18：12：27
```

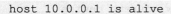

```
host 10.0.0.1 is alive
```

如果提示 host 10.0.0.1 is not alive，则说明网络设置有问题，需要检查网络参数配置，比如 IP、Host 和 Target 都有可能有问题。也可能是 U-Boot 网卡驱动有问题，或者 U-Boot 网络协议延时配置有问题。

常用的网络命令有 dhcp、rarpboot、nfs、tftpboot、bootp。nfs、tftpboot 命令格式如下。

```
MINI2440 # help nfs
nfs [loadAddress] [[hostIPaddr：]bootfilename]
MINI2440 # help tftpboot
tftpboot [loadAddress] [[hostIPaddr：]bootfilename]
```

命令的格式是：<指令> [目的 SDRAM 地址] [[主机 IP：]文件名]。nfs 命令的使用范例如下。

```
MINI2440 # nfs 0x30008000 10.0.0.1：/tftpboot/U-Boot.bin
dm9000 i/o：0x20000300, id：0x90000a46
DM9000：running in 16bit mode
MAC：08：08：11：18：12：27
File transfer via NFS from server 10.0.0.1; our IP address is 10.0.0.111
Filename '/tftpboot/U-Boot.bin'.
Load address：0x30008000
Loading：：################################################
done
```

3．Nand Flash 操作命令

常用的 Nand Flash 操作命令，见表 7-4。

表 7-4　常用的 Nand Flash 操作命令

名称	功能说明
nand info	显示可使用的 Nand Flash
nand device [dev]	显示或设定当前使用的 Nand Flash
nand read addr off size	Nand Flash 读取命令
nand write addr off size	Nand Flash 烧写命令
nand write[.yaffs[1]] addr off size	烧写 yaffs 映像专用的命令
nand erase [clean] [off size]	Nand Flash 擦除命令
nand bad	显示 Nand Flash 的坏块
nand dump[.oob] off	显示 Nand Flash 中的数据
nand scrub	彻底擦除整块 Nand Flash 中的数据
nand markbad off	标示 Nand 的 off 偏移地址处的块为坏块

Nand Flash 操作命令使用范例如下。

```
MINI2440# nand info

Device 0：NAND 128MiB 3, 3V 8-bit, sector size 128 KiB
MINI2440# nand device 0
```

```
Device 0: NAND 128MiB 3, 3V 8-bit... is now current device
MINI2440# nand read 0x30008000 0x60000 200000

NAND read: device 0 offset 0x60000, size 0x200000
2097152 bytes read: OK
MINI2440# nand bad

Device 0 bad blocks:
  030a0000
  030c0000
  030e0000
  07ee0000
MINI2440# nand markbad 0x500000
block 0x00500000 successfully marked as bad
MINI2440# nand bad

Device 0 bad blocks:
  00500000
  030a0000
  030c0000
  030e0000
  07ee0000
MINI2440# nand scrub

NAND scrub: device 0 whole chip
Warning: scrub option will erase all factory set bad
         There is no reliable way to recover them.
         Use this command only for testing purposes if you
         are sure of what you are

Really scrub this NAND flash? <y/N>
Erasing at 0x2f4000008000000 -- 0% complete.
NAND 128MiB 3, 3V 8-bit: MTD Erase failure: -5

NAND 128MiB 3, 3V 8-bit: MTD Erase failure: -5

NAND 128MiB 3, 3V 8-bit: MTD Erase failure: -5
Erasing at 0x7ea000008000000 -- 0% complete.
NAND 128MiB 3, 3V 8-bit: MTD Erase failure: -5
Erasing at 0x7fe000008000000 -- 0% complete.
OK
```

4. 内存/寄存器操作命令

1）base：打印或设置地址偏移。

```
MINI2440 # base
Base Address: 0x00000000
```

```
MINI2440 # md 0 c
00000000: feffffff 00000000 7cbd2b78 7cdc3378  ........|.+x|.3x
00000010: 3cfb3b78 3b000000 7c0002e4 39000000  <.;x;...|...9...
00000020: 7d1043a6 3d000400 7918c3a6 3d00c000  }.C.=...y...=...
MINI2440 # base 40000000
Base Address: 0x40000000
MINI2440 # md 0 c
40000000: 27051956 50504342 6f6f7420 312e312e  '..VPPCBoot 1.1.
40000010: 3520284d 61722032 31203230 3032202d  5 (Mar 21 2002 -
40000020: 2031393a 35353a30 34290000 00000000  19:55:04)......
```

使用该命令打印或设置存储器操作命令所使用的是基地址，默认值是 0。当需要反复访问一个地址区域时，可以设置该区域的起始地址为基地址，其余的存储器命令参数都相对于该地址进行操作。例如，设置 0x40000000 地址为基地址以后，md 操作就相对于该基地址进行。

2）cmp：存储区比较。

使用 cmp 命令可以测试两个存储器区域是否相同。该命令测试由第三个参数指定的整个区域，在第一个存在差异的地方停止。

```
MINI2440 # cmp 100000 40000000 400
word at 0x00100004 (0x50ff4342) != word at 0x40000004 (0x50504342)
Total of 1 word were the same
MINI2440 # md 100000 C
00100000: 27051956 50ff4342 6f6f7420 312e312e  '..VP.CBoot 1.1.
00100010: 3520284d 61722032 31203230 3032202d  5 (Mar 21 2002 -
00100020: 2031393a 35353a30 34290000 00000000  19:55:04)......
MINI2440 # md 40000000 C
40000000: 27051956 50504342 6f6f7420 312e312e  '..VPPCBoot 1.1.
40000010: 3520284d 61722032 31203230 3032202d  5 (Mar 21 2002 -
40000020: 2031393a 35353a30 34290000 00000000  19:55:04)......
```

cmp 命令可以以不同的宽度访问存储器：32 位、16 位或者 8 位。如果使用 cmp 或 cmp.l，则使用默认宽度 32 位；如果使用 cmp.w，则使用 16 位宽度，如果使用 cmp.b，则使用 8 位宽度。

第三个参数表示的是比较数据的长度，其单位为数据宽度。例如，采用 32 位宽度时单位为32 位数据，即 4 个字节。

```
MINI2440 # cmp.l 100000 40000000 400
word at 0x00100004 (0x50ff4342) != word at 0x40000004 (0x50504342)
Total of 1 word were the same
MINI2440 # cmp.w 100000 40000000 800
halfword at 0x00100004 (0x50ff) != halfword at 0x40000004 (0x5050)
Total of 2 halfwords were the same
MINI2440 # cmp.b 100000 40000000 1000
byte at 0x00100005 (0xff) != byte at 0x40000005 (0x50)
Total of 5 bytes were the same
```

3）cp：存储区复制。

该命令用于存储区复制。

```
MINI2440 # cp 40000000 100000 10000
```

4）mm：存储区修改。

该命令提供一种交互式地修改存储器内容的方式。它在显示地址和当前内容后会提示用户输入，如果用户输入一个合法的十六进制值，该值将被写入到当前地址。然后将提示下一个地址。如果用户没有输入任何值，而只是按〈Enter〉键，那么当前地址内容不改变。

```
MINI2440 # mm 100000
00100000: 27051956 ? 0
00100004: 50504342 ? AABBCCDD
00100008: 6f6f7420 ? 01234567
0010000c: 312e312e ? .
MINI2440 # md 100000 10
00100000: 00000000 aabbccdd 01234567 312e312e .........#Eg1.1.
00100010: 3520284d 61722032 31203230 3032202d 5 (Mar 21 2002 -
00100020: 2031393a 35353a30 34290000 00000000 19:55:04).....
00100030: 00000000 00000000 00000000 00000000 ................
```

5）mw：存储区修改。

```
MINI2440 # mm 100000
00100000: 27051956 ? 0
00100004: 50504342 ? AABBCCDD
00100008: 6f6f7420 ? 01234567
0010000c: 312e312e ?.
```

该命令用于交互式地写若干次不同的数据到同一地址，与 mm 不同的是，它的地址总是同一地址，而 mm 将进行累加。

```
MINI2440 # nm.b 100000
00100000: 00 ? 48
00100000: 48 ? 61
00100000: 61 ? 6c
00100000: 6c ? 6c
00100000: 6c ? 6f
00100000: 6f ? .
MINI2440 # md 100000 8
00100000: 6f000000 115511ff ffffffff ffff1155 o....U........U
00100010: 00000000 00000000 00000015 00000016 ................
```

5．Flash 存储器操作命令

1）cp：复制存储区。

cp 命令可以自动识别 Flash 区域，当目标区域在 Flash 中时自动调用 Flash 编程程序。

```
MINI2440 # cp 30000000 00000000 10000
Copy to Flash... done
```

当目标区域没有被擦除或者被写保护时，写到该区域的操作将可能导致失败。

```
MINI2440 # cp 30000000 00000000 10000
Copy to Flash... Can't write to protected Flash sectors
```

请注意第三个参数 count 的单位为数据宽度。

2）erase：擦除 Flash 存储器。

在 U-Boot 中，一个 bank 指的是连接到 CPU 同一片选信号的一个或者多个 Flash 芯片所构成的 Flash 存储器区域。而扇区则是一次擦除操作的最小区域，所有擦除操作都是以扇区为单位进行的。在 U-Boot 中，bank 编号从 1 开始，扇区编号从 0 开始。

一种操作方法是选择 Flash 扇区和 bank 作为参数。

```
MINI2440 # era 1: 6-8
Erase Flash Sectors 6-8 in Bank # 1
.. done
```

还有一种方法可以擦除整个 bank，如下所示，注意其中有一个警告信息提示有写保护扇区存在并且这些扇区没有被擦除。

```
MINI2440 # erase all
Erase Flash Bank # 1 - Warning: 5 protected sectors will not be erased!
.................. done
Erase Flash Bank # 2
...................... done
```

6．控制命令

1）bootm：从存储器启动应用程序映像。

```
MINI2440 # help bootm
bootm [addr [arg ...]]
- boot application image stored in memory
passing arguments 'arg ...'; when booting a Linux kernel,
'arg' can be the address of an initrd image
```

命令用于启动操作系统映像，它从存储器加载应用程序映像并执行。此命令检索系统映像信息，包括操作系统类型、文件压缩方式、加载地址以及入口点地址等。根据需要，它会将映像加载到指定的存储器地址，并在必要时解压缩。

其内存范围包括 RAM 以及可永久保存的 Flash 存储器。第一个参数 addr 是程序映像的地址，需要符合 U-Boot 的格式要求。第二个参数对于引导 Linux 内核很有用，通常用作 U-Boot 格式的 RAMDisk 映像存储地址。

2）go：开始某地址处的应用程序。

```
MINI2440 # help go
go addr [arg ...]
- start application at address 'addr'
passing 'arg' as arguments
```

U-Boot 支持独立的应用程序，它们无需复杂的操作系统运行环境，只需能够被加载并由 U-Boot 调用执行。

任务 7.3 认识内核

认识内核

Linux 内核是所有 Linux 系统的中心，它负责管理所选的目标板上的硬件，以免系统上各种软件之间为了使用硬件资源而一团混乱。内核所管理的资源包括提供给程序的 CPU 时间、RAM 的使用，以及间接存取的大量硬件设备。

7.3.1　内核的组成

Linux 内核主要由 5 个子系统组成：进程调度、内存管理、虚拟文件系统、网络接口、进程间通信。

1．进程调度（SCHED）

该子系统控制进程对 CPU 的访问。当需要选择下一个进程运行时，由调度程序选择最值得运行的进程。可运行进程实际上是仅等待 CPU 资源的进程，如果某个进程在等待其他资源，则该进程是不可运行进程。Linux 使用了比较简单的基于优先级的进程调度算法选择新的进程。

2．内存管理（MM）

Linux 允许多个进程安全地共享主内存区域。内存管理支持虚拟内存，即在计算机中运行的程序，其代码、数据、堆栈的总量可以超过实际内存的大小，操作系统只是把当前使用的程序块保留在内存中，其余的程序块则保留在磁盘中。

内存管理从逻辑上分为硬件无关部分和硬件有关部分。硬件无关部分提供了进程的映射和逻辑内存的对换，硬件相关的部分用于为内存管理硬件提供虚拟接口。

3．虚拟文件系统（VFS）

虚拟文件系统隐藏了各种硬件的具体细节，为所有设备提供了统一的接口。虚拟文件系统提供了数十种不同的文件系统。虚拟文件系统可以分为逻辑文件系统和设备驱动程序。逻辑文件系统指 Linux 所支持的文件系统，如 Ext4、FAT 等。设备驱动程序指为每一种硬件控制器所编写的设备驱动程序模块。

4．网络接口（NET）

网络接口提供了对各种网络标准的存取和各种网络硬件的支持。网络接口可分为网络协议和网络设备驱动程序。网络协议部分负责实现每一种可能的网络传输协议。网络设备驱动程序负责与硬件设备通信，每一种可能的硬件设备都有相应的设备驱动程序。

5．进程间通信（IPC）

进程间通信支持进程间的各种通信机制。进程调度处于中心位置，所有其他的子系统都依赖于它，因为每个子系统都需要挂起或恢复进程。一般情况下，当一个进程等待硬件操作完成时，它被挂起；当操作真正完成时，进程被恢复执行。

各个子系统之间的依赖关系如图 7-4 所示。

➢ 进程调度与内存管理之间的关系：这两个子系统互相依赖。在多道程序环境下，程序要运行，必须为之创建进程，而创建进程的第一件事情就是将程序和数据装入内存。

➢ 进程间通信与内存管理的关系：进程间通信要依赖内存管理支持共享内存通信机制，这种机制允许两个进程除了拥有自己的私有空间，还可以存取共同的内存区域。

➢ 虚拟文件系统与网络接口之间的关系：虚拟文件系统利用网络接口支持网络文件系统（NFS），也利用内存管理支持 RAMDisk 设备。

➢ 内存管理与虚拟文件系统之间的关系：内存管理利用虚拟文件系统支持交换，交换进程定期由调度程序调度，这也是内存管理依赖于进程调度的唯一原因。当一个进程存取的内存映射被换出时，内存管理向文件系统发出请求，同时挂起当前正在运行的进程。

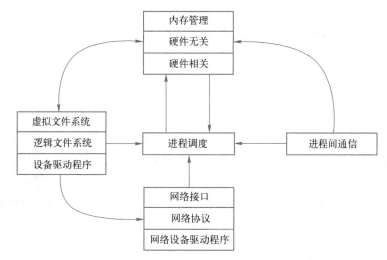

图 7-4　内核子系统间的依赖关系

除了这些依赖关系外，内核中的所有子系统还依赖于一些共同的资源。这些资源包括所有子系统都用到的过程。例如，分配和释放内存空间的过程，打印警告或错误信息的过程，还有系统的调试例程等。

7.3.2　内核目录结构

Linux 内核源码的各个目录大致与第 7.3.1 节提到的 5 个子系统相对应，其组成如下。

1）arch 目录。包含了所有与体系结构相关的核心代码。它下面的每一个子目录都表示一种 Linux 支持的体系结构。例如，i386 就是 Intel CPU 及与之兼容体系结构的子目录。PC 机一般都基于此目录。

2）documentation 目录。包含了一些文档，是对每个目录作用的具体说明。

3）drivers 目录。包含了系统中所有的设备驱动程序，又进一步划分成几类设备驱动，每一种有对应的子目录。

4）fs 目录。包含了 Linux 支持的文件系统代码，不同的文件系统对应不同的子目录。

5）nclude 目录。包含了编译内核所需的大部分头文件。

6）init 目录。包含了内核的初始化代码。这是研究内核如何工作的起点。

7）ipc 目录。包含了内核进程间的通信代码。

8）kernel 目录。包含了内核管理的核心代码，与处理器结构相关的代码都放在 arch/*/kernel 目录下。

9）lib 目录。包含了内核的库代码，不过与处理器结构相关的库代码被放在 arch/*/lib/目录下。

10）mm 目录。包含了所有的内存管理代码。与具体硬件体系结构相关的内存管理代码位于 arch/*/mm 目录下。

11）modules 目录。包含了已建好的、可动态加载的模块。

12）net 目录。包含了核心的网络部分代码，其每个子目录对应网络的一个方面。

13）scripts 目录。包含用于配置核心的脚本文件。

每个目录下都有一个.defend 文件和一个 Makefile 文件，这两个文件都是编译时使用的辅助文件。有的目录下还有 Readme 文件，它是对该目录下文件的一些说明，同样有利于对内核源码的理解。

任务 7.4 认识文件系统

Linux 内核在启动过程中的最后一个重要步骤是加载根文件系统。虽然 Linux 内核本身并未定义特定的文件系统结构，但应用程序期望在特定目录结构下找到特定名称的文件。

认识文件系统

7.4.1 文件系统概述

文件系统是一套实现了数据的存储、分级组织、访问和获取等操作的抽象数据类型，一种存储和组织计算机文件和数据的方法，它使得对其访问和查找变得容易。文件系统通常使用硬盘和光盘这样的存储设备，并维护文件在设备中的物理位置。

早期的 Linux 是在 MINIX 操作系统下进行交叉开发的。因而在这两个系统之间共享磁盘要比重新开发一个新的系统容易得多，所以 Linux Torvalds 决定在 Linux 中实现对 MINIX 文件系统的支持。但是 MINIX 文件系统设计中的约束限制较多，所以开始考虑并着手在 Linux 中实现新的文件系统。为了方便地将新文件系统加入 Linux 内核，开发出了虚拟文件系统（Virtual File System，VFS）。

嵌入式系统一般采用 Flash 作为存储介质。与硬盘相比，Flash 具有自己独特的物理特性，所以使用日志文件系统。日志文件系统是在传统文件系统的基础上，加入文件系统更改的日志记录，从而在系统发生断电或者其他系统故障时能保证整体数据的完整性。日志文件系统比传统的文件系统安全，因为它用独立的日志文件跟踪磁盘内容的变化。

Linux 的主要日志文件系统如下。

➢ JFS：IBM 公司开发的最早的日志文件系统。

➢ Ext4/Ext3 文件系统：Ext2 文件系统演化而成的日志文件系统。

➢ ReiserFS：用 B+树作为数据结构的日志文件系统。

➢ Btrfs：用 B 树作为数据结构，被认为是下一代 Linux 文件系统。

➢ NTFS：微软的 NTFS 也是日志文件系统。

➢ HFS+：苹果公司发展的 OS X 操作系统的主要文件系统。

目前几乎所有的 Linux 发行版都用 Ext4 作为默认的文件系统。Ext4 的设计者主要考虑的是文件系统性能方面的问题。

瑞典的 Axis Communications 公司开发了最初的 JFFS，Red Hat 公司的 David Woodhouse 对它进行了改进。第二个版本 JFFS2 则作为用于微型嵌入式设备的原始闪存芯片的实际文件系统出现。JFFS2 文件系统是日志结构化的，这意味着它基本上是一长列节点。每个节点包含有关文件的部分信息，可能是文件的名称或者一些数据。

7.4.2 常见嵌入式文件系统

1．Ext4

Ext4（第四代扩展文件系统）是 Linux 用途最广泛的日志文件系统。Ext4 在 Ext3 和 Ext2 的基础上增加了日志功能，Ext4 可向前兼容 Ext2/Ext3。Ext4 有如下特点：

> ➢ 大文件支持。最大卷 1EiB，最大文件 16TiB。Ext4 管理大文件更方便，大大降低了用于索引大文件的元数据量。
> ➢ 增加并优化了日志校验和功能，检测和修复文件系统（fsck）的过程更快。
> ➢ 无日志模式。
> ➢ 多块分配、延迟分配。
> ➢ 在线去除碎片。

Ext4 在速度方面比 Ext3 有很大提升。它是一个日志文件系统，意味着它会对文件在磁盘中的位置以及任何其他对磁盘的更改进行记录。不过，它还不支持透明压缩、重复数据删除或者透明加密。

2．CramFS

CramFS 是 Linux 的创始人 Linux Torvalds 参与开发的一种只读的压缩文件系统。嵌入式系统中内存和外存资源都非常紧张，CramFS 并不需要一次性将文件系统所有内容都解压缩到内存中，而只是在系统需要访问某个位置的数据时，才将这段数据实时解压到内存中。

CramFS 的速度快、效率高，其只读的特点有利于保护文件系统免受破坏，提高了系统的可靠性。但是它的只读属性同时又是它的一大缺陷，使得用户无法对其内容进行扩充。CramFS 映像通常放在 Flash 中，但是也能放在别的文件系统里，可以使用 Loopback 设备把它安装到别的文件系统里。

3．JFFS2

JFFS2 是一个开放源码项目，广泛应用于闪存上的读/写文件系统。最初由瑞典的 Axis Communications AB 公司开发，最初版本基于 Linux 内核 2.0。后来，Red Hat 将其移植到 Linux 内核 2.2，并进行了大量的测试和调试，使其变得更加稳定。然而，JFFS 在使用过程中暴露出一些局限性，特别是不适合用于 NAND Flash。NAND Flash 容量较大，导致 JFFS 需要更多内存来维护日志节点，因此 Red Hat 决定开发一个新的闪存文件系统，即现在的 JFFS2。

JFFS2 是 JFFS 的升级版本，采用非顺序日志结构，支持数据压缩、硬链接以及多种节点类型等。它使用了基于哈希表的日志节点结构，大幅提高了节点操作速度，增强了对闪存的利用率，并降低了内存消耗。

4．YAFFS

YAFFS（Yet Another Flash File System）是专为 NAND 闪存设计的嵌入式文件系统，目前有 YAFFS 和 YAFFS2 两个版本。YAFFS 针对小页面（512B+16B/页）提供良好支持，而 YAFFS2 更适合更大页面（2KB+64B/页）的 NAND Flash。

YAFFS2 在多个方面有显著提升，能更好地支持大容量 NAND Flash。它在内存空间占用、垃圾回收速度、读写速度等方面都有所改善。相比 JFFS2，YAFFS2 在功能上减少了一些（如不支持数据压缩），因此读写速度更快，挂载速度更迅速，对内存占用较小。

JFFS2 最初是为 NOR Flash 设计的，而 YAFFS 则专门为 NAND Flash 设计，具有稳定性高、内存消耗低、启动速度快等优点。目前在 NAND Flash 中，YAFFS2 文件系统运行最为稳定。

5．RAMDisk

RAMDisk 是将一部分固定大小的内存用作分区的方法。它并非一个实际的文件系统，而是一种装载实际文件系统到内存的机制，也可以作为根文件系统使用。通过将一些经常被访问但不会被更改的文件（例如只读的根文件系统）放置在 RAMDisk 中，可以显著提升系统的性能。

6．RAMFS/TMPFS

RAMFS 和 TMPFS 是基于内存的文件系统，工作在虚拟文件系统层。RAMFS 不能格式化，但可以创建多个文件系统，还可以在创建时指定其最大内存使用量。这两种文件系统将所有文件存储在 RAM 中，因此读写操作在 RAM 中执行。它们常用于存储临时性或需要经常修改的数据，如/tmp 和/var 目录。这样做既避免了对 Flash 存储器的读写损耗，也提高了数据读写速度。

相较于传统的 RAMDisk，RAMFS 和 TMPFS 有着不同之处：它们不能被格式化，文件系统的大小会随所含文件的大小而变化。然而，它们的一个缺点是在系统重新引导时会丢失所有数据。

7.4.3 根文件系统

根文件系统中的目录均有其特殊的用法和目的。Linux 的文件系统组织和 DOS 操作系统不同，它的文件系统是一个整体，所有的文件系统结合成一个完整的统一体，组织到一个树形目录结构之中。目录是树的枝干，这些目录可能会包含其他目录或其他目录的父目录，目录树的顶端是一个单独的根目录，用/表示。

根文件系统是一种目录结构，根文件系统包含 Linux 启动时所必需的目录和关键性的文件。例如 Linux 启动时都需要有 init 目录下的相关文件，在 Linux 挂载分区时 Linux 一定会找/etc/fstab 这个挂载文件系统等，根文件系统中还包括了许多应用程序 bin 目录等。

根文件系统是存放 Linux 系统所必需的工具文件、库文件、配置文件和其他特殊文件的地方，一般包括如下内容。

➢ 基本的文件系统结构，包含必需的目录，如/dev、/proc、/bin、/etc、/lib 和/usr 等。

➢ 基本程序运行所需的库函数，如 Glibc/uClibc。

➢ 基本的系统配置文件，如 rc、inittab 等脚本文件。

➢ 必要的设备支持文件，如/dev/hd*、/dev/tty*和/dev/fd0 等。

➢ 基本的应用程序，如 sh、ls、cp 和 mv 等。

构建根文件系统就是在相应的目录中添加相应的文件，例如在 /dev 中 添加设备文件、在 /etc 中添加配置文件、在 /bin 中添加命令或者程序以及在 /lib 中添加动态库等。下面重点介绍/dev 目录与/etc 目录。

1．/dev

在 Linux 系统中，位于/dev 目录下的文件是设备文件，用于访问系统资源或设备，例如硬盘、系统内存等。Linux 将所有设备都抽象为文件，这样用户可以像访问普通文件一样方便地访问系统中的物理设备。在/dev 目录下的每个文件都可以通过 mknod 命令创建，不同类型的设备对应着特定的命名规则。以下是/dev 目录下常用的设备文件。

（1）/dev/console

系统控制台，也就是直接和系统连接的监视器。

（2）/dev/hd

Linux 系统把 IDE 接口的硬盘表示为/dev/hd[a-z]。硬盘不同分区的表示方法为/dev/hd[a～z]n，其中 n 表示该硬盘的不同分区情况。例如/dev/hda 指的是第一个硬盘，hda1 则是指/dev/hda 的第一个分区。

（3）dev/sd

SCSI 接口硬盘和 IDE 接口硬盘相同，只是把 hd 换成了 sd。

（4）dev/tty

通常使用 tty 来代表各种类型的控制台终端，如计算机显示器等。/dev/tty0 代表当前虚拟控制台，而/dev/tty1 代表第一个虚拟控制台。

（5）dev/ttyS*

串口设备文件。dev/ttyS0 是串口 1，dev/ttyS1 是串口 2。

2．/etc

/etc 目录是一个非常重要的目录，Linux 系统的配置文件就存放于该目录下。Linux 正是靠这些文件才得以正常运行，以下列举一些常用配置文件。

（1）/etc/rc 或/etc/rc.d

/etc/rc 或/etc/rc.d 是启动或改变运行级别时运行的脚本或脚本的目录。在大多数 Linux 发行版本中，启动脚本位于/etc/rc.d/init.d 中，系统最先运行的服务是存放在/etc/rc.d 目录下的文件，而运行级别在/etc/inittab 文件里指定。

（2）/etc/passwd

/etc/passwd 是存放用户基本信息的口令文件。

（3）/etc/fstab

/etc/fstab 用于指定启动时需要自动安装的文件系统列表。通常让系统在启动时自动加载这些文件系统，Linux 中使用/etc/fstab 文件来完成这一功能，可以避免用户在使用过程中手动加载许多文件系统。/etc/fstab 文件中列出了引导时需要安装的文件系统的类型、加载点及可选参数。

（4）/etc/inittab

/etc/inittab 是 init 程序的配置文件。Linux 在完成核引导以后开始运行 init 程序，init 程序需要读取配置文件/etc/inittab。/etc/inittab 是一个不可执行的文本文件，它由若干行指令组成。

拓展阅读

自古以来，中华民族不仅勤劳，而且智慧，从来不缺工匠精神。指南针、火药、印刷术、造纸术四大发明就是例证，中国工匠的发明创造惠及整个人类。大国工匠精神是对传统的民族工匠精神的继承和发扬。许多大国工匠在平凡的工作中创造了属于时代的伟大，用行动诠释什么是工匠精神，什么是求实创新，为国家的繁荣富强贡献自己的力量。

党的二十大报告指出，"推进职普融通、产教融合、科教融汇，优化职业教育类型定位。"立足新发展阶段，职业教育要瞄准技术变革和产业升级大方向，紧密对接产业需求端，促进教育链、人才链与产业链、创新链有效衔接。同时，要进一步加强职业院校的师资力量建设，改进职业院校的办学条件，优化课程设置、评价体系等，切实提高教学质量，让学生安心、家长放心、用人单位称心。牢牢把握职业教育发展的重要历史机遇，吸引更多有志青年接受职业技能教育，培养更多高素质技能人才、能工巧匠、大国工匠，必将为实现技能强国提供强有力的保障，更将为全面建设社会主义现代化国家提供不竭的人才支撑。

嵌入式系统包含硬件和软件，是专用的计算机系统，嵌入式系统的应用领域非常广泛，涉及工业控制、汽车电子、信息家电、交通控制、国防与航天等。以后学生不论从事何种行业，都要多一份敬重敬畏、多一份纯粹、多一份脚踏实地、多一份专注持久，为推进新型工业化添砖加瓦，让工匠精神成为国家勇往向前的动力源泉。

实操练习

从 Linux-2.6.31 开始，Linux 内核就已经支持 Mini2440。Mini2440 的核心板与 SMDK2440 基本一致，Linux-2.6.32.2 内核对 SMDK2440 的支持已经十分丰富，所以只需根据目标平台的细微差别稍作调整即可。通过以下步骤移植 Linux-2.6.32.2 到 Mini2440。

1．移植准备
2．建立目标平台
3．内核配置
4．内核编译

制作根文件系统最好的方法是选择最接近的模板，通过模板来构造目标根文件系统。还有一种方法是通过 BusyBox 从无到有地构造根文件系统。

第一种方法比较简单，就是添加或删除相关的文件和目录，配置相关的文件来构造根文件系统。第二种方法还涉及系统的配置、编译、移植等，应用也比较广泛。

通过以下步骤使用 BusyBox 构造根文件系统。

1．建立根文件系统结构
2．准备链接库
3．制作系统应用程序
4．添加设备文件
5．添加内核模块
6．制作根文件系统映像文件

习题

1．请说明 Linux 系统启动过程的三个阶段。
2．请说明 Linux 内核主要由哪几个子系统组成。它们的作用是什么？
3．Linux 的日志文件系统有哪些？日志文件系统的优缺点是什么？

项目 8　嵌入式 Python 开发

项目描述

物联网和人工智能已广泛渗透到医疗、家居、交通、教育和工业等领域，深刻改变着人们的日常生活。树莓派（Raspberry Pi）最初是为教育设计，如今已经发展到第四代。它不仅价格亲民，而且有着丰富的周边设备。互联网上涌现出各种接口设备和有趣的项目案例，催生了大量应用项目。

使用树莓派进行项目开发时，你可以快速找到现有的解决方案，无论是"想使用特定的传感器""想与周边设备通信"，还是"想连接云服务"，都能节省大量开发成本。

传统的软件开发常采用瀑布模型，但如今迫切要求缩短开发周期、开发创新性强的软件，因此敏捷开发备受关注。敏捷开发是一种针对快速变化需求的软件开发模式，提出了一套软件开发的价值观和原则。这种模式下，自组织的跨功能团队密切协作，不断挖掘用户需求和改进解决方案。它强调适度的项目规模、渐进式开发、提前交付和持续改进，鼓励快速、灵活地应对开发和变更。

尽管采用敏捷开发，树莓派的开发环境仍是基于 Linux，Python 则是其官方编程语言。这使得获取各种开源项目案例变得简单，从树莓派的原型验证到实际运行，项目开发得以顺利推进。

项目目标

知识目标

1. 熟悉树莓派开发板
2. 掌握 NVIDIA Jetson Nano 开发
3. 掌握 TensorFlow Lite、OpenCV

技能目标

1. 掌握配置树莓派 Python 环境
2. 掌握安装与配置 JupyterLab
3. 掌握通用输入/输出接口（GPIO）
4. 掌握配置 NVIDIA Jetson Nano 开发环境
5. 掌握人脸识别的门禁系统
6. 掌握花卉识别

素质目标

1. 具备报效祖国的情怀、乐观向上的精神
2. 具备自我管理的能力、职业生涯规划的意识
3. 遵纪守法、诚实守信，具有责任感和团队合作意识
4. 具备勇于探索的创新精神和精益求精的工匠精神

任务 8.1　配置树莓派开发环境

8.1.1　配置树莓派 Python 环境

配置树莓派开发环境

Python 是一种功能强大的编程语言，易于使用，易于阅读和编写，Python 与树莓派结合可以将项目与现实世界轻松地联系起来。

树莓派默认已安装了 Python，打开终端窗口，可以先执行 python 命令测试是否安装了 Python 开发环境，并查看当前的 Python 版本。

```
#  python
Python 3.9.2 (default, Feb 28 2021, 17:03:44)
[GCC 10.2.1 20210110] on linux
Type "help", "copyright", "credits" or "license" for more information.
>>>
```

Python 2.7 官方已经停止维护了，树莓派目前安装的是 Python 3.9.2 版本。如果读者的系统预装的 Python 版本不是 3.9.2，建议将其升级。最简单的升级方法是直接更新树莓派系统，如果由于各种原因不能升级树莓派系统，可以使用以下方法升级，这些方法也适用于安装其他版本的 Python，只要下载时选择特定版本就可以了。

1. 更新树莓派系统，使整个系统升级到最新

```
#   sudo apt-get update
#   sudo apt-get upgrade
#   sudo apt-get dist-upgrade
```

更新系统需要 root 权限，如果更新数据慢可以考虑更换源，国内有很多源可以选择，例如阿里源、清华源等，其中清华源如图 8-1 所示。

图 8-1　清华 Raspbian 软件仓库镜像

使用 nano 或者 Vi 编辑工具修改软件源的配置文件/etc/apt/sources.list。

2．安装依赖

安装 Python 3.9.2 需要的依赖。有些软件已经存在，会自动忽略。

```
#  sudo apt-get install build-essential libncurses-dev libreadline-dev
   libsqlite3-dev libssl-dev libexpat1-dev zlib1g-dev libffi-dev
…
建议安装：
  ncurses-doc readline-doc sqlite3-doc libssl-doc
下列【新】软件包将被安装：
  libffi-dev libncurses-dev libreadline-dev libsqlite3-dev libssl-dev
升级了 0 个软件包，新安装了 5 个软件包，要卸载 0 个软件包，有 1 个软件包未被升级。
…
```

3．下载解压 Python 源码包

从 Python 官网下载 3.9.2 版源码，并把源码解压到当前目录下。

```
#  cd ~
#  wget https://www.python.org/ftp/python/3.9.2/Python-3.9.2.tgz
#  tar zxvf Python-3.9.2.tgz
```

4．配置、编译和安装

如果顺利的话，整个编译过程需要 1h，编译后源码的目录会增加到 130MB。可以选择把新版 Python 安装到/opt/python3.9 目录下，或者安装在/usr/bin/python3.9 目录下。

```
#  cd ./Python-3.9.2
#  ./configure --prefix=/opt/python3.9
#  make
#  make
#  sudo make install
```

在 make 命令后如果提示 Python 模块无法编译，需要按照错误提示排查原因，通常是没有安装相应的依赖包。

5．创建软链接

make install 成功运行后，Python 相关程序模块会复制到/opt/python3.9。在创建链接后就可以启动 Python 3.9.2 了。

创建/usr/bin/python 软链接指向 Python 3.9，并创建一个 pip 的软链接。pip3 已经被官方集成到 Python 3.9 中，它用于安装第三方模块。

```
#  sudo ln -s /opt/python3.9/bin/python3.9   /usr/bin/python
#  sudo ln -s /opt/python3.9/bin/pip3        /usr/bin/pip3
```

8.1.2　安装与配置 JupyterLab

提起 Jupyter Notebook，很多学习过 Python 的同学都不陌生。Jupyter 的优点很多，例如功能强大、交互式、富文本，还有丰富的插件、主题修改、多语言支持等。

JupyterLab 是 Jupyter Notebook 的全面升级。JupyterLab 是一个集 Jupyter Notebook、文本编辑器、终端以及各种个性化组件于一体的全能 IDE，下面介绍如何安装与配置 JupyterLab。

1．安装 JupyterLab

通过 pip 安装 JupyterLab，如果网络环境较差导致下载软件包慢，可以考虑更换源。

```
#   pip3 install jupyterlab -i https://pypi.tuna.tsinghua.edu.cn/simple
```

jupyterlab-4.2.1 文件大小是 11.1MB，安装成功后就可以进行下一步配置了，请注意安装的 jupyterlab 版本，版本不同可能配置也不同。

如果安装出现提示"error: externally-managed-environment"，表示当前 Python 环境是由系统外部管理的，通常在某些 Linux 发行版中系统会建议不要直接使用 pip 来安装，以避免与系统包管理器冲突。最简单的方法是直接删除/usr/lib/python3.11/EXTERNALLY-MANAGED 文件。

2．配置文件

安装好以后，就是配置环节了，首先需要创建配置文件。

```
#   jupyter notebook --generate-config
    Writing default config to: /home/pzy/.jupyter/jupyter_notebook_config.py
```

配置文件不需要自己在某个文件夹下创建，是由 Jupyter 软件生成的。运行成功后配置文件是/home/pi/.jupyter/jupyter_notebook_config.py。如果没有该文件，则需要检查是否输入正确或重新安装 JupyterLab。

使用 Vi 修改配置文件，配置文件路径在 home 用户目录下的.jupyter 目录下。

```
#   vi/home/pzy/.jupyter/jupyter_notebook_config.py
    ## notebook 服务会监听的 IP 地址
    c.NotebookApp.ip = '*'
    ## 用于 notebooks 和内核的目录
    c.NotebookApp.notebook_dir = '/home/pzy'
    ## notebook 监听端口
    c.NotebookApp.port = 8888
    ## 服务运行后是否自动开启浏览器
    c.NotebookApp.open_browser = False
```

JupyterLab 的配置文件内容相当丰富，其中涉及修改运行服务的监听 IP 地址、端号、指定 notebooks 内核的目录以及是否在启动时自动打开浏览器等设置。

然后设置 JupyterLab 的访问密码，这一步并不是必须做的，访问密码为空也是正常的，但是建议设置。

```
#   jupyter notebook password
```

输入密码后按〈Enter〉键即可。在输入密码的状态下，在键盘上按下字符是没有任何显示的。如果配置文件有错误，这时会提示，请注意提示信息。

重启树莓派后就可以尝试启动 JupyterLab。

```
#   jupyter lab
    …
    [I 2024-06-08 19:34:06.177 LabApp] JupyterLab application directory
is /usr/local/share/jupyter/lab
    [I 2024-06-08 19:34:06.178 LabApp] Extension Manager is 'pypi'.
    [I 2024-06-08 19:34:06.273 ServerApp] jupyterlab | extension was
successfully loaded.
    [I 2024-06-08 19:34:06.275 ServerApp] Serving notebooks from local
directory: /home/pi
    [I 2024-06-08 19:34:06.275 ServerApp] Jupyter Server 2.14.1 is
running at:
    [I 2024-06-08 19:34:06.275 ServerApp] http://localhost:8880/lab
    [I 2024-06-08 19:34:06.275 ServerApp]    http://127.0.0.1:8880/lab
    [I 2024-06-08 19:34:06.275 ServerApp] Use Control-C to stop this
server and shut down all kernels (twice to skip confirmation).
```

最后在树莓派浏览器中输入 http://127.0.0.1:8888 就可以正常运行了，JupyterLab 的运行界面如图 8-2 所示。JupyterLab 支持远程访问，如果树莓派 IP 地址为 192.168.3.159，则输入 http://192.168.3.159:8888/lab。

图 8-2   JupyterLab 运行界面

8.1.3   树莓派通用输入/输出（GPIO）接口

树莓派通用输入/输出（GPIO）接口是一组数字引脚，可用于将树莓派连接到其他电子设备。GPIO 引脚可以配置为输入或输出，因此可以用于读取传感器数据，控制 LED 等外部设备。

树莓派通用输入/输出（GPIO）接口

GPIO 引脚可以通过软件编程进行控制，例如使用 Python 或其他编程语言编写程序。树莓派还提供了各种库和工具，使编程更加方便。

使用 GPIO 引脚需要小心谨慎，因为错误的连接和编程可能会导致设备损坏或故障。建议在使用 GPIO 引脚之前仔细阅读相关文档，并确保采取适当的安全措施。

树莓派的 GPIO 引脚位于其引脚排针上，可以通过跳线连接到其他电路板或设备。树莓派目前有 40 个 GPIO 引脚，其中 26 个引脚可以用作数字输入或输出，另外 14 个引脚用于其他功能，如图 8-3 所示。其中，包括电源接口（5V、3.3V、GND）、有复用功能的 GPIO 接口包含 I²C 接口（SCL、SDA）、SPI 接口（MISO、MOSI、CLK、CS 片选信号 SPICE0_N）、UART 串口接口（TXD、RXD）、PWM 接口以及普通 GPIO 接口。

wiringPi 编码	BCM 编码	功能名	物理引脚 BOARD编码		功能名	BCM 编码	wiringPi 编码
		3.3V	1	2	5V		
8	2	SDA.1	3	4	5V		
9	3	SCL.1	5	6	GND		
7	4	GPIO.7	7	8	TXD	14	15
		GND	9	10	RXD	15	16
0	17	GPIO.0	11	12	GPIO.1	18	1
2	27	GPIO.2	13	14	GND		
3	22	GPIO.3	15	16	GPIO.4	23	4
		3.3V	17	18	GPIO.5	24	5
12	10	MOSI	19	20	GND		
13	9	MISO	21	22	GPIO.6	25	6
14	11	SCLK	23	24	CE0	8	10
		GND	25	26	CE1	7	11
30	0	SDA.0	27	28	SCL.0	1	31
21	5	GPIO.21	29	30	GND		
22	6	GPIO.22	31	32	GPIO.26	12	26
23	13	GPIO.23	33	34	GND		
24	19	GPIO.24	35	36	GPIO.27	16	27
25	26	GPIO.25	37	38	GPIO.28	20	28
		GND	39	40	GPIO.29	21	29

图 8-3 树莓派 40 个 GPIO 引脚的对照表

树莓派接口的三种命名方案：wiringPi 编号、BCM 编号、物理引脚 BOARD 编号。wiringPi 编号是功能接线的引脚号（如 TXD、PWM0 等）；BCM 编号是 Broadcom 引脚号，即通常称的 GPIO；物理编号是 PCB 上引脚的物理位置对应的编号（1～40）。

wiringPi 是应用于树莓派的 GPIO 控制库函数，是由 Gordon Henderson 所编写和维护的。它刚开始是作为 BCM2835 芯片的 GPIO 库，现在除了 GPIO 库，还包括了 IIC 库、SPI 库、UART 库和软件 PWM 库等。wiringPi 使用 C、C++开发并且可以被其他语言包使用，例如 Python、Ruby 或者 PHP 等。wiringPi 库包含一个命令行工具 gpio，它可以用来设置 GPIO 引脚，可以用来读写 GPIO 引脚，甚至可以在 Shell 脚本中使用以达到控制 GPIO 引脚的目的。

可以通过下载源代码来安装 wiringPi，使用 Git 工具下载代码，然后编译安装。

```
#   git clone https://github.com/WiringPi/WiringPi.git
#   cd WiringPi/
#   ./build
#
```

build 脚本将编译并安装所有内容。在官网下载安装包后安装 wiringPi，需要注意 Pi 4B 与 Pi v3+的安装包是不同的。使用 gpio readall 命令可以查看树莓派的 GPIO 引脚信息，如图 8-4 所示。

```
#   gpio readall
```

```
+-----+-----+---------+------+---+---Pi 3B-+---+---+---------+-----+-----+
| BCM | wPi |   Name  | Mode | V | Physical | V | Mode |  Name   | wPi | BCM |
+-----+-----+---------+------+---+----++----+---+------+---------+-----+-----+
|     |     |    3.3v |      |   |  1 || 2  |   |      | 5v      |     |     |
|   2 |   8 |   SDA.1 |   IN | 1 |  3 || 4  |   |      | 5v      |     |     |
|   3 |   9 |   SCL.1 |   IN | 1 |  5 || 6  |   |      | 0v      |     |     |
|   4 |   7 |  GPIO. 7|   IN | 1 |  7 || 8  | 0 |   IN | TxD     |  15 |  14 |
|     |     |      0v |      |   |  9 || 10 | 1 |   IN | RxD     |  16 |  15 |
|  17 |   0 |  GPIO. 0|   IN | 0 | 11 || 12 | 0 |   IN | GPIO. 1 |   1 |  18 |
|  27 |   2 |  GPIO. 2|   IN | 0 | 13 || 14 |   |      | 0v      |     |     |
|  22 |   3 |  GPIO. 3|   IN | 0 | 15 || 16 | 0 |   IN | GPIO. 4 |   4 |  23 |
|     |     |    3.3v |      |   | 17 || 18 | 0 |   IN | GPIO. 5 |   5 |  24 |
|  10 |  12 |    MOSI |   IN | 0 | 19 || 20 |   |      | 0v      |     |     |
|   9 |  13 |    MISO |   IN | 0 | 21 || 22 | 0 |   IN | GPIO. 6 |   6 |  25 |
|  11 |  14 |    SCLK |   IN | 0 | 23 || 24 | 1 |   IN | CE0     |  10 |   8 |
|     |     |      0v |      |   | 25 || 26 | 1 |   IN | CE1     |  11 |   7 |
|   0 |  30 |   SDA.0 |   IN | 1 | 27 || 28 | 1 |   IN | SCL.0   |  31 |   1 |
|   5 |  21 |  GPIO.21|   IN | 1 | 29 || 30 |   |      | 0v      |     |     |
|   6 |  22 |  GPIO.22|   IN | 1 | 31 || 32 | 0 |   IN | GPIO.26 |  26 |  12 |
|  13 |  23 |  GPIO.23|   IN | 0 | 33 || 34 |   |      | 0v      |     |     |
|  19 |  24 |  GPIO.24|   IN | 0 | 35 || 36 | 0 |   IN | GPIO.27 |  27 |  16 |
|  26 |  25 |  GPIO.25|   IN | 0 | 37 || 38 | 0 |   IN | GPIO.28 |  28 |  20 |
|     |     |      0v |      |   | 39 || 40 | 0 |   IN | GPIO.29 |  29 |  21 |
+-----+-----+---------+------+---+----++----+---+------+---------+-----+-----+
| BCM | wPi |   Name  | Mode | V | Physical | V | Mode |  Name   | wPi | BCM |
+-----+-----+---------+------+---+---Pi 3B-+---+---+---------+-----+-----+
```

图 8-4　树莓派的 GPIO 引脚信息

wiringPi 编号模式只在 C 语言中使用，在 Python 程序中使用 BCM 编号、物理引脚 BOARD 编号。下面将以 BCM 编号模式演示在 Python 程序中控制硬件。

8.1.4　Python 控制树莓派 GPIO 引脚

下面用树莓派点亮 LED 灯，所需硬件包括 1 个面包板、2 根杜邦线公对母、1 个 LED 灯、1 个 330Ω电阻。用树莓派点亮一个 LED 灯虽然很简单，但很重要，这是利用 GPIO 控制外部硬件设备的基础，通过控制一个 LED 灯，就能让机器人动起来。

树莓派点亮 LED 电路原理图如图 8-5 所示，树莓派点亮 LED 连线图如图 8-6 所示。一个 LED 灯通过一个限流电阻串联到树莓派的 GPIO21 上，负极则连接到树莓派的 GND 上，从而形成一个完整的回路。

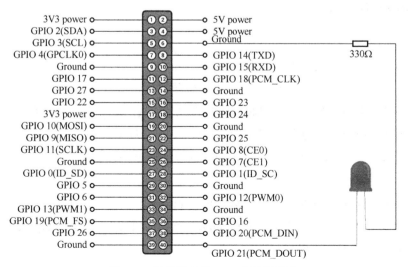

图 8-5　树莓派点亮 LED 电路原理图

图 8-6　树莓派点亮 LED 连线图

　　GPIO 引脚的输出电压约为 3.3V，如果直接串联，会有一个非常大的电流通过 LED，这个电流通常大到可以损坏 LED 甚至供电设备。因此，需要在 LED 和电源（GPIO 引脚）间串联一个电阻限制电流，从而对 LED 和为其供电的 GPIO 引脚提供保护。

　　可以在终端控制 GPIO 口，测试线路是否连接正确。在 Linux 开发环境中对文件的读写操作就相当于向外设输出或者从外设输入数据。树莓派的 GPIO 端口文件在/sys/class/gpio 目录下。

　　首先激活 GPIO21，然后把 GPIO21 置于输出状态，最后向 GPIO21 写入 1，让 PIN 处于高电压，这时 LED 灯被点亮。

```
#    echo 21 > /sys/class/gpio/export
#    echo out > /sys/class/gpio/gpio1/direction
#    echo 1 > /sys/class/gpio/gpio1/value
#    echo 0 > /sys/class/gpio/gpio1/value
```

　　在 Python 程序中定义的 GPIO 引脚有两种模式：BCM 编号模式和物理引脚 BOARD 编号模式。通过 GPIO.setmod() 方法可以指定引脚编号系统，一旦指定就不能改变。而使用 GPIO.setup() 方法可以设置系统引脚是作为输入还是输出。

　　1. 点亮单个 LED 灯，并让其闪烁

　　在这个案例中，首先导入 GPIO 库，然后设置 GPIO 引脚编号模式为 BCM 编号模式。使用 GPIO21 作为 LED 的控制引脚，使用 GPIO.setup() 方法将 GPIO21 设置为输出模式，并将其输出状态设置为高电平，以点亮 LED 灯。

```
import RPi.GPIO as GPIO
import time
```

```
GPIO.setmode(GPIO.BCM)
GPIO.setup(21, GPIO.OUT)
GPIO.output(21, GPIO.LOW)
for i in range(10):
    GPIO.output(21, GPIO.HIGH)
    time.sleep(0.3)
    GPIO.output(21, GPIO.LOW)
time.sleep(0.3)
GPIO.cleanup()
```

使用 time.sleep()方法延迟 1s，然后再将 GPIO21 的输出状态设置为低电平，以关闭 LED 灯。最后使用 GPIO.cleanup()方法清理 GPIO 引脚的设置，以便它们可以被其他程序使用。

2．按键控制 LED 灯的亮灭

通过按键来控制 LED 灯的亮灭，所采用的按键为四引脚按键。当按下按键时，LED 灯会亮，当再次按下按键时，LED 灯会熄灭。按键控制 LED 灯连线图如图 8-7 所示。

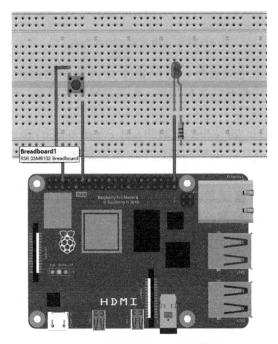

图 8-7　按键控制 LED 灯连线图

按键的一个引脚与 Raspberry Pi 4B 的 18 号引脚连接，对角引脚接地。LED 灯的正极与树莓派的 21 号引脚连接。四脚按键的工作原理与普通按钮开关的工作原理类似，由常开触点、常闭触点组合而成。四脚按键开关中常开触点的作用是当压力向常开触点施压时，这个电路就呈现接通状态，当撤销这种压力的时候，就恢复到原始的常闭触点。

四脚按键开关需要设置上拉电阻，在 18 号引脚处设置上拉电阻使用代码 GPIO.setup (18,GPIO.IN,pull_up_down=GPIO.PUD_UP)。

```
import RPi.GPIO as GPIO
import time
```

```
GPIO.setmode(GPIO.BCM)                                   #采用 BCM 编号模式
GPIO.setup(18,GPIO.IN,pull_up_down=GPIO.PUD_UP) #在 18 号引脚处设置上拉电阻
GPIO.setup(21,GPIO.OUT)
GPIO.output(21,GPIO.LOW)              #初始化，将 21 号引脚设置为低电平
ledStatus = 0                        #LED 灯的初始状态默认为灭


try:
    while True:
        if (GPIO.input(18) == 0):
            time.sleep(0.2)
            print("button pressed!")
            ledStatus = not ledStatus
            if ledStatus:
                GPIO.output(21,GPIO.HIGH)
            else:
                GPIO.output(21,GPIO.LOW)


except KeyboardInterrupt:
    GPIO.cleanup()          #程序中止时清理 GPIO 资源
```

time.sleep(0.2)的作用是开关去抖，忽略由于开关抖动引起的小于 0.2s 的边缘操作。print("button pressed!")用于观测开关去抖效果，如果忽略开关抖动，理论上，每按下一次开关会输出一次。

RPi.GPIO 库提供了 wait_for_edge()函数和 add_event_detect() 函数，可用于边缘检测。是指电信号从低电平到高电平或从高电平到低电平状态的变化。这些函数常用于监测输入状态的变化。

wait_for_edge()函数是阻塞函数，会阻塞程序执行，直到检测到一个边沿。add_event_detect()函数是增加一个事件的检测函数。

```
import RPi.GPIO as GPIO
import time


GPIO.setmode(GPIO.BCM)                                   #采用 BCM 编号模式
GPIO.setup(18,GPIO.IN,pull_up_down=GPIO.PUD_UP) #在 18 号引脚处设置上拉电阻
GPIO.setup(21,GPIO.OUT)
GPIO.output(21,GPIO.LOW)              #初始化，将 21 号引脚设置为低电平


channel = GPIO.wait_for_edge(18,GPIO.FALLING,timeout =5000)
if channel is None:
    print("Timeout ocurred")
else:
    GPIO.output(21,GPIO.HIGH)
print("Edge detected on channel",channel)
time.sleep(3)


GPIO.cleanup()
```

任务 8.2　配置 NVIDIA Jetson Nano 开发环境

NVIDIA Jetson Nano 开发板是一款功能强大的边缘计算设备，能够在图像分类、物体检测、物体分割和语音处理等应用程序中并行运行多个神经网络，其运行功率仅为 5W。该开发板是边做边学的理想工具，使用 Linux 开发环境，不仅有大量易于学习的教程，还有大量 配置 NVIDIA Jetson Nano 开发环境

的由活跃开发者社区打造的开源项目。其他类似的开发板还有 Raspberry Pi 4、Intel Neural Compute Stick 2 和 Google Edge TPU Coral Dev Board 等。

Jetson Nano CPU 使用 64 位四核的 ARM Cortex-A57，Raspberry Pi 4 已经升级为 ARM Cortex-A72。4GB 的内存并不能完全使用，其中有一部分（1GB 左右）是和显存共享的。Jetson Nano 的最大优势是在体积上，它采用核心板可拆的设计，核心板的大小只有 70mm×45mm，可以方便地集成在各种嵌入式应用中。

Jetson Nano 最大的特色就是包含了一块 128 核 NVIDIA Maxwell 架构的 GPU，虽然不是最新的架构，不过因为用于嵌入式设备，从功耗、体积、价格上也算一个平衡。Nano 的计算能力不高，勉强可以使用一些小规模并且优化过的网络进行推理，用于训练的话还是不够用的。同时它的功耗也非常低，分为两种：

➤ 5W（可以使用 USB 口供电）。

➤ 10W（必须使用 Power Jack 外接 5V 电源供电）。

Jetson Nano 公版的实物图如图 8-8 所示。其中❶是用于主存储器的 microSD 卡插槽，可以进行系统镜像烧写。❷是 40 针 GPIO 扩展接口。❸是用来传输数据或使用电源供电的 Micro USB 接口。❹是千兆以太网端口。❺是 USB 3.0 接口。❻是 HDMI 接口。❼是用来连接 DP 屏幕的 Display Port 接口。❽是用于 5V 电源输入的直流桶式插座。❾是 MIPI CSI-2 摄像头接口。这些端口和 GPIO 接头可即插即用，支持各种流行的外围设备、传感器和即用型项目。例如，NVIDIA 在 GitHub 上开源的 3D 可打印深度学习 JetBot。

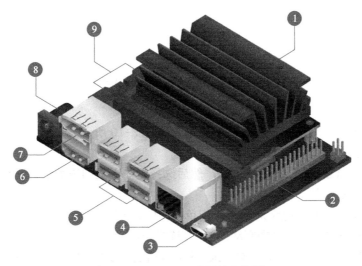

图 8-8　Jetson Nano 公版的实物图

Jetson Nano 可以运行各种深度学习模型，包括流行的深度学习框架的完整原生版本，如 TensorFlow、PyTorch、Caffe/Caffe2、Keras、MXNet 等。通过实现图像识别、对象检测和定位、姿势估计、语义分割、视频增强和智能分析等强大功能，这些模型可用于构建小型移动机器人、人脸签到打卡、口罩识别、智能门锁、智能音箱等复杂 AI 系统。

Jetson Nano 开发板将 microSD 卡用作启动设备和主存储器。务必为项目准备一个大容量快速存储卡，后期还要安装 TensorFlow 等一些深度学习框架，还有可能要安装样本数据，建议最小采用 64GB 卡。需要使用能够在开发者套件的 Micro-USB 接口处提供 5V⎓2A 的高品质电源为开发者套件供电。并非每个宣称提供 "5V⎓2A" 的电源都能够真正做到这一点，电源不稳定可能造成系统不稳定。

Jetson Nano 机身仅具备有线网络，不内置无线网卡，这在使用时有些不便。官方推荐使用 AC8265，这款 2.4G/5G 双模网卡，同时支持蓝牙 4.2。Jetson Nano 拥有 CSI 相机接口，可兼容树莓派摄像头，使用 IMX219 模组，拥有 800 万像素。

8.2.1 将镜像写入 microSD 卡

首先到英伟达官方网站下载官方镜像，也可以去开源社区下载配置好的镜像。把 microSD 卡插入到读卡器上之后插到计算机，使用 SD Card Formatter 格式化 microSD 卡，如图 8-9 所示。

图 8-9 使用 SD Card Formatter 格式化 microSD 卡

然后使用 Etcher 将镜像写入 microSD 卡，如图 8-10 所示。

1）下载、安装并启动 Etcher。

2）单击 "Select image"（选择镜像），然后选择先前下载的压缩镜像文件。

3）插入 microSD 卡。

4）如果 Windows 弹出提示对话框，则单击 "Cancel"（取消）。

5）单击 "Select drive"（选择驱动器），并选择正确设备。

6）单击 "Flash!"（闪存!）。如果 microSD 卡通过 USB 3.0 连接，Etcher 写入和验证镜像需要 10min。

图 8-10　使用 Etcher 将镜像写入 microSD 卡

　　将已写入系统映像的 microSD 卡插入 Jetson Nano 模块底部的插槽中，如图 8-11 所示。有两种方式可以与 Jetson Nano 开发板进行交互，一是连接显示器、键盘和鼠标，二是通过 SSH 或 VNC 服务从另一台计算机远程访问。先连接显示器、键盘和鼠标，然后连接 Micro-USB 电源，开发板将自动开机并启动。

图 8-11　将 microSD 卡插入 Jetson Nano 模块底部的插槽

　　可以到 NVIDIA Jetson 开发者专区（Jetson Developer Kits），获取更多的 Jetson 平台信息，在 NVIDIA Jetson 论坛上提问或分享项目，在 Jetson 项目社区（Jetson Community Projects）可获取一些非常有意思的项目，例如：

➢ Hello AI World。该项目可以让用户快速启动并运行一组深度学习推理演示，体验 Jetson 的强大功能。演示使用计算机视觉相关的模型，包括实时摄像机的使用，既可以使用带有 JetPack SDK 和 NVIDIA TensorRT 的 Jetson 开发工具包上的预训练模型进行实时图像分类和对象检测，还可以使用 C++ 编写的易于理解的识别程序。

➢ JetBot 是面向有兴趣学习 AI 的创客、学生和爱好者。它易于设置和使用，并且与许多流行的配件兼容。

8.2.2 设置 VNC 服务器

Jetson Nano 开发板默认开启 SSH 服务。如果觉得连接屏幕使用不方便的话，可以使用 VNC 实现 headless 远程桌面访问 Jetson Nano。VNC 可以从同一网络上的另一台计算机控制 Jetson Nano 开发板。需要通过以下设置开启 VNC 服务（配置方法可能会随着开发板镜像的不同而不同，请查阅官方文档）。

1）安装 vino，可以用 dpkg -l|grep vino 查看是否已经安装。

```
#   sudo apt update
#   sudo apt install vino
```

2）配置 VNC 服务。

```
#   gsettings set org.gnome.Vino prompt-enabled false
#   gsettings set org.gnome.Vino require-encryption false
```

3）设置 VNC 密码。

```
#   # Replace thepassword with your desired password
#   gsettings set org.gnome.Vino authentication-methods "['vnc']"
#   gsettings set org.gnome.Vino vnc-password $(echo -n 'thepassword'|base64)
```

4）VNC 服务器只有在本地登录到 Jetson 之后才可用。如果希望 VNC 自动可用，使用系统设置应用程序来启用自动登录。

```
#   mkdir -p ~/.config/autostart
#   cp /usr/share/applications/vino-server.desktop ~/.config/autostart/.
```

5）使用 VNC Viewer 软件进行 VNC 连接，首先需要查询 IP 地址，例如 192.168.1.195，输入 IP 地址后单击"OK"，双击对应的 VNC 用户后输入密码，最后进入 VNC 界面。VNC Viewer 登录界面如图 8-12 所示。

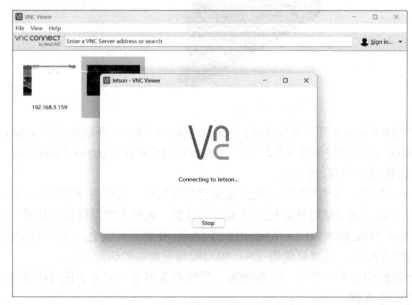

图 8-12　VNC Viewer 登录界面

8.2.3　Jetson Nano 安装 TensorFlow GPU

TensorFlow 是一个使用数据流图进行数值计算的开源软件库，这种灵活的架构可以将模型部署到桌面、服务器或移动设备中的 CPU 或 GPU 上。下面将在 Jetson Nano 上安装 TensorFlow GPU 版本，安装 TensorFlow GPU 版本需要成功配置 CUDA。不过，在安装 TensorFlow GPU 之前，需要安装依赖项。

1）安装 TensorFlow 所需的系统包。

```
#    sudo apt-get update
#    sudo  apt-get  install  libhdf5-serial-dev  hdf5-tools  libhdf5-dev
zlib1g-dev zip libjpeg8-dev liblapack-dev libblas-dev gfortran
```

2）安装和升级 pip3。

```
#    sudo apt-get install python3-pip
#    sudo python3 -m pip install --upgrade pip
#    sudo pip3 install -U testresources setuptools==65.5.0
```

3）安装 Python 包依赖项。

```
#    sudo pip3 install -U numpy==1.22 future==0.18.2 mock==3.0.5 keras_
preprocessing==1.1.2  keras_applications==1.0.8  gast==0.4.0  protobuf pybind11
cython pkgconfig packaging h5py==3.6.0
```

4）确认 CUDA 已经被正常安装。

```
#    nvcc -V
nvcc: NVIDIA (R) Cuda compiler driver
Copyright (c) 2005-2019 NVIDIA Corporation
Built on Wed_Oct_23_21:14:42_PDT_2019
Cuda compilation tools, release 10.2, V10.2.89
```

5）安装 TensorFlow。

```
#    sudo pip3 install --extra-index-url https://developer.download.nvidia.
com/compute/ redist/jp/v51
        tensorflow==2.11.0+nv23.01
```

安装的 TensorFlow 版本必须与正在使用的 JetPack 版本一致，版本信息请查看官网文档。

6）验证安装。

```
#    python3
>>> import tensorflow
>>> import tensorflow as tf
2023-04-20 10:01:13.231340: I   tensorflow/stream_executor/platform/
default/dso_loader.cc:49]
Successfully opened dynamic library libcudart.so.10.2
>>> print(tf.__version__)
2.11.0
```

8.2.4　Jetson Nano 安装 OpenCV

Jetson Nano 开发板默认 JetPack 安装的 OpenCV 不支持 CUDA，可以使用 jtop 命令查看开发板系统信息，如图 8-13 所示。目前系统 CUDA 版本是 10.2.89，OpenCV 版本是 4.1.1，不支持 CUDA。下面介绍如何在 Jetson Nano 开发板上手动编译与安装 OpenCV。

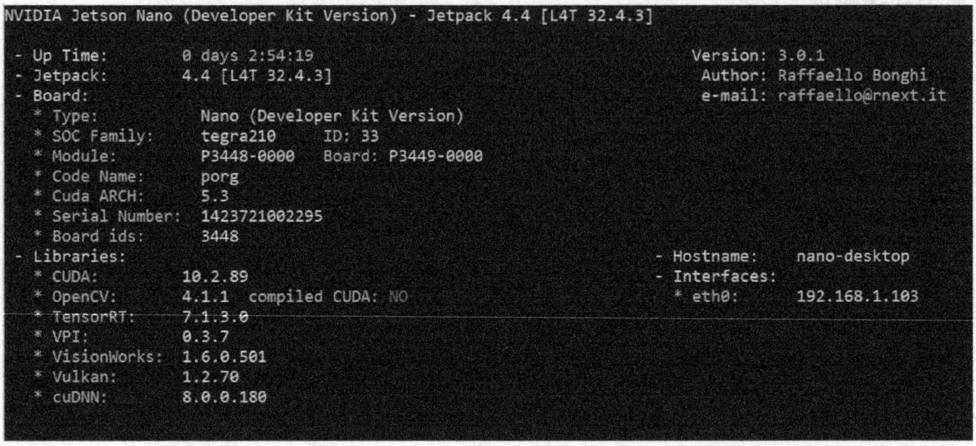

```
NVIDIA Jetson Nano (Developer Kit Version) - Jetpack 4.4 [L4T 32.4.3]

- Up Time:        0 days 2:54:19                          Version: 3.0.1
- Jetpack:        4.4 [L4T 32.4.3]                        Author: Raffaello Bonghi
- Board:                                                  e-mail: raffaello@rnext.it
  * Type:         Nano (Developer Kit Version)
  * SOC Family:   tegra210      ID: 33
  * Module:       P3448-0000    Board: P3449-0000
  * Code Name:    porg
  * Cuda ARCH:    5.3
  * Serial Number: 1423721002295
  * Board ids:    3448
- Libraries:                                              - Hostname:    nano-desktop
  * CUDA:         10.2.89                                 - Interfaces:
  * OpenCV:       4.1.1 compiled CUDA: NO                  * eth0:       192.168.1.103
  * TensorRT:     7.1.3.0
  * VPI:          0.3.7
  * VisionWorks:  1.6.0.501
  * Vulkan:       1.2.70
  * cuDNN:        8.0.0.180
```

图 8-13　Jetson Nano 开发板系统信息

在 Jetson Nano 开发板上安装 OpenCV 并不复杂。整个安装大约需要 2h。它以依赖项的安装开始，以 ldconfig 结束。

1）安装依赖项。

```
#    echo "Installing OpenCV 4.7.0 on your Jetson Nano"
#    echo "It will take 2.5 hours !"
#

# 查看 CUDA 安装路径
#    cd ~
#    sudo sh -c "echo '/usr/local/cuda/lib64' >>
     /etc/ld.so.conf.d/nvidia-tegra.conf"
#    sudo ldconfig
#

#安装依赖
#    sudo apt-get install -y build-essential cmake git unzip pkg-config
     zlib1g-dev
#    sudo apt-get install -y libjpeg-dev libjpeg8-dev libjpeg-turbo8-dev
     libpng-dev libtiff-dev
#    sudo apt-get install -y libavcodec-dev libavformat-dev libswscale-
     dev libglew-dev
#    sudo apt-get install -y libgtk2.0-dev libgtk-3-dev libcanberra-gtk*
#    sudo apt-get install -y python-dev python-numpy python-pip
#    sudo apt-get install -y python3-dev python3-numpy python3-pip
#    sudo apt-get install -y libxvidcore-dev libx264-dev libgtk-3-dev
#    sudo apt-get install -y libtbb2 libtbb-dev libdc1394-22-dev
     libxine2-dev
#    sudo apt-get install -y gstreamer1.0-tools libv4l-dev v4l-utils qv4l2
```

```
#    sudo apt-get install -y libgstreamer-plugins-base1.0-dev libgstreamer-
     plugins-good1.0-dev
#    sudo apt-get install -y libavresample-dev libvorbis-dev libxine2-dev
     libtesseract-dev
#    sudo apt-get install -y libfaac-dev libmp3lame-dev libtheora-dev
     libpostproc-dev
#    sudo apt-get install -y libopencore-amrnb-dev libopencore-amrwb-dev
#    sudo apt-get install -y libopenblas-dev libatlas-base-dev libblas-dev
#    sudo apt-get install -y liblapack-dev liblapacke-dev libeigen3-dev
     gfortran
#    sudo apt-get install -y libhdf5-dev protobuf-compiler
#    sudo apt-get install -y libprotobuf-dev libgoogle-glog-dev libgflags-
     dev
```

2）下载 OpenCV。

```
# 删除旧版本 opencv
#    cd ~
#    sudo rm -rf opencv*
# 下载 OpenCV 4.7.0
#    wget -O opencv.zip https://github.com/opencv/opencv/archive/4.7.0.zip
#    wget -O opencv_contrib.zip
     https://github.com/opencv/opencv_contrib/archive/4.7.0.zip
#    unpack
#    unzip opencv.zip
#    unzip opencv_contrib.zip
# 解压好后修改文件夹名
#    mv opencv-4.7.0 opencv
#    mv opencv_contrib-4.7.0 opencv_contrib
```

3）编译 OpenCV。

```
#    cd ~/opencv
#    mkdir build
#    cd build

# run cmake
#    cmake -D CMAKE_BUILD_TYPE=RELEASE \
-D CMAKE_INSTALL_PREFIX=/usr \
-D OPENCV_EXTRA_MODULES_PATH=~/opencv_contrib/modules \
-D EIGEN_INCLUDE_PATH=/usr/include/eigen3 \
-D WITH_OPENCL=OFF \
-D WITH_CUDA=ON \
-D CUDA_ARCH_BIN=5.3 \
-D CUDA_ARCH_PTX="" \
-D WITH_CUDNN=ON \
-D WITH_CUBLAS=ON \
-D ENABLE_FAST_MATH=ON \
-D CUDA_FAST_MATH=ON \
```

```
-D OPENCV_DNN_CUDA=ON \
-D ENABLE_NEON=ON \
-D WITH_QT=OFF \
-D WITH_OPENMP=ON \
-D BUILD_TIFF=ON \
-D WITH_FFMPEG=ON \
-D WITH_GSTREAMER=ON \
-D WITH_TBB=ON \
-D BUILD_TBB=ON \
-D BUILD_TESTS=OFF \
-D WITH_EIGEN=ON \
-D WITH_V4L=ON \
-D WITH_LIBV4L=ON \
-D OPENCV_ENABLE_NONFREE=ON \
-D INSTALL_C_EXAMPLES=OFF \
-D INSTALL_PYTHON_EXAMPLES=OFF \
-D PYTHON3_PACKAGES_PATH=/usr/lib/python3/dist-packages \
-D OPENCV_GENERATE_PKGCONFIG=ON \
-D BUILD_EXAMPLES=OFF ..

#    make -j4
```

编译之前需要设置 OpenCV 的内容、位置和方式等许多内容，详细信息请参考 OpenCV 官网文档。例如 -D WITH_QT=OFF，这里禁用了 Qt5 支持。运行配置后需要检查输出结果，很可能会出现错误。

准备好所有编译指令后，可以开始编译，大约需要 2.5h。

4）安装 OpenCV。

```
#    sudo rm -r /usr/include/opencv4/opencv2
#    sudo make install
#    sudo ldconfig
#
#    make clean
#    sudo apt-get update
#
#    echo "Congratulations!"
#    echo "You've successfully installed OpenCV 4.7.0 on your Jetson Nano"
```

任务 8.3 基于人脸识别的门禁系统

正如 Jetson Nano 简介文章中提到的，开发套件有一个移动行业处理器接口（MIPI）的相机串行接口（CSI）端口，MIPI 是 MIPI 联盟发起的为移动应用处理器制定的开放标准。支持 Raspberry Pi、Arducam 等常见的相机模块。这些相机很小，但适用于机器学习和计算机视觉应用，如物体检测、人脸识别、图像分割等视觉任务。

本项目将介绍如何访问 Jetson Nano 开发板上的 CSI 摄像头模块，然后使用 OpneCV 读取摄像头视频流并检测人脸，最后学习使用人脸识别库（face_recognition）来识别人脸。本项目中人脸识别任务使用的是 Raspberry Camera V2 相机模块，800 万像素，感光芯片为索尼 IMX219，静态图片分辨率为 3280×2464，支持 1080p30、720p60 以及 640×480p90 视频录像。

将摄像头连接到 Jetson Nano，如图 8-14 所示。拔下 CSI 端口，将相机带状电缆插入端口。确保端口上的连接导线与带状电缆上的连接线对齐。

图 8-14 将摄像头连接到 Jetson Nano

英伟达提供的 JetPack SDK 已经支持预装驱动程序的 RPi 相机，并且可以很容易地用作即插即用外围设备，不需要安装驱动程序。CSI 摄像头不支持即插即用，所以必须在开机前先装上去，系统才能识别 CSI 摄像头，如果开机之后再安装，会导致 Jetson Nano 识别不出摄像头，且有其他风险，因此应避免在开机状态下安装摄像头。

查看/dev/video0，检查摄像头信息。

```
#  ls -l /dev/video0
crw-rw----+ 1 root video 81, 0 4月  20 21:24 /dev/video0
```

Linux 中所有设备文件或特殊文件的存储位置都是/dev。如果命令的输出为空，则表明开发板上没有连接摄像头，或者连接有错。ls 命令返回信息太少，通常无法判断到底哪个编号是哪个摄像头。要进一步检测摄像头数量与详细规格，可以使用 v4l2-utils 工具。

```
#  v4l2-ctl --list-devices
vi-output, imx219 8-0010 (platform:54080000.vi:4):
      /dev/video0
```

Jetson 系列开发板系统使用 GStreamer 管道处理媒体应用程序，GStreamer 是一个多媒体框架，用于后端处理任务，如格式修改、显示驱动程序协调和数据处理。

检查摄像头连接的更麻烦的方法是使用 GStreamer 应用程序 gst 来启动一个显示窗口，并确认可以从摄像头看到实时流，图 8-15 显示的是早上 5 点的无锡。

```
#  gst-launch-1.0 nvarguscamerasrc ! 'video/x-raw(memory:NVMM) , width=3820, height=2464, framerate=21/1, format=NV12' ! nvvidconv flip-method=0 ! 'video/x-raw, width=480, height=320' ! nvvidconv ! nvegltransform ! nveglglessink -e
```

图 8-15　GStreamer 打开的实时流

GStreamer 打开 1920×1080 像素（宽×高）、30fps 的相机流，并在 960×640 像素（宽×高）的窗口中显示它。当需要更改相机的方向时（翻转图片），flip-method 参数可以进行设置。上面的命令创建了一个 GStreamer 管道，其中的元素由！分隔。它启动了一个 3820×2464 像素（宽×高）、30fps 的相机流。有关配置的详细信息，可以在 gst 发布的文档中找到。

8.3.1　使用 Haar 特征的 cascade 分类器检测人脸

Haar 特征的 cascade 分类器是一种有效的物品检测方法。它是通过许多正负样例训练得到 cascade 方程，然后将其应用于其他图片。

使用 Haar 特征的 cascade 分类器检测人脸

Haar 特征分类器就是一个 XML 文件，该文件中会描述人体各个部位的 Haar 特征值。OpenCV 有很多已经训练好的分类器，其中包括面部、眼睛、微笑等。这些 XML 文件只存于/opencv4/data/haarcascades/文件夹中。下面将使用 OpenCV 创建一个面部检测器。首先加载需要的 XML 分类器，然后以灰度格式加载输入图像或视频。

```python
import cv2
import numpy as np
from matplotlib import pyplot as plt

HAAR_CASCADE_XML_FILE_FACE  =  "/usr/share/opencv4/haarcascades/haarcascade_
frontalface_default.xml"
HAAR_CASCADE_XML_FILE_EYE  =  "/usr/share/opencv4/haarcascades/haarcascade_
eye.xml"

image = cv2.imread('sachin.jpg')
face_cascade = cv2.CascadeClassifier(HAAR_CASCADE_XML_FILE_FACE)
grayscale_image = cv2.cvtColor(image, cv2.COLOR_BGR2GRAY)
detected_faces = face_cascade.detectMultiScale(grayscale_image, scaleFactor =
1.3, minNeighbors = 5)

for (x_pos, y_pos, width, height) in detected_faces:
```

```
        cv2.rectangle(image, (x_pos, y_pos),
          (x_pos + width, y_pos + height), (0, 255, 0), 2)


    plt.imshow(image)
    plt.show()
```

face_cascade.detectMultiScale 用于在图像中检测面部，如果检测到面部会返回面部所在的矩形区域 Rect(x，y，w，h)。其中，scaleFactor 参数表示在前后两次相继的扫描中，搜索窗口的比例系数，默认为 1.1，即每次搜索窗口都扩大 10%。minNeighbors 参数表示构成检测目标的相邻矩形的最小个数（默认为 3）。运行结果如图 8-16 所示。

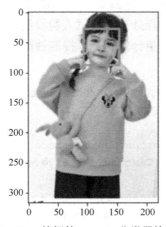

图 8-16　Haar 特征的 cascade 分类器检测结果

8.3.2　使用摄像头实时检测人脸

下面将介绍如何通过 OpenCV 调用 CSI 摄像头（IMX219）和 USB 摄像头。通常，video0 和 video1 是 CSI 摄像头，video2 是 USB 摄像头。调用 USB 摄像头非常简单，可以使用 cv2.videocapture(2)直接打开 USB 摄像头。但是对于 CSI 摄像头，会提示错误："GStreamer: 管线没有被创建　摄像机没有打开。"

```
    [ WARN:0@0.215] global  cap_gstreamer.cpp:2785  handleMessage OpenCV |
GStreamer warning: Embedded video playback halted; module v4l2src0 reported:
Internal data stream error.
    [ WARN:0@0.217] global  cap_gstreamer.cpp:1679  open OpenCV | GStreamer
warning: unable to start pipeline
    [ WARN:0@0.217] global  cap_gstreamer.cpp:1164  isPipelinePlaying OpenCV |
GStreamer warning: GStreamer: pipeline have not been created
    Cannot open Camera
```

CSI 摄像头需要使用 GStreamer 读取视频流，步骤如下：创建 GStreamer 管道，将管道绑定 OpenCV 的视频流，逐帧提取和显示。

首先设置 r 管道参数，创建 GStreamer 管道。

```
        GSTREAMER_PIPELINE = 'nvarguscamerasrc ! \
                video/x-raw(memory:NVMM),width=%d,height=%d,format=
(string)NV12,\
                framerate=(fraction)%d/1 ! \
                nvvidconv flip-method=%d ! nvvidconv ! \
                video/x-raw,width=(int)%d,height=(int)%d,format=
(string)BGRx ! \
                videoconvert ! appsink' % (3820,2464,21,0,640,480)
```

其中(3820，2464，21，0，640，480)分别表示：

摄像头预捕获的图像宽度，与高度分别是 3820 和 2464。窗口显示的图像宽度与高度分别是 640 和 480。捕获帧率（framerate）是 21 帧，是否旋转图像（flip-method）为否。

然后对视频流的每个图像帧进行处理并测试人脸检测。首先将彩色图像转换为灰度图像，因为颜色不决定面部特征，可以避免计算开销、提高性能。一旦确认图像中包含人脸，会在边界周围绘制一个矩形。

```
        HAAR_CASCADE_XML_FILE_FACE  =  "/usr/share/opencv4/haarcascades/haarcascade_
frontalface_default.xml"
    def faceDetect():
        # Obtain face detection Haar cascade XML files from OpenCV
        face_cascade = cv2.CascadeClassifier(HAAR_CASCADE_XML_FILE_FACE)

        # Video Capturing class from OpenCV
        video_capture = cv2.VideoCapture(GSTREAMER_PIPELINE, cv2.CAP_GSTREAMER)
        if video_capture.isOpened():
            cv2.namedWindow("Face Detection Window", cv2.WINDOW_AUTOSIZE)

            while True:
                return_key, image = video_capture.read()
                if not return_key:
                    break

                grayscale_image = cv2.cvtColor(image, cv2.COLOR_BGR2GRAY)
                detected_faces = face_cascade.detectMultiScale(grayscale_image,
1.3, 5)

                # Create rectangle around the face in the image canvas
                for (x_pos, y_pos, width, height) in detected_faces:
                    cv2.rectangle(image, (x_pos, y_pos),
                            (x_pos + width, y_pos + height), (0, 0, 0), 2)

                cv2.imshow("Face Detection Window", image)

                key = cv2.waitKey(30) & 0xff
                # Stop the program on the ESC key
                if key == 27:
                    break
```

```
        video_capture.release()
        cv2.destroyAllWindows()
    else:
        print("Cannot open Camera")


if __name__ == "__main__":
    faceDetect()
```

程序运行结果如图 8-17 所示。

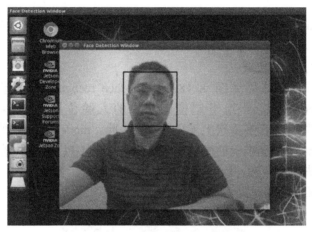

图 8-17　实时检测人脸

8.3.3　人脸识别功能的实现

人脸识别的应用已经越来越普及到人们的生活中，无论是餐厅商超，还是小区办公楼，都能看到不少地方开始使用人脸识别设备。例如，公司预先将员工的照片录入系统，当员工访问系统时，可以由照相设备采集面孔，使用人脸识别技术，找到员工对应的身份信息，实 人脸识别功能的实现

现刷脸登录的功能，所有的身份信息和照片都在系统内，不需要使用互联网服务，可以确保数据安全。

Face Recognition 是一个强大、简单、易上手的人脸识别开源项目，它主要封装了 dlib 这一 C++ 图形库，通过 Python 语言将它封装为一个非常简单就可以实现人脸识别的 API 库，屏蔽了人脸识别的算法细节，大大降低了人脸识别功能的开发难度。Face Recognition 库进行人脸识别主要经过人脸检测、检测面部特征点、给脸部编码、从编码中找出人的名字这 4 个步骤。在 Face Recognition 库中对应的 API 接口如下：

1.　人脸检测

```
face_locations(images, number_of_times_to_upsample=1, batch_size=128)
```

2.　检测面部特征点

```
face_landmarks(face_image, face_locations=None, model='large')
```

3．给脸部编码

```
face_encodings(face_image, known_face_locations=None, num_jitters=1)
```

4．从编码中找出人的名字

```
compare_faces(known_face_encodings, face_encoding_to_check, tolerance=0.6)
```

Face Recognition 中，检测面部特征点 face_landmarks 已经在第 3 步给脸部编码 face_encodings 函数的开头执行过了，所以如果要进行人脸识别，可以跳过第 2 步，只需要第 1、3、4 步。此外，Face Recognition 库还提供了 load_image_file(file, mode='RGB')加载面孔照片的函数等函数。

只需使用 pip install face_recognition 安装 face_recognition，当然必须先安装 CMake、dlib、OpenCV。

1）在图片中定位人脸的位置。

准备一张照片，定位结果如图 8-18 所示。face_recognition 提供了加载图像的函数 load_image_file()，face_locations 用于定位图像中的人脸位置。其中 number_of_times_to_ upsample 参数设置对图像进行多少次上采样以查找人脸。model "hog"则结果不太准确，但在 CPU 上运行更快。"cnn" 是更准确的深度学习模型，需要 GPU 加速。在测试过程中会发现部分图像识别检测人脸失败的问题，face_recognition 更像是一个基础框架，帮助我们更加高效地构建自己的人脸识别相关应用。

图 8-18　face_recognition 人脸定位结果

```
import face_recognition
import cv2


image = face_recognition.load_image_file("graduation1.png")
face_locations = face_recognition.face_locations(image, number_of_times_
to_upsample=0, model="cnn")


print("I found {} face(s) in this photograph.".format(len(face_locations)))
```

```
        face_num = len(face_locations)
        for i in range(face_num):
            top, right, bottom, left = face_locations[i]
            print("A face is located at pixel location Top: {}, Left: {}, Bottom:
{}, Right: {}".format(top, left, bottom, right))
            start = (left, top)
            end = (right, bottom)
            color = (0, 255, 0)
            thickness = 3
            cv2.rectangle(image, start, end, color, thickness)
            cv2.imwrite("grad.png", image)

        #显示识别结果
        cv2.namedWindow("recognition", cv2.WINDOW_NORMAL)
        cv2.imshow("recognition", image)
        cv2.waitKey(0)
        cv2.destroyAllWindows()
```

2）从摄像头获取视频进行人脸识别。

下面将从摄像头获取视频来进行人脸识别，输入自己和同学的人脸图像和一张未知的人脸图像，然后进行人脸识别并在未知人脸图像上标注各个人脸身份信息。face_encodings 函数返回图像中每张人脸的 128 维脸部编码，返回结果保存在 me_face_encoding 中。

compare_faces 函数将脸部编码列表与候选编码进行比较，以查看它们是否匹配。返回结果可能有多张人脸匹配成功，简单的处理是只以匹配的第一张人脸为结果。或者可以使用 face_distance 函数计算已知人脸和未知人脸特征向量的距离，距离越小表示两张人脸为同一个人的可能性越大。face_distance 函数会将给定脸部编码列表，与已知的脸部编码进行比较，并得到每个比较人脸的欧氏距离。程序运行结果如图 8-19 所示。

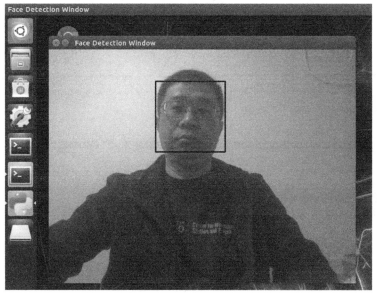

图 8-19　从摄像头获取视频进行人脸识别

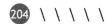

```python
import face_recognition
import cv2
import numpy as np

GSTREAMER_PIPELINE = 'nvarguscamerasrc ! \
                video/x-raw(memory:NVMM), width=%d, height=%d, format=
(string)NV12, \
                framerate=(fraction)%d/1 ! \
                nvvidconv flip-method=%d ! nvvidconv ! \
                video/x-raw, width=(int)%d, height=(int)%d, format=
(string)BGRx ! \
                videoconvert ! appsink' % (3820, 2464, 21, 0, 640, 480)

me_image = face_recognition.load_image_file("me.png")
me_face_encoding = face_recognition.face_encodings(me_image)[0]

# 加载第二张样本图片并学习如何实别
tow_image = face_recognition.load_image_file("graduation1.png")
wang_face_encoding = face_recognition.face_encodings(two_image)[0]
li_face_encoding = face_recognition.face_encodings(two_image)[1]

# 创建已知脸部编码及其名称的数组
known_face_encodings = [
    me_face_encoding,
    wang_face_encoding,
    li_face_encoding
]
known_face_names = [
    "Ping",
    "Wang",
    "Li"
]

face_locations = []
face_encodings = []
face_names = []
process_this_frame = True

video_capture = cv2.VideoCapture(GSTREAMER_PIPELINE, cv2.CAP_GSTREAMER)

while True:
    # 抓取视频的单帧画面
    ret, frame = video_capture.read()

    # 间隔帧地处理视频以节省时间
    if process_this_frame:
        # Resize frame of video to 1/4 size for faster face recognition
processing
```

```
small_frame = cv2.resize(frame, (0, 0), fx=0.25, fy=0.25)

# 将图像从 BGR 颜色（OpenCV 使用的颜色）转换为 RGB 颜色（人脸识别使用的颜色）
rgb_small_frame = small_frame[:, :, ::-1]

# 查找视频当前帧中的所有人脸和脸部编码
face_locations = face_recognition.face_locations(rgb_small_frame)
face_encodings = face_recognition.face_encodings(
    rgb_small_frame, face_locations)

face_names = []
for face_encoding in face_encodings:
    # 查看该人脸是否与已知人脸匹配
    matches = face_recognition.compare_faces(
        known_face_encodings, face_encoding)
    name = "Unknown"

    # 或者使用与新人脸距离最短的已知人脸
    face_distances = face_recognition.face_distance(
        known_face_encodings, face_encoding)
    best_match_index = np.argmin(face_distances)
    if matches[best_match_index]:
        name = known_face_names[best_match_index]

    face_names.append(name)

process_this_frame = not process_this_frame

# 显示结果
for (top, right, bottom, left), name in zip(face_locations, face_names):
    # 将人脸位置缩至原来的大小，因为检测到的帧已缩至 1/4 大小
    top *= 4
    right *= 4
    bottom *= 4
    left *= 4

    # 在脸部周围画一个方框
    cv2.rectangle(frame, (left, top), (right, bottom), (0, 0, 255), 2)

    # 在脸部下方绘制带名称的标签
    cv2.rectangle(frame, (left, bottom - 35),
                  (right, bottom), (0, 0, 255), cv2.FILLED)
    font = cv2.FONT_HERSHEY_DUPLEX
    cv2.putText(frame, name, (left + 6, bottom - 6),
                font, 1.0, (255, 255, 255), 1)

# 显示生成的图像
```

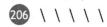

```
        cv2.imshow('Video', frame)

        # 按键盘上的〈Q〉键退出
        if cv2.waitKey(1) & 0xFF == ord('q'):
            break

    # 释放网络摄像头手柄
    video_capture.release()
    cv2.destroyAllWindows()
```

任务 8.4　花卉识别

图像识别是指利用计算机对图像进行处理、分析和理解，以识别各种不同模式的目标和对象的技术，是应用深度学习算法的一种实践应用。现阶段图像识别技术一般分为人脸识别与商品识别。人脸识别主要运用在安全检查、身份核验与移动支付中，商品识别主要运用在商品流通过程中，特别是无人货架、智能零售柜等无人零售领域。随着嵌入式硬件资源和深度学习算法的突破，图像识别算法可直接运行于终端设备上，即所谓的边缘计算。边缘计算，是指在靠近物或数据源头的一侧，采用网络、计算、存储、应用核心能力为一体的开放平台，就近提供最近端服务。其应用程序在边缘侧发起，产生更快的网络服务响应，满足行业在实时业务、应用智能、安全与隐私保护等方面的基本需求。

8.4.1　熟悉 TensorFlow Lite 整体架构

TensorFlow Lite 是一组工具，可帮助开发者在移动设备、嵌入式设备和 IoT 设备上运行 TensorFlow 模型。它支持设备端机器学习推断，延迟较低，并且二进制文件很小。

TensorFlow Lite 包括 4 个主要组件：
- TensorFlow Lite 解释器（Interpreter）。
- TensorFlow Lite 转换器（Converter）。
- 算子库（Op Kernels）。
- 硬件加速代理（Hardware Accelerator Delegate）。

TFLite 采用更小的模型格式，并提供了方便的模型转换器，可将 TensorFlow 模型转换为方便解释器使用的格式，并可引入优化以减小二进制文件的大小和提高性能。比如 SavedModel 或 GraphDef 格式的 TensorFlow 模型，转换成 TFLite 专用的模型文件格式，在此过程中会进行算子融合和模型优化，以压缩模型，提高性能。

TensorFlow Lite 采用更小的解释器，可在手机、嵌入式 Linux 设备和微控制器等很多不同类型的硬件上运行经过专门优化的模型。安卓应用只需 1MB 左右的运行环境，在 MCU 上甚至可以小于 100KB。

TFLite 算子库目前有 130 个左右，它与 TensorFlow 的核心算子库略有不同，并做了移动设备相关的优化。

在硬件加速层面，利用 ARM 的 NEON 指令集对 CPU 做了大量优化。同时，Lite 还可以利用手机上的加速器，比如 GPU 或者 DSP 等。另外，最新的安卓系统提供了 Android 神经网络 API（Android NN API），让硬件厂商可以扩展支持这样的接口。

用户在自己的工作台中使用 TensorFlow API 构造 TensorFlow 模型，然后使用 TFLite 模型转换器转换成 TFLite 文件格式（FlatBuffers 格式）。在设备端，TFLite 解释器接受 TFLite 模型，调用不同的硬件加速器（比如 GPU）进行执行。

使用 TensorFlow Lite 的工作流程包括如下步骤，如图 8-20 所示。

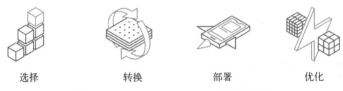

选择　　　　　转换　　　　　部署　　　　　优化

图 8-20　TensorFlow Lite 的工作流程

1）选择模型。

可以使用自己的 TensorFlow 模型或在线查找模型，或者从 TensorFlow 预训练模型中选择一个模型直接使用或重新训练。

2）转换模型。

如果使用的是自定义模型，请使用 TensorFlow Lite 转换器将模型转换为 TensorFlow Lite 格式。

3）部署到设备。

使用 TensorFlow Lite 解释器（提供多种语言的 API）在设备端运行模型。

4）优化模型。

使用模型优化工具包缩减模型的大小并提高其效率，同时最大限度地降低对准确率的影响。

8.4.2　训练花卉识别模型

使用常见卷积神经网络构建花卉识别模型，如图 8-21 所示，模型分为卷积层与全连接层两个部分，卷积层由 3 个 Conv2D 和 2 个 MaxPooling2D 层组成，在模型的最后把卷积后的输出张量传给多个全连接层来完成分类。

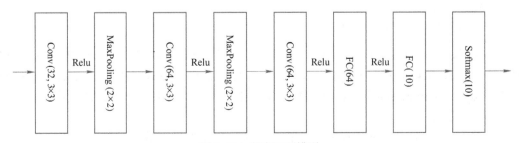

图 8-21　花卉识别模型

卷积层的基本单位是卷积层后接最大池化层，卷积层的作用是识别图像里的空间模式，例如线条和物体局部。最大池化层的作用是降低卷积层对位置的敏感。每个卷积层都使用 3×3 的卷积核，并在输出上使用 Relu 激活函数。第 1 个卷积层输出通道数为 32，第 2 个和第 3 个卷积层的输出通道数都是 64。

卷积层输入是张量，形状是（image_height，image_width，color_channels），包含了图像的高度、宽度及颜色信息。花卉数据集中的图片形状是（224，224，3），可以在声明第一层时将形状赋值给参数 input_shape。

下面将使用 TensorFlow Lite 实现花卉识别，在 Jetson Nano 设备上运行图像识别模型来识别花卉。本项目实施步骤如下：

1. 导入相关库

```
In[1]:
import tensorflow as tf
assert tf._ _version_ _.startswith('2')
import os
import numpy as np
import matplotlib.pyplot as plt
```

2. 准备数据集

该数据集可以在 http://download.tensorflow.org/example_images/flower_photos.tgz 下载。每个子文件夹都存储了一种类别的花的图片，子文件夹的名称就是花的类别名称。平均每一种花有 734 张图片，图片都是 RGB 色彩模式的。

```
In[2]:
data_root = tf.keras.utils.get_file(
  'flower_photos',
  'https://storage.googleapis.com/download.tensorflow.org/example_images/
flower_photos.tgz',
    untar=True)
```

数据集解压后存放在.keras\datasets\flower_photos 目录下。

```
2016/02/11  04:52   <DIR>       daisy
2016/02/11  04:52   <DIR>       dandelion
2016/02/09  10:59           418, 049 LICENSE.txt
2016/02/11  04:52   <DIR>       roses
2016/02/11  04:52   <DIR>       sunflowers
2016/02/11  04:52   <DIR>       tulips
```

将数据集划分为训练集和验证集。训练前需要手动加载图像数据，完成包括遍历数据集的目录结构、加载图像数据以及返回输入和输出。可以使用 Keras 提供的 ImageDataGenerator 类，它是 keras.preprocessing.image 模块中的图片生成器，负责生成一个批次的图片，以生成器的形式给模型训练。

ImageDataGenerator 的构造函数包含许多参数，用于指定加载后如何操作图像数据，包括像素缩放和数据增强。

接着需要一个迭代器来逐步加载单个数据集的图像。这需要调用 flow_from_directory() 函数并指定该数据集目录，如 train、validation 目录，函数还允许配置与加载图像相关的更多细节。target_size 参数允许将所有图像加载到一个模型需要的特定大小，设置大小为（224，224）的正方形图像。

batch_size 默认值是 32，表示训练时从数据集中的不同类中随机选出 32 个图像，将该值设置为 64。在评估模型时，可能还希望以确定性顺序返回批处理，此时可将 shuffle 参数设置为 False。

```
In[3]:
batch_size = 32
img_height = 224
img_width = 224

train_ds = tf.keras.utils.image_dataset_from_directory(
  str(data_root),
  validation_split=0.2,
  subset="training",
  seed=123,
  image_size=(img_height, img_width),
  batch_size=batch_size
)

val_ds = tf.keras.utils.image_dataset_from_directory(
  str(data_root),
  validation_split=0.2,
  subset="validation",
  seed=123,
  image_size=(img_height, img_width),
  batch_size=batch_size
)
Out[3]:
Found 3670 files belonging to 5 classes.
Using 2936 files for training.
Found 3670 files belonging to 5 classes.
Using 734 files for validation.
```

保存标签文件：

```
In[4]:
class_names = np.array(train_ds.class_names)
print(class_names)
Out[4]:
['daisy' 'dandelion' 'roses' 'sunflowers' 'tulips']
In[5]:
normalization_layer = tf.keras.layers.Rescaling(1./255)
train_ds = train_ds.map(lambda x, y: (normalization_layer(x), y)) # Where
x-images, y-labels.
val_ds = val_ds.map(lambda x, y: (normalization_layer(x), y)) # Where x-
images, y-labels.
```

```
AUTOTUNE = tf.data.AUTOTUNE

train_ds = train_ds.cache().shuffle(1000).prefetch(buffer_size=AUTOTUNE)
val_ds = val_ds.cache().prefetch(buffer_size=AUTOTUNE)
```

3. 搭建模型

每个 Conv2D 和 MaxPooling2D 层的输出都是一个三维的张量，其形状描述为（height，width，channels）。每一次层卷积和池化后输出宽度和高度都会收缩。每个 Conv2D 层输出的通道数量取决于声明层时的 filters 参数（如 32 或 64）。

Dense 层等同于全连接（Full Connected）层。在模型的最后将卷积后的输出张量传给一个或多个 Dense 层来完成分类。Dense 层的输入为向量，但前面层的输出是三维的张量。因此需要使用 layers.Flatten() 将三维张量展开到一维，之后再传入一个或多个 Dense 层。数据集有 5 个类，因此最终的 Dense 层需要 5 个输出及一个 softmax 激活函数。

```
In[6]:
num_classes = len(class_names)
model = tf.keras.Sequential([
  layers.Conv2D(16, 3, padding='same', activation='relu'),
  layers.MaxPooling2D(),
  layers.Conv2D(32, 3, padding='same', activation='relu'),
  layers.MaxPooling2D(),
  layers.Conv2D(64, 3, padding='same', activation='relu'),
  layers.MaxPooling2D(),
  layers.Flatten(),
  layers.Dense(128, activation='relu'),
  layers.Dense(num_classes)
])
```

如果数据集没有采集到足够的图片，可以使用 RandomFlip、RandomRotation（旋转和水平翻转）等操作对训练图像进行随机变换。

4. 编译，训练模型

在训练之前先编译模型，损失函数使用类别交叉熵。

```
In[8]:
model.compile(
  optimizer=tf.keras.optimizers.Adam(),
  loss=tf.keras.losses.SparseCategoricalCrossentropy(from_logits=True),
  metrics=['acc'])

log_dir = "logs/fit/" + datetime.datetime.now().strftime("%Y%m%d-%H%M%S")
tensorboard_callback = tf.keras.callbacks.TensorBoard(
    log_dir=log_dir,
histogram_freq=1) # Enable histogram computation for every epoch.
```

训练模型，训练和验证准确性/损失的学习曲线如图 8-22 所示。

```
In[9]:
NUM_EPOCHS = 10

history = model.fit(train_ds,
                    validation_data=val_ds,
                    epochs=NUM_EPOCHS,
                    callbacks=tensorboard_callback)
```

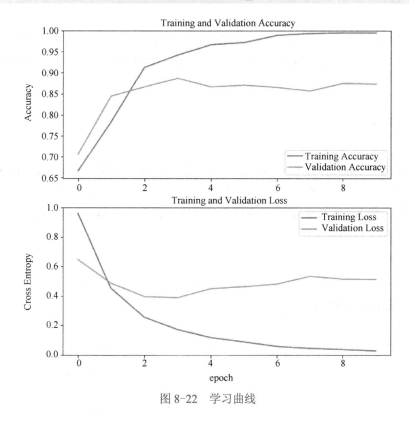

图 8-22 学习曲线

5. 转换为 TFLite 格式

使用 tf.saved_model.save 保存模型，然后将模型保存为 TFLite 兼容格式。

SavedModel 包含一个完整的 TensorFlow 程序——不仅包含权重值，还包含计算。它不需要原始模型构建代码就可以运行。

```
In[10]:
saved_model_dir = 'save/fine_tuning'
tf.saved_model.save(model, saved_model_dir)

converter = tf.lite.TFLiteConverter.from_saved_model(saved_model_dir)
tflite_model = converter.convert()

with open('save/fine_tuning/assets/model.tflite', 'wb') as f:
  f.write(tflite_model)
```

模型文件保存在 save\fine_tuning\assets 目录下。

8.4.3 将 TensorFlow Lite 模型部署到 Jetson Nano 开发板

上一节已经使用卷积神经网络创建、训练和导出了自定义 TensorFlow Lite 模型，将训练的 TFLite 模型文件和标签文件复制到 Jetson Nano 开发板。接下来将在 Jetson Nano 开发板上部署，使用该模型识别花卉图片。

花卉识别–训练与预测

1. 复制模型文件

将训练好的模型复制到 Jetson Nano 开发板上，可以创建一个花卉的类别名字用于显示。class_names：郁金香（tulips）、玫瑰（roses）、蒲公英（dandelion）、向日葵（sunflowers）、雏菊（daisy）。

```
model.tflite
class_names
flower.ipynb
```

不能在 Jetson Nano 开发板训练网络，会提示错误 OOM when allocating tensor with shape[64，96，112，112]。出现以上类似的错误，可能是因为 Jetson Nano 开发板资源有限，也可能是因为模型中的 batch_size 值设置得过大，导致内存溢出，batch_size 是每次送入模型中的值受限于 GPU 内存的大小。

2. 加载图片

可以从网上自己下载一张图片用于预测，当然也可以调用开发板摄像头，或者直接从官网下载一张图片，如图 8-23 所示。

图 8-23 向日葵

读取处理图片的方法很多，可以使用 OpenCV 或者使用 TensorFlow 的 API 函数。

```
In[1]:
import tensorflow as tf
assert tf._ _version_ _.startswith('2')
import os
```

```
import numpy as np
import matplotlib.pyplot as plt
import PIL

sunflower_url = "https://storage.googleapis.com/download.tensorflow.org/
example_images/592px-Red_sunflower.jpg"
sunflower_path = tf.keras.utils.get_file('Red_sunflower', origin=sunflower
_url)

PIL.Image.open(sunflower_path)
```

3.　执行推理

TensorFlow Lite 解释器初始化后，开始编写代码以识别输入图像。TensorFlow Lite 无须使用 ByteBuffer 来处理图像，它提供了一个方便的支持库来简化图像预处理，同样还可以处理模型的输出，并使 TensorFlow Lite 解释器更易于使用。下面需要做的工作有：

1）数据转换（Data Transforming）：将输入数据转换成模型接受的形式，如调整原始图像的大小至模型输入大小。

```
In[2]:
img = tf.io.read_file(sunflower_path)
img_tensor = tf.image.decode_image(img, channels = 3)
img_tensor = tf.image.resize(img_tensor, [224, 224])
img_tensor = tf.cast(img_tensor, tf.float32)
img_array = tf.expand_dims(img_tensor, 0) # Create a batch
```

2）执行推理（Running Inference）：使用 TensorFlow Lite API 来执行模型。其中包括创建解释器、分配张量等。

TensorFlow 推理 API 支持编程语言，支持常见的移动/嵌入式平台（例如 Android、iOS 和 Linux）。由于资源限制严重，必须在苛刻的功耗要求下使用资源有限的硬件，因此在移动和嵌入式设备上进行推理颇有难度。在 Android 上，可以使用 Java 或 C++ API 来执行 TensorFlow Lite 推理。在 iOS 上，TensorFlow Lite 适用于以 Swift 和 Objective-C 编写的原生 iOS 库，也可以直接在 Objective-C 代码中使用 C API。在 Linux 平台（包括 Raspberry Pi）上，可以使用 TensorFlow Lite API 运行推断。

运行 TensorFlow Lite 模型涉及几个简单步骤：

① 将模型加载到内存中。

② 基于现有模型构建解释器。

③ 设置输入张量值。（如果不需要预定义的大小，则可以选择调整输入张量的大小。）

④ 执行推理。

⑤ 读取输出张量值。

```
In[3]:
# Load the TFLite model and allocate tensors.
interpreter = tf.lite.Interpreter(model_path="model.tflite")
interpreter.allocate_tensors()

input_details = interpreter.get_input_details()
```

```
output_details = interpreter.get_output_details()

interpreter.set_tensor(input_details[0]['index'], img_array)
interpreter.invoke()
```

3）解释输出（Interpreting Output）：用户取出模型推理的结果，并解读输出，如分类结果的概率。

```
In[4]:
# The function `get_tensor()` returns a copy of the tensor data.
# Use `tensor()` in order to get a pointer to the tensor.
output_data = interpreter.get_tensor(output_details[0]['index'])
print(output_data)
class_names = ['daisy', 'dandelion', 'roses', 'sunflowers', 'tulips']
score = tf.nn.softmax(predictions[0])
print(
    "This image most likely belongs to {} with a {:.2f} percent
confidence."
    .format(class_names[np.argmax(score)], 100 * np.max(score))
)
Out[4]:
[[-3571.6514 -3989.4302   32.3793 2005.5446   717.6471]]
This image most likely belongs to sunflowers with a 100.00 percent
confidence.
```

以上代码是 TensorFlow 的 2.3.0 版本，版本变化后 API 函数会改变，所以请注意版本。

拓展阅读

党的二十大报告指出，"推进国家安全体系和能力现代化，坚决维护国家安全和社会稳定"，"必须坚定不移贯彻总体国家安全观，把维护国家安全贯穿党和国家工作各方面全过程，确保国家安全和社会稳定"，"强化经济、重大基础设施、金融、网络、数据、生物、资源、核、太空、海洋等安全保障体系建设"。这些重要论断深刻阐明了新时代国家安全体系的目标任务等重大问题，提出了推进国家安全体系和能力现代化的工作举措，赋予了信息通信业在维护国家安全中的重要使命。互联网不是法外之地，习近平总书记指出，要"依法治网、依法办网、依法上网"，"要加强网络伦理、网络文明建设"。下面结合案例，学习《网络安全法》《密码法》《数据安全法》《个人信息保护法》和《关键信息基础设施安全保护条例》等内容，深刻认识习近平总书记的网络安全法治思想。

案例 1

2019 年 4 月 27 日，郭兵购买野生动物世界双人年卡，留存相关个人身份信息，并录入指纹和拍照。其后，野生动物世界将年卡入园方式由指纹识别调整为人脸识别，并向郭兵发送短信通知相关事宜，要求其进行人脸激活，双方协商未果，遂引发纠纷。

2020 年 11 月 20 日，浙江省杭州市富阳区人民法院做出一审判决，判令野生动物世界赔偿郭兵合同利益损失及交通费共计 1038 元；删除郭兵办理指纹年卡时提交的包括照片在内的面部特征信息。杭州中院经审理后认为，野生动物世界欲将其已收集的照片激活处理为人脸识别信息，超出事前收集目的，违反了正当性原则，故应当删除郭兵办卡时提交的包括照片在内的面部特征信息。

案例 2

2021 年 10 月成人高考考试期间，2 名网民在多个 QQ 群内发布疑似成人高考英语、数学等学科考试答案。针对这一情况，网安支队组成工作专班迅速开展工作，抓获犯罪嫌疑人 2 名，成功捣毁 1 个组织成人高考作弊的"助考"团伙。10 月 24 日下午，网安民警经缜密侦察，在东宝、掇刀两地同时收网，分别在某会计培训机构两个校区将涉案嫌疑人李某和夏某抓获归案。该机构负责人陈某主动投案，并承认共计非法获利 13 万余元。

参加考试的考生千万不要以身试法，妄图以替考、作弊器、购买各种所谓的答案等方式进行考试。为保证考试公平，公安机关将联合多部门严厉打击考试作弊等违法犯罪行为。

案例 3

2021 年底，漳河镇雨淋村巡防队员发现以前的煤矿旧址上盖了大房子，里面有很多电脑设备，深山老林里实属反常，巡防队员马上就将情况报告漳河镇水陆派出所，派出所迅速上报，经过实地勘察，发现其电脑设备为虚拟币"挖矿机"，共有"挖矿机"2000 余台。为消除隐患，加强网络空间管理，漳河新区分局主动联系相关单位多次对"挖矿点"进行检查，并全部关停。

虚拟货币"挖矿"活动已被列入《产业结构调整指导目录》（2019 年本）淘汰类，属"落后生产工艺装备"范畴。全国网安联合相关部门已关停所有"虚拟币挖矿机"，如若继续参与虚拟货币"挖矿"活动，将承担相应法律后果和责任。

案例 4

2022 年 3 月，网安支队接到线索，发现一个利用某网络公司大型游戏的外挂程序非法控制计算机信息系统牟利的犯罪团伙，长期进行扰乱市场经营、侵害企业利益的犯罪活动。经过缜密侦查，2022 年 3 月 16 日，工作专班分两组赴江西赣州和河南南阳实施收网抓捕，成功摧毁该犯罪团伙、斩断利益链条，现场抓获主要犯罪嫌疑人刘某、刘某君、宋某某 3 人，冻结资金 700 余万元。

制作"外挂"非法牟利，已涉嫌非法控制计算机信息系统罪，属于违法犯罪行为。同学们应当养成健康、正确的上网习惯，不参与制作、传播、使用游戏外挂，避免为违法犯罪推波助澜。同时，在日常上网时，大家应通过正规渠道下载官方软件，拒绝下载来源不明的可疑软件，避免手机被植入木马病毒，造成不必要的财产损失。

实操练习

目标检测（Object Detection）的任务是找出图像中所有感兴趣的目标（物体），确定它们的类别和位置，是计算机视觉领域的核心问题之一。由于各类物体有不同的外观、形状和姿态，加上成像时光照、遮挡等因素的干扰，目标检测一直是计算机视觉领域最具有挑战性的问题。

计算机视觉中关于图像识别有四大类任务。

1）分类（Classification）：解决"是什么"的问题，即给定一张图片或一段视频判断里面包含什么类别的目标。

2）定位（Location）：解决"在哪里"的问题，即定位出这个目标的位置。

3）检测（Detection）：解决"在哪里""是什么"的问题，即定位出这个目标的位置并且知道目标物是什么。

4）分割（Segmentation）：分为实例的分割（Instance-level）和场景分割（Scene-level），解决"每一个像素属于哪个目标物或场景"的问题。

构建一个训练模型的开发环境，使用 LabelImg 数据集，使用 TensorFlow 训练 EfficientDet 模型，并将该模型针对 Jetson Nano 开发板进行优化后部署到开发板上进行目标检测。

习题

1．树莓派 GPIO 引脚有哪几种编码方式？

2．TensorFlow Lite 包括哪两个主要组件？它们的作用是什么？

3．国产的人工智能嵌入式开发板有哪些？请分析它们的优缺点。

嵌入式 GUI 应用开发与移植

📚 项目描述

有多种编程语言和框架可用于为嵌入式系统开发 GUI 应用程序，例如 Qt、PyQt、Java 等。Qt 框架提供了一套用于开发跨平台 GUI 应用程序的工具，允许开发人员编写可在各种操作系统和硬件平台上运行的应用程序，使其成为嵌入式系统开发的热门选择。而 PyQt 是一组针对 Qt 框架的 Python 绑定。这种组合允许开发人员使用 Python 为嵌入式系统编写 GUI 应用程序，充分利用 Qt 框架的强大功能。

Qt 是一个用于创建 GUI 应用程序的跨平台开发框架。Qt 提供了一组工具和库，用于使用 C++ 和其他编程语言（例如 Python）开发应用程序。Qt 提供了一组可定制的 UI 小部件，包括按钮、菜单、文本编辑器和滑块。Qt 允许开发者编写可以在各种操作系统上运行的应用程序，包括 Windows、macOS、Linux 和嵌入式系统。这使开发人员能够创建可在不同硬件架构和平台上运行的应用程序。Qt 提供 Qt Creator 集成开发环境，它提供了一系列用于开发、调试和分析 Qt 应用程序的工具。Qt 提供对 TCP/IP、蓝牙和 NFC 等通信协议的支持。

📖 项目目标

知识目标
1. 掌握 Qt Creator 相关知识
2. 掌握 Qt 基础模块
3. 掌握 Qt 信号与槽机制
4. 掌握 Qt 常用类

技能目标
1. 掌握 Qtopia 移植
2. 搭建 Qt/Embedded 开发环境
3. 实现简单计算器
4. 实现网络聊天工具

素质目标
1. 具备良好的团队协作精神、沟通交流能力、自我学习能力
2. 具备较好的编程风格和规范，养成良好的职业行为习惯

任务 9.1　Qt 介绍

Qt 介绍

Qt 是一个跨平台应用程序和 UI 开发框架。使用 Qt 只须一次性开发应用程序，无须重新编

写源代码，便可跨不同桌面和嵌入式操作系统部署这些应用程序。

1991 年，Haavard Nord 开始开发 Qt，Qt 的第一个版本由奇趣科技（Trolltech）公司发布。1998 年，Linux 桌面两大标准之一的 KDE 选择了 Qt 作为自己的底层开发库。2008 年，Nokia 公司斥资 1.5 亿美元收购 Trolltech，2012 年，Nokia 公司将 Qt 以 400 万欧元的价格出售给了 Digia 公司。2014 年 5 月 20 日，Digia 公司的 Qt 开发团队宣布 Qt 5.3 正式版发布，同时跨平台集成开发环境 Qt Creator 3.1.0 正式发布，实现了对于 iOS 的完全支持，新增 WinRT、Beautifier 等插件，废弃了无 Python 接口的 GDB 调试支持，集成了基于 Clang 的 C/C++代码模块，并对 Android 支持做了调整，至此实现了全面支持 iOS、Android、WP。

9.1.1　Qt Creator 的功能和特性

Qt Creator 是全新的跨平台 Qt IDE，包括项目生成向导、高级的 C++ 代码编辑器、浏览文件及类的工具，集成了 Qt Designer、Qt Assistant、Qt Linguist，图形化的 GDB 调试前端，集成 qmake 构建工具等。Qt Creator 的功能和特性如下。

> 复杂代码编辑器。Qt Creator 的高级代码编辑器支持编辑 C++和 QML（JavaScript）、上下文相关帮助、代码完成功能、本机代码转化及其他功能。
> 版本控制。Qt Creator 汇集了最流行的版本控制系统，包括 Git、Subversion、Perforce、CVS 和 Mercurial。
> 集成用户界面设计器。Qt Creator 提供了两个集成的可视化编辑器：用于通过 Qt Widgets 生成用户界面的 Qt Designer，以及 Qt Quick Designer。
> 项目和编译管理。无论是导入现有项目还是创建一个全新项目，Qt Creator 都能生成所有必要的文件，包括对 cross-qmake 和 CMake 的支持。
> 桌面和移动平台。Qt Creator 支持在桌面系统和移动设备中编译和运行 Qt 应用程序。通过编译设置，可以在目标平台之间快速切换。

从 Dash 中找到 Qt Creator，打开后可以看到主界面如图 9-1 所示，它主要包括主窗口区、菜单栏、模式选择器、构建套件选择器、定位器和输出窗格等部分。

1．菜单栏

菜单栏中共有 8 个菜单。"文件"菜单包含了新建、打开、关闭项目和文件，打印文件和退出等基本功能菜单命令。"编辑"菜单中有撤销、剪切、复制和查找等常用功能菜单命令。"构建"菜单包含构建和运行项目等相关的菜单命令。"调试"菜单包含调试程序等相关的功能菜单命令。"工具"菜单包含快速定位菜单、版本控制工具和界面编辑器菜单命令等。"分析"菜单包含程序执行与效率分析。"窗体"菜单包含设置窗口布局的一些菜单命令，如全屏显示和隐藏边栏等。"帮助"菜单包含 Qt 的帮助、Qt Creator 版本信息和插件管理等菜单命令。

2．模式选择器

Qt Creator 包含欢迎、编辑、设计、调试、项目和帮助 6 个模式，这 6 种模式对应于快捷键〈Ctrl+数字 1～6〉。

欢迎模式主要提供一些功能的快捷入口，如打开帮助教程、打开示例程序、打开项目、新建项目、快速打开以前的项目等。

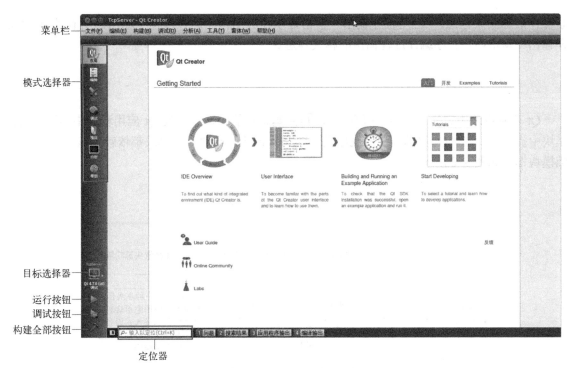

图 9-1　Qt Creator 主界面

编辑模式主要用来查看和编辑程序代码，管理项目文件。Qt Creator 中的编辑器具有关键字特殊颜色显示、代码自动补全、声明定义间快捷切换、函数原型提示、〈F1〉键快速打开相关帮助和全项目中进行查找等功能。也可以通过"工具"→"选项"菜单命令对编辑器进行设置。

设计模式可以设计图形界面，进行部件属性设置、信号和槽设置、布局设置等操作。

调试模式支持设置断点、单步调试和远程调试等功能，包含局部变量和监视器、断点、线程以及快照等查看窗口。Qt Creator 默认使用 GDB 进行调试。

项目模式包含对特定项目的构建设置、运行设置、编辑器设置和依赖关系等页面。在帮助模式中将 Qt 助手整合了进来，包含目录、索引、查找和书签等几个导航模式，可以在帮助中查看 Qt 和 Qt Creator 的方方面面的信息。

3．构建套件选择器

构建套件选择器包含了目标选择器（Target Selector）、运行按钮（Run）、调试按钮（Debug）和构建全部按钮（Build All）4 个图标。目标选择器用来选择要构建哪个平台的项目；运行按钮可以实现项目的构建和运行；调试按钮可以进入调试模式，开始调试程序；构建全部按钮可以构建所有打开的项目。

4．定位器

可以使用定位器来快速定位项目、文件、类、方法、帮助文档以及文件系统，使用过滤器来更加准确地定位要检查的结果。

5．输出窗格

这里包含了"问题""搜索结果""应用程序输出""编译输出"4 个选项，它们分别对应一个输出窗口。"问题"窗格显示程序编译时的错误和警示信息；"搜索结果"窗格显示执行了搜索操作后的结果信息;"应用程序输出"窗格显示在应用程序运行过程中输出的所有信息;"编译输出"窗格显示程序编译过程输出的相关信息。

9.1.2　Qt 基础模块

Qt 基础模块中定义了适用于所有平台的 Qt 基础功能,在大多数 Qt 应用程序中需要使用该模块中提供的功能。Qt 基础模块的底层是 Qt Core 模块,其他所有模块都依赖于该模块。Qt 基础模块框架如图 9-2 所示。

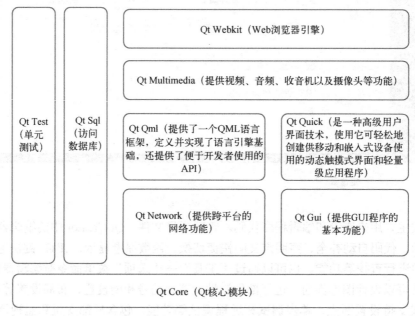

图 9-2　Qt 基础模块框架

最底层的是 Qt Core,提供核心的非 GUI 功能,所有模块都需要这个模块。它提供了元对象系统、对象树、信号槽、线程、输入输出、资源系统、容器、动画框架、JSON 支持、状态机框架、插件系统、事件系统等所有基础功能。

在其之上直接依赖于 Qt Core 的是 Qt Test、Qt Sql、Qt Network 和 Qt Gui 四个模块,其中测试模块 Qt Test 和数据库模块 Qt Sql 是相对独立的,而更加重要的是网络模块 Qt Network 和图形模块 Qt Gui,在它们两个之上便是 Qt 5 的重要更新部分 Qt Qml 和 Qt Quick。

Qt Test 提供 Qt 程序的单元测试功能。Qt SQL 提供了通用的数据库访问接口。Qt Network 提供跨平台的网络功能。Qt Gui 提供 GUI 程序的基本功能,包括与窗口系统的集成、事件处理、OpenGL 和 OpenGL ES 集成、2D 图像、字体、拖放等。这些类一般由 Qt 用户界面类内部使用,当然也可以用于访问底层的 OpenGL ES 图像 API。Qt Gui 模块提供的是所有图形用户界面程序都需要的通用功能。

Qt Quick 是一种高级用户界面技术,使用它可轻松创建供移动和嵌入式设备使用的动态触摸式界面和轻量级应用程序。Qt Quick 用户界面创建工具包包括一个改进的 Qt Creator IDE、一种新增的简便易学的语言(QML)和一个新加入 Qt 库中名为 Qt Declarative 的模块,这些可以让不熟悉 C++的开发人员和设计人员也可以轻松使用 Qt。

Qt Qml 提供了一个 QML 语言框架,定义并实现了语言引擎基础,还提供了便于开发者使用的 API，实现使用自定义类型来扩展 QML 语言以及将 JavaScript 和 C++集成到 QML 代码中。而最上层的是新添加的 **Qt Multimedia** 多媒体模块和在其之上的 **Qt Webkit** 模块。

9.1.3　Qt/Embedded 的优缺点

Qt/Embedded 是一个完整的包含 GUI 和基于 Linux 嵌入式平台的开发工具。Qt/Embedded 以 Qt 为基础，并做了许多调整以适用于嵌入式环境。嵌入式 GUI 要求简单、直观、可靠、占用资源小且反应快速，以适应系统硬件资源有限的条件。另外，由于嵌入式系统硬件本身的特殊性，嵌入式 GUI 应具备高度可移植性与可裁减性，以适应不同的硬件条件和使用需求。

Qt/Embedded 的一些优缺点见表 9-1。

表 9-1　Qt/Embedded 的优缺点

优点	以开发包形式提供	包括图形设计器、Makefile 制作工具、字体国际化工具和 Qt 的 C++类库等
	跨平台	支持 Microsoft Windows 95/98/2000、Microsoft Windows NT、macOS X、Linux、Solaris、HP-UX、Tru64 (Digital UNIX)、Irix、FreeBSD、BSD/OS、SCO 和 AIX 等众多平台
	类库支持跨平台	Qt 类库封装了适应不同操作系统的访问细节，这正是 Qt 的魅力所在
	模块化	可以任意裁剪
缺点	结构复杂臃肿，很难进行底层的扩充、定制和移植	例如： ● 尽管 Qt/Embedded 声称它最小可以裁剪到几百千字节，但这时的 Qt/Embedded 库已经基本失去了使用价值 ● 它提供的控件集沿用了 PC 风格，并不适合许多手持设备的操作要求 ● Qt/Embedded 的底层图形引擎只能采用 framebuffer，只是针对高端嵌入式图形领域的应用而设计的 ● 由于该库的代码追求面面俱到，以增加它对多种硬件设备的支持，造成了其底层代码凌乱、补丁较多的问题

任务 9.2　Qtopia 移植

Qtopia 是为采用嵌入式 Linux 操作系统开发的综合应用平台，Qtopia 包含完整的应用层、灵活的用户界面、窗口操作系统、应用程序启动程序以及开发框架。Qtopia 后来被重新命名为 **Qt Extended**。Qtopia 功能简单，易于移植，适合用于学习。移植 Qtopia 所需的源文件如下：

```
交叉编译工具：arm-linux-gcc-4.3.2
Qtopia 源码：qt-everywhere-opensource-src-4.7.0
tslib 源码：tslib-1.4.tar.gz
```

9.2.1　交叉编译 Qt 4.7

执行以下命令，执行 Qt 4.7 编译前的配置：

交叉编译
Qt 4.7

```
# /opt/mini2440/qt-everywhere-opensource-src-4.7.0
# echo yes | ./configure -prefix /opt/Qt4.7 -opensource -embedded arm
-xplatform
  qws/linux-arm-g++  -no-webkit -qt-libtiff -qt-libmng -qt-mouse-tslib
  -qt-mouse-pc -no-mouse-linuxtp -no-neon
```

上面的主要参数的含义说明如下。

> ➤ -embedded arm：表示将编译针对 ARM 平台的 Embedded 版本。
> ➤ -xplatform qws/linux-arm-g++：表示使用 arm-linux 交叉编译器进行编译。
> ➤ -qt-mouse-tslib：表示将使用 tslib 来驱动触摸屏。
> ➤ -prefix /opt/Qt4.7：表示 Qt 4.7 最终的安装路径是/opt/Qt4.7。

执行以下命令进行编译并安装 Qt 4.7：

```
# make && make install
```

上面命令中出现的&&符号表示只有左边的 make 命令执行成功时，才会执行右边的 make install 命令。编译完成后，Qt 4.7 被安装在 /opt/Qt4.7 目录下。

部署 Qt4.7

9.2.2　在 Mini2440 上部署 Qt 4.7

在 PC 上执行如下命令将 Qt 4.7 打包：

```
# cd /opt
# tar cvzf qt4.7.tgz Qt4.7
```

打包完成后，将 qt4.7.tgz 复制到 SD 卡，然后将 SD 卡插入开发板，执行以下命令将 qt4.7.tgz 解压到开发板上的/opt 目录下：

```
@# rm /usr/local/Trolltech/QtEmbedded-4.7.0-arm/ -rf
@# cd /opt
@# tar xvzf /sdcard/qt4.7.tgz
```

在上述命令中，为了保证有足够的空间存放编译的 Qt 4.7，先将友善之臂提供的 Qt 4.7 删除掉。注意需要保持 Qt 4.7 的目录为/opt/Qt4.7，因为在配置 Qt 4.7 时指定了 -prefix 参数为 /opt/Qt4.7。至此，Qt 4.7 就部署完成了，下面运行一个示例程序来测试 Qt 4.7 是否能正常工作。

9.2.3　在 Mini2440 上运行 Qt 4.7 的示例程序

在运行任何 Qt 4.7 程序之前，需要先退出 Qtopia 2.2.0 等一切 Qt 程序，退出 Qtopia 2.2.0 的方法是在 Qtopia 2.2.0 中单击"设置"中的"关机"，可出现如下界面，单击"Terminate Server"即可关闭 Qtopia 2.2.0 系统，如图 9-3 所示。

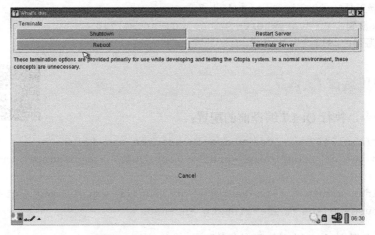

图 9-3　Qtopia 2.2.0 系统关机界面

也可以使用其他方法，比如在启动脚本/etc/init.d/rcS 中注释掉 Qtopia 启动项，再重新启动系统，或者使用 killall 命令终止相关的进程，或者直接删除/opt 目录中的所有内容后重启。

如何运行 Qt 4.7 的示例程序呢？部署到开发板上的/opt/Qt4.7/examples/目录带有不少的示例程序，并且已经编译并生成可执行文件，可试着直接运行一个程序。

```
@# /opt/Qt4.7/demos/embedded/fluidlauncher/fluidlauncher
```

如果程序提示有错误，可能是 Qt 4.7 的环境没有设置好，为了更方便地运行 Qt 程序，可先编写一个脚本 setqt4env，用于设置 Qt 4.7 所需的环境变量。输入以下命令创建并编写脚本。在 Vi 编辑器中输入如下内容：

```
#!/bin/sh
if [ -e /etc/friendlyarm-ts-input.conf ] ; then
        . /etc/friendlyarm-ts-input.conf
fi
true    ${TSLIB_TSDEVICE:=/dev/touchscreen}
TSLIB_CONFFILE=/etc/ts.conf
export TSLIB_TSDEVICE
export TSLIB_CONFFILE
export TSLIB_PLUGINDIR=/usr/lib/ts
export TSLIB_CALIBFILE=/etc/pointercal
export QWS_DISPLAY=:1
export LD_LIBRARY_PATH=/usr/local/lib:$LD_LIBRARY_PATH
export PATH=/bin:/sbin:/usr/bin/:/usr/sbin:/usr/local/bin
if [ -c /dev/touchscreen ]; then
        export QWS_MOUSE_PROTO="Tslib MouseMan:/dev/input/mice"
        if [ ! -s /etc/pointercal ] ; then
                rm /etc/pointercal
                /usr/bin/ts_calibrate
        fi
else
        export QWS_MOUSE_PROTO="MouseMan:/dev/input/mice"
fi
export QWS_KEYBOARD=TTY:/dev/tty1
export HOME=/root
```

将脚本设置可执行权限。

```
#   chmod +x /bin/setqt4env
```

现在再尝试运行示例程序。

```
#   . setqt4env
#   cd /opt/Qt4.7/demos/embedded/fluidlauncher/
#   ./fluidlauncher -qws
```

注意，setqt4env 命令前面的"."与 setqt4env 之间要有一个空格隔开，表示脚本中导出的环境变量将应用到当前 Shell 会话中。示例程序的运行结果如图 9-4 所示。

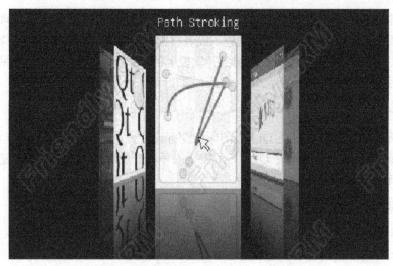

图 9-4　fluidlauncher 示例程序的运行结果

任务 9.3　搭建 Qt/Embedded 开发环境

　　用 Qt/Embedded 开发的应用程序最终会发布到安装有嵌入式 Linux 操作系统的嵌入式设备上，所以装有 Linux 操作系统的 PC 机是完成 Qt/Embedded 开发最理想的环境。

 搭建 Qt 开发环境

　　qmake 是一个协助简化跨平台进行工程构建过程的工具，是 Qt 附带的工具之一。qmake 能够自动生成 Makefile、Microsoft Visual Studio 项目文件和 xcode 项目文件。不管源代码是否是用 Qt 写的，都能使用 qmake，因此 qmake 能用于很多软件的构建过程。

　　手写 Makefile 比较困难而且容易出错，尤其在进行跨平台开发时必须针对不同平台分别撰写 Makefile，这会增加跨平台开发的复杂性与难度。qmake 会根据项目文件（.pro）里面的信息自动生成适合平台的 Makefile。

9.3.1　qmake 的使用方法

　　当 Qt 被编译的时候，默认情况下，qmake 也会被编译。qmake 位于编译配置的安装目录 /opt/Qt4.7/bin 中。可使用 export PATH=/opt/Qt4.7/bin:$PATH 将该路径加入环境变量中。

```
#   ls /opt/Qt4.7/bin
lrelease moc qmake rcc uic
#   qmake -v
QMake version 2.01a
Using Qt version 4.7.3 in /opt/Qt4.7/lib
```

1. 创建一个项目文件

　　qmake 使用存储在项目文件（.pro）中的信息来决定 Makefile 文件中该生成什么。一个基本的项目文件包含关于应用程序的信息，比如编译应用程序需要哪些文件，并且使用哪些配置。这里是一个简单的示例项目文件。

```
SOURCES = hello.cpp
HEADERS = hello.h
CONFIG += qt warn_on release
```

"SOURCES = hello.cpp"指定了实现应用程序的源程序文件。这个例子只有一个文件 hello.cpp。大部分应用程序需要多个文件，这种情况下可以把文件列在一行中，中间以空格分隔。例如：

```
SOURCES = hello.cpp main.cpp
```

另一种方式是每一个文件都可以被列在一个分开的代码行里面，通过反斜线另起一行。

```
SOURCES = hello.cpp \
    main.cpp
```

HEADERS 通常用来指定为这个应用程序创建的头文件，例如：

```
HEADERS += hello.h
```

列出源文件的任何一种方法对头文件都适用。

CONFIG 用来告诉 qmake 关于应用程序的配置信息。

```
CONFIG += qt warn_on release
```

在这里使用"+="，表示将配置选项添加到一个已经存在的选项，这样做比使用"="替换已经指定的所有选项更安全。

CONFIG 代码行中的 qt 参数告诉 qmake 这个应用程序是使用 Qt 来连编的。也就是说，qmake 在连接和为编译添加所需的包含路径的时候会考虑到 Qt 库。warn_on 参数告诉 qmake 要把编译器设置为输出警告信息。release 参数告诉 qmake 应用程序必须被连编为一个发布的应用程序。

2. 生成 Makefile

创建好项目文件后，生成 Makefile 就非常容易了，只需在生成的项目文件目录下输入：qmake -o Makefile hello.pro 即可。

9.3.2　Qt Creator 的配置

在前面编译了 ARM 平台的 Qt 库，Qt Creator 必须与 Qt 库进行关联后才能够进行应用程序的编译与调试。现在将 Qt Creator 与 Qt 库进行关联，在主界面的菜单栏中选择"工具"→"选项"命令，在左侧单击"构建和运行"，qmake 配置界面如图 9-5 所示。

Qt Creator 没有自动识别安装的 Qt，是因为 Qt Creator 在缺乏系统环境变量的情况下，不知道程序安装到了什么地方，所以这里需要手动设置。单击"添加"按钮，分别添加编译的两个版本的 Qt 安装文件中的 qmake 文件即可。Linux 桌面版本选择 qtsdk 目录中的 qmake，ARM 版本选择 QT4.7 目录中的 qmake。现在已经为 Qt Creator 设置了 Qt 的安装目录，接下来还需要指定编译器，选择"工具链"选项卡，如图 9-6 所示。

图 9-5　qmake 配置界面

图 9-6　"工具链"选项卡界面

Qt Creator 已经检测到 x86 的 GCC，若需要 ARM 平台开发，则需要指定用于 ARM 平台的交叉工具链，交叉工具链安装路径为/usr/local/arm/4.3.2/bin/，需要指定 g++文件，如图 9-7 所示。配置完成后单击"应用"按钮。

Qt 和编译器指定完成后就需要进行下一步配置，对这些工具进行组合，在左侧单击"项目"，如图 9-7 所示。

这里所做的设置也很简单，相当于设定几种方案，指定设备类型、所用的编译器版本以及 Qt 版本，这里配置桌面和 ARM 两项，分别对应 PC 和 ARM 两个平台。

单击"+"按钮，构建 ARM 平台的编译选项，选择 ARM 平台的 Qt 版本与工具链，如图 9-8 所示。

图 9-7　桌面构建设置

图 9-8　ARM 平台构建设置

Qt 信号与槽机制

任务 9.4　Qt 信号和槽机制

9.4.1　信号和槽机制概述

信号和槽机制是 Qt 的核心机制，要精通 Qt 编程，就必须对信号和槽有所了解。信号和槽是一种高级接口，用于对象之间的通信。信号和槽是 Qt 自行定义的一种通信机制，它独立于标准的 C/C++语言，因此要正确地处理信号和槽，必须借助一个被称为 MOC（Meta Object Compiler）的 Qt 工具。该工具是一个 C++预处理程序，它为高层次的事件处理自动生成所需要的附加代码。

在图形用户界面编程中，经常希望将一个窗口部件的一个变化通知给另一个窗口部件。例如，当用户单击了一个菜单项或工具栏的按钮时，应用程序会执行某些代码；或者希望任何一类对象都可以和其他对象进行通信。

以前使用一种被称作回调的通信方式来实现同一目的。当使用回调函数机制把某段响应代码和一个按钮的动作相关联时，通常把那段响应代码写成一个函数，然后把这个函数的地址指针传给按钮，当那个按钮被单击时，这个函数就会被执行。对于这种方式，以前的开发包不能够确保回调函数被执行时所传递进来的函数参数就是正确的类型，因此容易造成进程崩溃。另外一个问题是，回调这种方式绑定了图形用户界面的功能元素，因而很难进行独立的开发。

信号与槽机制是不同的。它是一种强有力的对象间的通信机制，完全可以取代原始的回调和消息映射机制。在 Qt 中，信号和槽取代了上述这些函数指针，使得用户编写这些通信程序更为简洁明了。信号和槽能携带任意数量和任意类型的参数，它们是类型完全安全的，因此不会像回调函数那样产生 core dumps。

所有从 QObject 或其子类（如 QWidget）派生的类都能够包含信号和槽。当对象改变状态时，信号就由该对象发射（emit）出去了，这就是对象所要做的全部工作，它不知道另一端是谁在接收这个信号。这就是真正的信息封装，它确保对象被当作一个真正的软件组件来使用。槽用于接收信号，但它们是普通的对象成员函数。一个槽并不知道是否有任何信号与自己相连接。而且，对象并不了解具体的通信机制。

用户可以将很多信号与单个槽进行连接，也可以将单个信号与很多槽进行连接，甚至将一个信号与另外一个信号连接，这时无论第一个信号什么时候发射，系统都将立刻发射第二个信号。总之，信号与槽构造了一个强大的部件编程机制。图 9-9 所示为对象间信号与槽的关系。

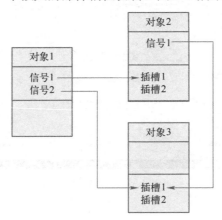

图 9-9　对象间信号与槽的关系

9.4.2　信号与槽实现实例

1. 信号

当某个信号对其客户或所有者的内部状态发生改变时，信号就被一个对象发射。只有定义了这个信号的类及其派生类才能够发射这个信号。当一个信号被发射时，与其相关联的槽将被立刻执行，就像一个正常的函数调用一样。"信号-槽"机制完全独立于任何 GUI 事件循环。只有当所有的槽返回以后发射函数（emit）才返回。如果存在多个槽与某个信号相关联，那么当这个信号被发射时，这些槽将会一个接一个地执行，但是它们执行的顺序将会是随机的、不确定的，用户不能人为地指定哪个先执行，哪个后执行。

Qt 的 signals 关键字指出进入了信号声明区，随后即可声明自己的信号。例如，下面定义了 3 个信号：

```
signals:
void mySignal();
void mySignal(int x);
void mySignalParam(int x, int y);
```

在上面的定义中，signals 是 Qt 的关键字，而非 C/C++ 的。void mySignal() 定义了信号 mySignal，这个信号没有携带参数；void mySignal(int x) 定义了重名信号 mySignal，但是它携带一个整型参数，这有点类似于 C++ 中的虚函数。从形式上讲，信号的声明与普通的 C++ 函数是一样的，但是信号却没有函数体定义。另外，信号的返回类型都是 void。信号由 MOC 自动产生，它们不应该在 .cpp 文件中实现。

2．槽

槽是普通的 C++ 成员函数，可以被正常调用，它们唯一的特殊性就是很多信号可以与其相关联。当与其关联的信号被发射时，这个槽就会被调用。槽可以有参数，但槽的参数不能有默认值。

槽与其他函数一样也有存取权限。槽的存取权限决定了谁能够与其相关联。同普通的 C++ 成员函数一样，槽函数也分为 3 种类型，即 public slots、private slots 和 protected slots。public slots 区域内声明的槽意味着任何对象都可将信号与之相连。这对于组件编程非常有用，用户可以创建彼此互不了解的对象，将它们的信号与槽进行连接以便信息能够正确传递。protected slots 区域内声明的槽意味着当前类及其子类可以将信号与之相连接。private slots 区域内声明的槽意味着只有类自己可以将信号与之相连接。

槽也能够被声明为虚函数，这也是非常有用的。槽的声明也是在头文件中进行的。例如，下面声明了 3 个槽。

```
public slots:
void mySlot();
void mySlot(int x);
void mySignalParam(int x, int y);
```

3．信号与槽关联

通过调用 QObject 对象的 connect() 函数，可以将某个对象的信号与另外一个对象的槽函数或信号相关联，当发射者发射信号时，接收者的槽函数或信号将被调用。

该函数的定义如下。

```
bool QObject::connect (const QObject * sender, const char * signal, const
QObject * receiver, const char * member) [static]
```

这个函数的作用就是将发射者 sender 对象中的信号 signal 与接收者 receiver 中的 member 槽函数联系起来。当指定信号 signal 时必须使用 Qt 的宏 SIGNAL()，当指定槽函数时必须使用宏 SLOT()。如果发射者与接收者属于同一个对象，那么在 connect() 调用中接收者参数可以省略。

（1）信号与槽相关联

下面的实例定义了两个对象：标签对象 label 和滚动条对象 scroll，并将 valueChanged() 信号与标签对象的 setNum() 槽函数相关联，另外信号还携带了一个整型参数，这样标签总是显示滚动条所处位置的值。

```
QLabel *label = new QLabel;
QScrollBar *scroll = new QScrollBar;
QObject::connect(scroll, SIGNAL(valueChanged(int)), label, SLOT(setNum(int)));
```

（2）信号与信号相关联

在下面的构造函数中，MyWidget 创建了一个私有的按钮 aButton，按钮的单击事件产生的信号 clicked() 与另外一个信号 aSignal() 进行关联。这样，当信号 clicked() 被发射时，信号 aSignal() 也接着被发射，如下所示。

```
class MyWidget : public QWidget
{
public:
MyWidget();
...
signals:
void aSignal();
...
private:
...
QPushButton *aButton;
};

MyWidget::MyWidget()
{
    aButton = new QPushButton(this);
    connect(aButton, SIGNAL(clicked()), SIGNAL(aSignal()));
}
```

4．解除信号与槽关联

当信号与槽没有必要继续保持关联时，用户可以使用 disconnect() 函数断开连接。其定义如下。

```
bool QObject::disconnect (const QObject * sender, const char * signal,
const Object * receiver, const char * member) [static]
```

这个函数用于断开发射者中的信号与接收者中的槽函数之间的关联。

有 3 种情况必须使用 disconnect() 函数。

（1）断开与某个对象相关联的任何对象

当用户在某个对象中定义了一个或者多个信号，这些信号与另外若干个对象中的槽相关联，如果想要切断这些关联的话，就可以利用这个方法。如下所示：

```
disconnect(myObject, 0, 0, 0)
```

或者

```
myObject->disconnect()
```

（2）断开与某个特定信号的任何关联

这种情况很常见，其典型用法如下。

```
disconnect(myObject, SIGNAL(mySignal()), 0, 0)
```

或者

```
myObject->disconnect(SIGNAL(mySignal()))
```

（3）断开两个对象之间的关联

这也是常见的情况，如下所示。

```
disconnect(myObject, 0, myReceiver, 0)
```

或者

```
myObject->disconnect(myReceiver)
```

任务 9.5　实现简单计算器

计算器程序主要分以下两部分：一是实现计算器的图形界面；二是实现按键事件和该事件对应的功能绑定，即信号和对应槽函数的绑定。

（1）计算器图形界面的实现

通过分析计算器的功能可知，需要 27 个按键和一个显示框，同时考虑到整体的排布，还需要水平布局器和垂直布局器。通过组织这些类可以实现一个简单的带有数字 0～9、可以进行简单四则运算且具有清屏功能的计算器。

（2）信号和对应槽函数的绑定

分析计算器的按键，可以把按键事件分为以下三类，一是简单的数字按键，主要进行数字的录入，这类按键包括按键 0～9；二是运算操作键，用于输入数学运算符号，进行数学运算和结果的显示，这类按键包括"+""-""×""÷""="；三是清屏操作键，用于显示框显示信息的清除。计算器运行结果如图 9-10 所示。

通过计算器项目介绍如何使用信号和槽实现一个计算器的功能，以及如何使用栅格布局 QGridLayout。项目创建 Calculator、Button 两个类，Button 继承于 QToolButton 类，用于实现计算机的按钮，Calculator 实现计算器的所有功能。

图 9-10　计算器运行结果

9.5.1 Button 类

为了让计算器上的按钮更加美观，重新定义了 Button 类，Button 类继承自 QToolButton 类。类的主要功能是为了定义按钮的类型、大小策略以及按钮的文本显示方式。代码如下：

```
class Button : public QToolButton
{
    Q_OBJECT
public:
    Button(const QString &text, QWidget *parent = 0);
    QSize sizeHint() const;
};
```

Button 类提供了一个方便的构造函数，输入参数是 QString &text 和父窗体，它重新实现了 QWidget::sizeHint ()。

sizeHint ()属性所保存的 QSize 类型的值是一个被推荐给窗口或其他组件（下面统称为 widget）的尺寸，也就是说，一个 widget 该有多大，它的一个参考来源就是 sizeHint 属性的值，而这个值由 sizeHint() 函数来确定。但是 widget 的大小的确定还有其他因素作用。那么这个尺寸的取值是怎样的呢？当它是一个无效值的时候（sizeHint().isValid() 返回 false，QSize 中 width 或者 height 有一个为负数就是无效的），什么作用也没有；当它是一个有效值的时候，它就成了 widget 大小的一个参考。Qt 中对 sizeHint() 的默认实现是这样的：当 widget 没有布局（layout）时，返回无效值；否则返回其 layout 的首选尺寸（preferred size）。

Button 类的实现也很简单，代码如下：

```
Button::Button(const QString &text, QWidget *parent)
    : QToolButton(parent)
{
    setSizePolicy(QSizePolicy::Expanding, QSizePolicy::Preferred);
    setText(text);
}
```

构造函数中的 setSizePolicy 使得按钮可以水平扩展的方式去填补界面的空缺。setSizePolicy 属性保存了该 widget 的默认布局属性，如果它有一个 layout 来布局其子 widgets，那么这个 layout 的 size policy 将被使用；如果该 widget 没有 layout 来布局其子 widgets，那么它的 size policy 将被使用。默认的 policy 是 Preferred/Preferred。QSizePolicy::Policy 枚举值见表 9-2。

表 9-2　QSizePolicy::Policy 枚举值

参数	说明
QSizePolicy::Fixed	widget 的实际尺寸只参考 sizeHint() 的返回值，不能伸展（grow）和收缩（shrink）
QSizePolicy::Minimum	可以伸展和收缩，不过 sizeHint() 的返回值规定了 widget 能缩小到的最小尺寸
QSizePolicy::Maximum	可以伸展和收缩，不过 sizeHint() 的返回值规定了 widget 能伸展到的最大尺寸
QSizePolicy::Preferred	可以伸展和收缩，但没有优势去获取更大的额外空间使自己的尺寸比 sizeHint() 的返回值更大
QSizePolicy::Expanding	可以伸展和收缩，它会尽可能多地去获取额外的空间，也就是比 Preferred 更具优势
QSizePolicy::MinimumExpanding	可以伸展和收缩，不过 sizeHint() 的返回值规定了 widget 能缩小到的最小尺寸，同时它比 Preferred 更具优势去获取额外空间
QSizePolicy::Ignored	忽略 sizeHint() 的作用

在构造函数中调用 setSizePolicy 函数，设置 Preferred、Expanding 属性以确保按钮将横向扩展以填充所有可用空间。默认情况下，QToolButton不扩展以填充可用空间。如果没有这个调用，在同一列中的不同按钮会有不同的宽度。

在 sizeHint()方法中把 height 设置为在默认 QToolButton 大小的基础上增加 20，设置 width 至少与 height 一样大。这样保证按钮可以按照 QGridLayout 布局整齐地分布在 Dialog 中。代码如下：

```
QSize Button::sizeHint() const
{
    QSize size = QToolButton::sizeHint();
    size.rheight() += 20;
    size.rwidth() = qMax(size.width(), size.height());
    return size;
}
```

9.5.2 Calculator 类的构造函数

Calculator 类的构造函数主要实现初始化工作以及界面按钮的布局和信号/槽的处理。下面分析 Calculator 类的构造函数，其代码如下：

```
Calculator Class Implementation
Calculator::Calculator(QWidget *parent)
    : QDialog(parent)
{
    sumInMemory = 0.0;
    sumSoFar = 0.0;
    factorSoFar = 0.0;
    waitingForOperand = true;
```

在构造函数中前面几行是初始化计算器的状态。pendingadditiveoperat 变量和 pendingmultiplicativeoperator 变量不需要初始化，因为 QString 构造函数把它们初始化到空字符串中。

```
display = new QLineEdit("0");
display->setReadOnly(true);
display->setAlignment(Qt::AlignRight);
display->setMaxLength(15);
QFont font = display->font();
font.setPointSize(font.pointSize() + 8);
display->setFont(font);
```

创建用于计算器显示的 QLineEdit 对象并设置它的一些属性，将它设置为只读，显示的字体为 8 号。

```
for (int i = 0; i < NumDigitButtons; ++i) {
    digitButtons[i] = createButton(QString::number(i), SLOT(digitClicked()));
}

Button *pointButton = createButton(tr("."), SLOT(pointClicked()));
```

```
        Button *changeSignButton = createButton(tr("\261"), SLOT(changeSign-
Clicked()));

        Button *backspaceButton = createButton(tr("Backspace"), SLOT(backspace-
Clicked()));
        Button *clearButton = createButton(tr("Clear"), SLOT(clear()));
        Button *clearAllButton = createButton(tr("Clear All"), SLOT(clearAll()));

        Button *clearMemoryButton = createButton(tr("MC"), SLOT
(clearMemory()));
        Button *readMemoryButton = createButton(tr("MR"), SLOT(readMemory()));
        Button *setMemoryButton = createButton(tr("MS"), SLOT(setMemory()));
        Button *addToMemoryButton = createButton(tr("M+"), SLOT
(addToMemory()));

        Button *divisionButton = createButton(tr("\367"), SLOT(multiplicative-
OperatorClicked()));
        Button *timesButton = createButton(tr("\327"), SLOT(multiplicative-
OperatorClicked()));
        Button *minusButton = createButton(tr("-"), SLOT(additiveOperator-
Clicked()));
        Button *plusButton = createButton(tr("+"), SLOT(additiveOperator-
Clicked()));

        Button *squareRootButton = createButton(tr("Sqrt"), SLOT(unaryOperator-
Clicked()));
        Button *powerButton = createButton(tr("x\262"), SLOT(unaryOperator-
Clicked()));
        Button *reciprocalButton = createButton(tr("1/x"), SLOT(unaryOperator-
Clicked()));
        Button *equalButton = createButton(tr("="), SLOT(equalClicked()));
```

调用 createButton() 函数创建计算器的按钮，并设置按钮的显示字符串，连接相对应的槽。按照按钮的功能和行为分类，按钮分为数字按钮、一元运算符按钮（sqrt、X^2、$1/x$）、加法运算符按钮（+、-）和乘法运算符按钮（×、÷）。其他按钮具有各自的槽。所有数字按钮（0～9）都向当前操作数添加一个数字。多个按钮共享相同的槽，例如，digitClicked()。

```
        QGridLayout *mainLayout = new QGridLayout;
        mainLayout->setSizeConstraint(QLayout::SetFixedSize);

        mainLayout->addWidget(display, 0, 0, 1, 6);
        mainLayout->addWidget(backspaceButton, 1, 0, 1, 2);
        mainLayout->addWidget(clearButton, 1, 2, 1, 2);
        mainLayout->addWidget(clearAllButton, 1, 4, 1, 2);

        mainLayout->addWidget(clearMemoryButton, 2, 0);
        mainLayout->addWidget(readMemoryButton, 3, 0);
        mainLayout->addWidget(setMemoryButton, 4, 0);
```

```
mainLayout->addWidget(addToMemoryButton, 5, 0);

for (int i = 1; i < NumDigitButtons; ++i) {
    int row = ((9 - i) / 3) + 2;
    int column = ((i - 1) % 3) + 1;
    mainLayout->addWidget(digitButtons[i], row, column);
}

mainLayout->addWidget(digitButtons[0], 5, 1);
mainLayout->addWidget(pointButton, 5, 2);
mainLayout->addWidget(changeSignButton, 5, 3);

mainLayout->addWidget(divisionButton, 2, 4);
mainLayout->addWidget(timesButton, 3, 4);
mainLayout->addWidget(minusButton, 4, 4);
mainLayout->addWidget(plusButton, 5, 4);

mainLayout->addWidget(squareRootButton, 2, 5);
mainLayout->addWidget(powerButton, 3, 5);
mainLayout->addWidget(reciprocalButton, 4, 5);
mainLayout->addWidget(equalButton, 5, 5);
setLayout(mainLayout);

setWindowTitle(tr("Calculator"));
}
```

布局是由一个单一的 **QGridLayout** 处理的。**QLayout::setSizeConstraint()**确保计算器 Widget 总是表现出最优大小。

大多数的子部件占用的网格布局中只有一个单元格，只需要通过一行和一列 **QGridLayout::** **addWidget()**。但是，backspaceButton、clearButton、andclearallButton 占据多个纵行，必须要通过宽行和列跨距。

栅格布局将位于其中的窗口部件放入一个网状的栅格之中。**QGridLayout** 需要将提供给它的空间划分成行和列，并把每个窗口控件插入并管理到正确的单元格。

栅格布局是这样工作的：它计算位于其中的空间，然后将它们合理划分成若干个行（row）和列（column），并把每个由它管理的窗口部件放置在合适的单元（cell）之中。这里所指的单元是指由行和列交叉所划分出来的空间。在栅格布局中，行和列本质上是相同的。

在栅格布局中，每个列（以及行）都有一个最小宽度（minimumwidth）以及一个伸缩因子（stretchfactor）。最小宽度指的是位于该列中的窗口部件的最小宽度，而伸缩因子决定了该列内的窗口部件能够获得多少空间。它们的值可以通过 **setColumnMinimumWidth()**和 **setColumnStretch()**方法来设置。

此外，一般情况下都是把某个窗口部件放进栅格布局的一个单元中，但窗口部件有时也可能会占用多个单元。这时就需要用到 **addWidget()**方法的一个重载版本，它的原型如下：

```
void QGridLayout::addWidget(QWidget *widget, int fromRow, int fromColumn, int
rowSpan, int columnSpan, Qt::Alignment alignment = 0 )
```

这时这个单元将从 fromRow 和 fromColumn 开始，扩展到 rowSpan 和 columnSpan 指定的倍数的行和列。如果 rowSpan 或 columnSpan 的值为-1，则窗口部件将扩展到布局的底部或者右边边缘处。

栅格布局中的某个单元（cell）的长和宽，也可以说是栅格布局的行和列的尺寸并不是一样的。如果想使它们相等，必须通过调用 setColumnMinimumWidth() 和 setColumnStretch() 方法来使得它们的最小宽度以及伸缩因子都彼此相等。

如果 QGridLayout 不是窗体的顶层布局（即它不能管理所有的区域和子窗口部件），那么当创建它的同时，就必须为它指定一个父布局，也就是把它加入到父布局中去，并且在此之前，不要对它做任何的操作。使用 addLayout() 方法可以完成这一动作。

在创建栅格布局完成后，就可以使用 addWidget()、addItem()，以及 addLayout() 方法向其中加入窗口部件及其他布局了。

当界面元素较为复杂时，应该尽量使用栅格布局，而不是使用水平和垂直布局的组合或者嵌套的形式，因为在多数情况下，后者往往会使"局势"更加复杂而难以控制。栅格布局赋予了界面设计器更大的自由度来排列组合界面元素。

当要设计的界面是一种类似于两列和若干行组成的形式时，使用表单布局要比栅格布局更为方便。

9.5.3 Calculator 类基本功能

1. Calculator 类定义

Calculator 类实现了计算器的所有功能，它继承于 QDialog 类，有多个私有槽关联于计算器按钮。

```
class Calculator : public QDialog
{
    Q_OBJECT

public:
    Calculator(QWidget *parent = 0);

private slots:
    void digitClicked();
    void unaryOperatorClicked();
    void additiveOperatorClicked();
    void multiplicativeOperatorClicked();
    void equalClicked();
    void pointClicked();
    void changeSignClicked();
    void backspaceClicked();
    void clear();
    void clearAll();
    void clearMemory();
    void readMemory();
```

```
        void setMemory();
        void addToMemory();
    private:
        Button *createButton(const QString &text, const char *member);
        void abortOperation();
        bool calculate(double rightOperand, const QString &pendingOperator);
        double sumInMemory;
        double sumSoFar;
        double factorSoFar;
        QString pendingAdditiveOperator;
        QString pendingMultiplicativeOperator;
        bool waitingForOperand;
        QLineEdit *display;

        enum { NumDigitButtons = 10 };
        Button *digitButtons[NumDigitButtons];
    };
```

QObject::eventFilter()重新实现计算器显示的处理鼠标事件。

createButton() 函数用于创建计算器按钮。abortOperation() 应用于被零除发生或一个平方根运算应用于负数。calculate() 应用一元运算符（+、-、× 或 ÷）。

sumInMemory 包含存储在计算机的内存中的值（使用 MS、M +或 MC）。

sumSoFar 存储累计到目前为止的数值。当用户单击"="，sumsofar 重新计算并将结果显示在显示屏上，将所有 sumsofar 重置为零。

factorSoFar 用于做乘法和除法时存储临时值。

pendingAdditiveOperator 存储用户单击的最后一个附加操作。

2．digitClicked()

当按下一个计算器的数字按钮时将发射按钮的 clicked() 信号，这将触发 digitclicked() 槽。

```
    void Calculator::digitClicked()
    {
        Button *clickedButton = qobject_cast<Button *>(sender());
        int digitValue = clickedButton->text().toInt();
        if (display->text() == "0" && digitValue == 0.0)
            return;

        if (waitingForOperand) {
            display->clear();
            waitingForOperand = false;
        }
        display->setText(display->text() + QString::number(digitValue));
    }
```

首先找出是哪个按钮发送使用 QObject::sender()发送的信号。这个函数功能返回发送者的 QObject 指针。因为发件者是 Button 对象，所以以 QObject 来操作，进行数据类型转换。也可以使用 C-style cast 或者 C++ static_cast<>()来进行数据类型转换，但使用qobject_cast()转换被认

为是最安全的，它的优点是在对象有错误类型时将返回空指针。

需要考虑一些特殊情况，例如"00"是不符合规范的，如果计算器是在等待新的操作数，那先前任何的计算结果必须首先清除。最后将新的数字加在显示的有效值上。

3．unaryOperatorClicked()

只要其中的一元运算符按钮被单击时，**unaryOperatorClicked()** 槽会响应进行相应的操作。同样通过 **QObject::sender()** 来获取按钮的指针。这个操作从按钮的文本中提取并存储在 clickedOperator 中。

```cpp
void Calculator::unaryOperatorClicked()
{
    Button *clickedButton = qobject_cast<Button *>(sender());
    QString clickedOperator = clickedButton->text();
    double operand = display->text().toDouble();
    double result = 0.0;

    if (clickedOperator == tr("Sqrt")) {
        if (operand < 0.0) {
            abortOperation();
            return;
        }
        result = sqrt(operand);
    } else if (clickedOperator == tr("x\262")) {
        result = pow(operand, 2.0);
    } else if (clickedOperator == tr("1/x")) {
        if (operand == 0.0) {
            abortOperation();
            return;
        }
        result = 1.0 / operand;
    }
    display->setText(QString::number(result));
    waitingForOperand = true;
}
```

最后检查操作的正确性，当 sqrt 应用于负数或 1/X 为零时，称之为 abortOperation()。测试此功能，如果 sqrt 应用在负数或 1/X 为零时，则调用 abortoperation()方法。如果输入正确数据，会显示正确的结果并设置 waitingforoperand 为 true。

4．additiveOperatorClicked()

用户单击 "+" 或 "–" 按钮时，将会调用 additiveOperatorClicked() 槽。

```cpp
void Calculator::additiveOperatorClicked()
{
    Button *clickedButton = qobject_cast<Button *>(sender());
    QString clickedOperator = clickedButton->text();
    double operand = display->text().toDouble();
```

```
    if (!pendingMultiplicativeOperator.isEmpty()) {
        if (!calculate(operand, pendingMultiplicativeOperator)) {
            abortOperation();
            return;
        }
        display->setText(QString::number(factorSoFar));
        operand = factorSoFar;
        factorSoFar = 0.0;
        pendingMultiplicativeOperator.clear();
    }
    if (!pendingAdditiveOperator.isEmpty()) {
        if (!calculate(operand, pendingAdditiveOperator)) {
            abortOperation();
            return;
        }
        display->setText(QString::number(sumSoFar));
    } else {
        sumSoFar = operand;
    }
    pendingAdditiveOperator = clickedOperator;
    waitingForOperand = true;
}
```

在开始加法操作之前必须处理任何悬而未决的操作。应先进行乘法运算，因为乘法运算符的优先级比加法运算符高。

如果 "×" 或 "÷" 按钮被提早单击了，但是没有单击 "=" 按钮，在显示框中的当前数值是右操作数的×或÷算子，可最后进行操作并更新显示。

5. multiplicativeOperatorClicked()

处理乘法操作的 multiplicativeOperatorClicked()槽类似于 additiveOperatorClicked()。不需要担心在这里的加法运算符，因为乘法运算符的优先级高于加法运算符。

```
void Calculator::multiplicativeOperatorClicked()
{
    Button *clickedButton = qobject_cast<Button *>(sender());
    QString clickedOperator = clickedButton->text();
    double operand = display->text().toDouble();

    if (!pendingMultiplicativeOperator.isEmpty()) {
        if (!calculate(operand, pendingMultiplicativeOperator)) {
            abortOperation();
            return;
        }
        display->setText(QString::number(factorSoFar));
    } else {
        factorSoFar = operand;
    }
```

```
        pendingMultiplicativeOperator = clickedOperator;
        waitingForOperand = true;
    }
```

由于乘法运算符的优先级比加减法运算符高，当进行混合运算时前面是加减法操作，再进行乘除法操作时，此时不用按=按钮就会显示加减法运算的数值。

6．backspaceClicked()

backspaceClicked()用来实现退格功能，会删除显示框数值的最后一位。如果显示框中为空字符串，按下退格键将会显示 0，waitingForOperand 被设置为 0。

```
void Calculator::multiplicativeOperatorClicked()
{
    Button *clickedButton = qobject_cast<Button *>(sender());
    QString clickedOperator = clickedButton->text();
    double operand = display->text().toDouble();

    if (!pendingMultiplicativeOperator.isEmpty()) {
        if (!calculate(operand, pendingMultiplicativeOperator)) {
            abortOperation();
            return;
        }
        display->setText(QString::number(factorSoFar));
    } else {
        factorSoFar = operand;
    }

    pendingMultiplicativeOperator = clickedOperator;
    waitingForOperand = true;
}
```

Clear()槽功能与 backspaceClicked()类似，Clear()是清除显示框的所有数据。clearAll()函数则会实现计算器的初始化。

7．记忆存储功能

记忆存储功能包括 clearMemory()、readMemory()、setMemory()、addToMemory() 4 个函数。

```
void Calculator::clearMemory()
{
    sumInMemory = 0.0;
}

void Calculator::readMemory()
{
    display->setText(QString::number(sumInMemory));
    waitingForOperand = true;
}
```

```cpp
void Calculator::setMemory()
{
    equalClicked();
    sumInMemory = display->text().toDouble();
}

void Calculator::addToMemory()
{
    equalClicked();
    sumInMemory += display->text().toDouble();
}
```

clearMemory()可以清除存储的数值，readMemory()为显示存储的数值，setMemory()可以用当前显示的数值代替存储的数值，addToMemory()可以把已经存储的数值加上当前显示的数值并存储。

拓展阅读

党的二十大报告强调，"推动战略性新兴产业融合集群发展，构建新一代信息技术、人工智能、生物技术、新能源、新材料、高端装备、绿色环保等一批新的增长引擎"。当前，人工智能日益成为引领新一轮科技革命和产业变革的核心技术，在制造、金融、教育、医疗和交通等领域的应用场景不断落地，极大改变了既有的生产生活方式。统计数据显示，2023 年我国工业机器人产量达 22.2 万套，同比增长 5.4%，服务机器人产量达 353 万套，同比增长 9.6%。截至 2023 年底，新一代 AI 基础层（AI 芯片、AI 框架）、模型层中国公开专利达到 6.2 万件，其中有效专利近 2 万件，审中 3.5 万件。这表明中国已跻身全球人工智能发展的前列，市场前景广阔。作为世界第二大经济体，我国拥有数以亿计的互联网用户以及海量大数据资源，这种大国经济特征为深化人工智能应用、加快产业智能化发展提供了丰富的数据支持和广阔的应用场景。我国门类齐全、体系完整和规模庞大的产业体系，更是为产业智能化向广度和深度发展奠定了坚实基础。展望未来，人工智能技术引领的新一轮科技革命和产业变革浪潮，将成为未来世界经济和高端制造的主导技术，更会对中国现代化产业体系建设发挥无可替代的作用。

人工智能的人机交互部分愈加丰富和智能，从图形交互发展到可视化技术，再发展到语音识别、自然语言理解、图像和视频的识别、虚拟现实等，这些交互技术催生了机器人、人工智能等的发展。通过嵌入式项目研发与竞赛展示学生积极向上、奋发进取的精神风貌和思政教育改革的成果。在锻炼学生综合能力的同时，还培养出一批会知识、懂技术、知前沿的嵌入式技术技能人才，促进学生全面掌握行业企业对高素质嵌入式技术技能人才培养需求及相关职业岗位的技能要求，不断提高自身的专业水平与实践能力，实现以赛促教、以赛促学、以赛促改、以赛促建。

实操练习

现在的应用程序很少有纯粹单机的，都需要进行网络通信。Qt 提供了自己的网络访问库，方便对网络资源进行访问。请同学使用 QTcpSocket 和 QTcpServer 网络编程接口实现聊天工具的聊天。服务器端与客户端的运行结果如图 9-11 和图 9-12 所示。

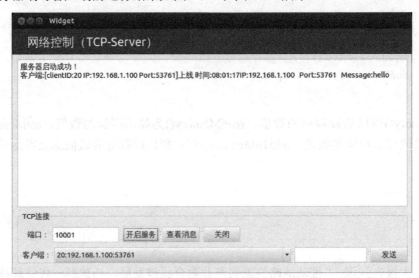

图 9-11　服务器端运行结果

图 9-12　客户端运行结果

Qt 使用 Qt Network 模块来进行网络编程，为了使用网络相关的类，需要在 pro 文件中添加 Qt += network。Qt 提供了一层统一的套接字抽象用于编写不同层次的网络程序，避免了应用套接字进行网络编程的烦琐（因有时需要引用底层操作系统的相关数据结构）。用较低层次的类（如 QTcpSocket、QTcpServer 和 QUdpSocket 等）来表示低层的网络概念；还有高层次的类，如 QNetworkRequest、QNetworkReply 和 QNetworkAccessManager 使用相同的协议来执行网络操作；也提供了 QNetworkConfiguration、QNetworkConfigurationManager 和 QNetworkSession 等类来实现负载管理。

QTcpSocket 提供了一个 TCP 接口。可以使用 QTcpSocket 实现标准的网络协议，例如：POP3、SMTP 和 NNTP 以及自定义协议。

在数据传输之前，必须建立一个到远程主机和端口的 TCP 连接。一旦该连接建立了，那么 IP 地址和端口号都可以通过 QTcpSocket::peerAddress() 和 QTcpSocket::peerPort() 获取。任何时候都可以关闭连接，并且数据传输也会立即停止。

QTcpSocket 以异步的方式工作，并且通过发送信号报告状态变化和错误，这一点和 QNetworkAccessManager 以及 QFtp 类似。它依赖于事件循环检测到的数据，并且自动刷新即将发出去的数据。可以通过 QTcpSocket::write() 将数据写到套接字中，并且通过 QTcpSocket::read() 读取数据。QTcpSocket 代表了两个独立的数据流：一个是读数据流，另一个是写数据流。

由于 QTcpSocket 继承自 QIODevice，可以将它与 QTextStream 和 QDataStream 一起使用，当从 QTcpSocket 中读取数据时，必须通过调用 QTcpSocket::bytesAvailable() 确保有足够的数据可读。

使用 QTcpServer 类处理 TCP 连接，通过调用 QTcpServer::listen() 来建立服务器，并且连接到 QTcpServer::newConnection() 信号，该信号在每一个客户端连接后发送。在自己的槽函数中，使用 QTcpServer::nextPendingConnection() 接受该连接请求，并且返回 QTcpSocket 和客户端通信。

习题

1. Qt 有哪些基本模块？它们的作用是什么？
2. Qt/Embedded 是什么？它的优缺点是什么？
3. 信号和槽机制是 Qt 的核心机制，请说明它的工作过程。

参 考 文 献

[1] 弓雷，等. ARM 嵌入式 Linux 系统开发详解[M]. 2 版. 北京：清华大学出版社，2014.

[2] 孙琼. 嵌入式 Linux 应用程序开发详解[M]. 北京：人民邮电出版社，2006.

[3] 韦东山. 嵌入式 Linux 应用开发完全手册[M]. 北京：人民邮电出版社，2022.

[4] KERRISK M. Linux/UNIX 系统编程手册[M]. 孙剑，许从年，董健，等译. 北京：人民邮电出版社，2022.

[5] 李建祥，瞿苏. 嵌入式 Linux 操作系统：基于 ARM 处理器的移植、驱动、GUI 及应用设计[M]. 北京：清华大学出版社，2022.

[6] 林晓飞，刘彬，张辉. 基于 ARM 嵌入式 Linux 应用开发与实例教程[M]. 北京：清华大学出版社，2007.